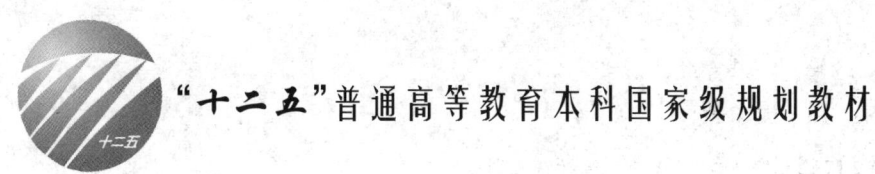

"十二五"普通高等教育本科国家级规划教材

机织实验教程
（第2版）

朱苏康　主　编
祝成炎　副主编
黄　故　主　审

中国纺织出版社

内 容 提 要

《机织实验教程(第2版)》是"十二五"普通高等教育本科国家级规划教材,内容包括机织基础知识(基础实验方法及实验仪器设备简介、应用数理统计基础)、机织工程的认识性实验、工艺分析研究性实验、质量分析研究性实验和综合性、设计性实验等。内容系统、全面,有较强的实践性和可操作性。

本书可作为纺织工程专业师生在本科学习阶段所涉及的各类机织实验、实习和实践的指导书,也可供纺织行业工程技术人员和研究人员阅读参考。

图书在版编目(CIP)数据

机织实验教程/朱苏康主编. —2版. —北京:中国纺织出版社,2015.1

"十二五"普通高等教育本科国家级规划教材

ISBN 978 – 7 – 5180 – 1280 – 0

Ⅰ.①机… Ⅱ.①朱… Ⅲ.①机织—实验—高等学校—教材 Ⅳ.①TS105 – 33

中国版本图书馆 CIP 数据核字(2014)第 292652 号

责任编辑:孔会云　　责任校对:王花妮
责任设计:何　建　　责任印制:何　建

中国纺织出版社出版发行
地址:北京市朝阳区百子湾东里 A407 号楼　邮政编码:100124
销售电话:010—67004422　传真:010—87155801
http://www.c-textilep.com
E-mail:faxing@c-textilep.com
中国纺织出版社天猫旗舰店
官方微博:http://Weibo.com/2119887771
北京通天印刷责任有限公司印刷　各地新华书店经销
2007 年 7 月第 1 版　2015 年 1 月第 2 版　2015 年 1 月第 2 次印刷
开本:787×1092　1/16　印张:17
字数:331 千字　定价:42.00 元(附光盘 1 张)

凡购本书,如有缺页、倒页、脱页,由本社市场营销部调换

出版者的话

全面推进素质教育,着力培养基础扎实、知识面宽、能力强、素质高的人才,已成为当今教育的主题。教材建设作为教学的重要组成部分,如何适应新形势下我国教学改革要求,与时俱进,编写出高质量的教材,在人才培养中发挥作用,成为院校和出版人共同努力的目标。2011年4月,教育部颁发了教高[2011]5号文件《教育部关于"十二五"普通高等教育本科教材建设的若干意见》(以下简称《意见》),明确指出"十二五"普通高等教育本科教材建设,要以服务人才培养为目标,以提高教材质量为核心,以创新教材建设的体制机制为突破口,以实施教材精品战略、加强教材分类指导、完善教材评价选用制度为着力点,坚持育人为本,充分发挥教材在提高人才培养质量中的基础性作用。《意见》同时指明了"十二五"普通高等教育本科教材建设的四项基本原则,即要以国家、省(区、市)、高等学校三级教材建设为基础,全面推进,提升教材整体质量,同时重点建设主干基础课程教材、专业核心课程教材,加强实验实践类教材建设,推进数字化教材建设;要实行教材编写主编负责制,出版发行单位出版社负责制,主编和其他编者所在单位及出版社上级主管部门承担监督检查责任,确保教材质量;要鼓励编写及时反映人才培养模式和教学改革最新趋势的教材,注重教材内容在传授知识的同时,传授获取知识和创造知识的方法;要根据各类普通高等学校需要,注重满足多样化人才培养需求,教材特色鲜明、品种丰富。避免相同品种且特色不突出的教材重复建设。

随着《意见》出台,教育部正式下发了通知,确定了规划教材书目。我社共有26种教材被纳入"十二五"普通高等教育本科国家级教材规划,其中包括纺织工程教材12种、轻化工程教材4种、服装设计与工程教材10种。为在"十二五"期间切实做好教材出版工作,我社主动进行了教材创新型模式的深入策划,力求使教材出版与教学改革和课程建设发展相适应,充分体现教材的适用性、科学性、系统性和新颖性,使教材内容具有以下几个特点:

(1)坚持一个目标——服务人才培养。"十二五"高等教育教材建设,要坚持育人为本,充分发挥教材在提高人才培养质量中的基础性作用,充分体现我国改革开放30多年来经济、政治、文化、社会、科技等方面取得的成就,适应不同类型高等学校需要和不同教学对象需要,编写推介一大批符合教育规律和人才成长规律的具有科学性、先进性、适用性的优秀教材,进一步完善具有中国特色的普通高等教育本科教材体系。

(2)围绕一个核心——提高教材质量。根据教育规律和课程设置特点,从提高学生分析问题、解决问题的能力入手,教材附有课程设置指导,并于章首介绍本章知识点、重点、难点及专业技能,增加相关学科的最新研究理论、研究热点或历史背景,章后附形式多样的习题等,提高教材的可读性,增加学生学习兴趣和自学能力,提升学生科技素养和人文素养。

(3)突出一个环节——内容实践环节。教材出版突出应用性学科的特点,注重理论与生产实践的结合,有针对性地设置教材内容,增加实践、实验内容。

(4)实现一个立体——多元化教材建设。鼓励编写、出版适应不同类型高等学校教学需要的不同风格和特色教材;积极推进高等学校与行业合作编写实践教材;鼓励编写、出版不同载体和不同形式的教材,包括纸质教材和数字化教材,授课型教材和辅助型教材;鼓励开发中外文双语教材、汉语与少数民族语言双语教材;探索与国外或境外合作编写或改编优秀教材。

教材出版是教育发展中的重要组成部分,为出版高质量的教材,出版社严格甄选作者,组织专家评审,并对出版全过程进行过程跟踪,及时了解教材编写进度、编写质量,力求做到作者权威,编辑专业,审读严格,精品出版。我们愿与院校一起,共同探讨、完善教材出版,不断推出精品教材,以适应我国高等教育的发展要求。

中国纺织出版社
教材出版中心

前言 Foreword
（第2版）

2007年出版的《机织实验教程》特点是将整个纺织工程专业的实践教学分成认识性实验、分析研究性实验和综合性、设计性实验三个层次，通过机织实验教学环节，使学生把实验知识与课堂教学的理论知识有机联系起来，形成比较完整的"机织学"课程知识。同时，分层次的实验教学更加有利于培养学生的独立探索能力、实践操作能力和科研创新能力。近年来，《机织实验教程》作为国家级精品课程"机织学"的主干教材，为面向社会需求，全面提高纺织工程人才的培养质量发挥了积极作用。

2010年，教育部启动"卓越工程师教育培养计划"，旨在培养、造就一大批创新能力强、适应经济社会发展需要的高质量工程技术人才。随着新形势下纺织工程专业教改工作的不断深化，《机织实验教程》在内容筛选、结构编排、文字和插图等方面暴露出一些不足，通过这次对教材的修订，编者针对上述不足对教材进行修订完善，以期达到"卓越工程师教育培养计划"配套教材的要求。

本教材的编写安排：

中原工学院杨红英编写第一章第一节的一至五、第二章第二节及第三节中实验二十四和实验二十五、第四章第一节和第二节；

东华大学朱苏康编写第一章第二节，李毓陵编写第二章第一节实验一、实验六、实验七、实验八、实验十、实验十一、实验十三至实验十七；

天津工业大学王燕编写第一章第一节的六至十二；江南大学钱坤、曹海建编写第三章第一节的实验二十七和实验二十八、第二节的实验三十、第三节及第四节；

浙江理工大学周小红编写第二章第一节的实验二至实验五和实验九，郑智毓编写第二章第一节的实验十二、第四章第三节的实验六十五和实验六十六，徐国平编写第二章第三节中实验二十六、第三章第一节的实验二十九及第二节的实验三十一、第四章第三节的实验五十九至实验六十四，祝成炎编写第五章。

全书经朱苏康整理、定稿。

《机织实验教程(第 2 版)》为立体教材,教材所附多媒体光盘内容由中原工学院牛建设编制完成。

本教材由天津工业大学黄故主审。

限于编者的学术水平,教材尚有不尽完善之处,在此诚恳希望读者批评指教。

编 者
2014 年 9 月

Foreword 前言

(第1版)

　　机织工程的实验包括认识性实验、基础性实验、研究分析性实验和综合性实验，贯穿整个纺织工程本科阶段的各个实验、实习和实践环节。1965年以前，《机织实验教程》曾由原华东纺织工学院编写出版，此后，各校在教学环节中使用的一直是零星的自编讲义，缺乏系统性和规范性，内容也偏于陈旧。

　　随着我国高等教育的普及，提倡素质教育及学生创新能力培养，对专业人才及其知识结构的要求发生了深刻的变化。通过历年教改工作，纺织工程专业本科课程教学和实验教学体系也随之调整。其一是"机织学"由原来机织专业的核心专业课程改为纺织工程专业平台课程或必修专业课程后，由于课程定位的改变，课程的教学内容和知识模块的安排做出了相应的调整，缩减了课堂知识传授的教学环节，而通过现场教学和讨论以及分析性、设计性、综合性实验等实践性教学环节，强调了提高学生学习主动性和获取知识能力的培养目标。其二是整个纺织工程专业的实践教学被分成三个层次展开，即认识性实验、分析研究性实验和综合性、设计性实验。其中作为基础类实验的认识性实验从一些相关课程中独立出来，构成相对独立的纺织平台实验课程体系，即第一层次；将分析研究性实验保留在相应的专业基础课程或专业课程中进行，即第二层次；作为第三层次的综合性、设计性实验在毕业阶段开设。

　　近年来，分层次实验教学提高了实验教学的效果，使学生从基础到综合直至创新都进行了训练，知识水平和动手能力都得到提高，知识面进一步拓展，也加深了对课堂教学内容的理解。实践教学的改革已经初见成效。

　　基于纺织工程实验教学改革的形势发展需要，随着各校《机织学》精品课程建设工作的逐步深入，全国纺织工程专业教学指导委员会和中国纺织出版社组织各高校教师联合编写《机织实验教程》，以期博采众校实践教学之长，形成一本具有"大纺织"特色的机织实验教学指导书，为纺织工程本科教学的系统实验教材填补空白。

　　本教材从基础实验方法、实验设备和实验数据统计处理展开，根据实践教学的认知规律和学生实践能力、创新能力培养的需要，安排了认识性实验、工艺分析研究性实验、质量分析研究性实验和综合性、设计性实验等内容;考虑到机织实验、实习环节的多样性和实践性,采取了立体教材的形式,组合了内容丰富、形象生动的多媒体教材,从一定程度上弥补了实验教学硬件不足带来的缺憾,也有利于控制教材篇幅。教材中"应用数理统计基础"一节以纺织工程的实例为载体,对如何设计实验,如何统计实验数据进行讲解,在"概率论与数理统计"基础课理论知识和纺织工程实践应用之间筑起桥梁。

本教材的编写安排:

中原工学院杨红英编写第一章第一节的一至五、第二章第二节和第三节中实验二十四和实验二十五、第四章第一节和第二节;

东华大学朱苏康编写第一章第二节,李毓陵编写第二章第一节实验一、实验六、实验七、实验八、实验十、实验十一和实验十三至实验十七;

天津工业大学王燕编写第一章第一节的六至十二;江南大学钱坤、曹海建编写第三章第一节实验二十七、实验二十八,第二节的实验三十,第三节及第四节;

浙江理工大学周小红编写第二章第一节的实验二至实验五和实验九,郑智毓编写第二章第一节的实验十二、第四章第三节的实验六十五和实验六十六,徐国平编写第二章第三节中实验二十六、第三章第一节的实验二十九及第二节的实验三十一、第四章第三节的实验五十九至实验六十四,祝成炎编写第五章。

全书经朱苏康整理、定稿。

本教材所附多媒体光盘内容由中原工学院牛建设编写完成。

本教材由天津工业大学黄故主审。

限于编者的学术水平,本书在内容、表述上可能有不够确切、不够完整之处,热诚欢迎读者提出批评意见。

编　者

2007 年 3 月

课程设置指导

  机织工程的实验包括认识性实验、基础性实验、研究分析性实验和综合性实验，贯穿整个纺织工程本科阶段的各个实验、实习和实践环节。随着教改工作的逐步深入，一些院校纺织工程专业的实践教学都可相应地分成三个层次展开。

  教材的第一章为基础知识。第一节"机织基础实验方法及实验仪器设备简介"供学生在实验中自学参考。第二节"应用数理统计基础"针对学生在纺织综合训练、毕业论文中存在的问题，以纺织工程的例子为载体，讲解了如何设计实验，如何统计实验数据，教师可以用2~4学时进行课堂讲授，引导学生正确地应用这些知识。

  作为基础类实验的认识性实验，包括教材第二章的第一节"织造设备的机构认识性实验"、第二节"织物组织的认识性实验"，被并入相对独立的纺织平台实验课程体系，与第三节"织造工艺流程的认识性实验"一起，形成实践教学的第一层次，分别在本科第三、第四、第五学期的纺织平台实验课和生产实习中进行。通过第一层次实践教学，使学生对机织工程的主要工艺流程、主要设备及主要机织物组织建立起初步的认识。

  教材第三章"工艺分析研究性实验"，配合相应的"机织学"专业基础课程进行，作为实践教学的第二层次。第三章中编入了16个实验，教师可以根据学时数、实验条件和课堂理论教学的需要，选择其中若干个进行。第二层次实践教学的目的是加深学生对"机织学"主要专业理论知识的理解，培养他们科学的研究方法和分析问题能力。

  实践教学第三层次是对学生进行综合、设计、创新能力和工程实践能力的培养。因此，教材第四章"质量分析研究性实验"、第五章"综合性、设计性实验"，安排在本科第六、第七学期结合毕业实习、大试织、纺织综合训练、毕业论文等教学环节进行。

Contents 目 录

第一章 基础知识 ·········· 1
第一节 机织基础实验方法及实验仪器设备简介 ·········· 1
一、机器速度、纱线/织物线速度测定方法及实验仪器 ·········· 1
二、旋转轴角位移信号生成及实验仪器 ·········· 4
三、纱线张力测定方法及实验仪器 ·········· 6
四、位移、速度和加速度的测定方法及实验仪器 ·········· 11
五、振动和噪声测定方法及实验仪器 ·········· 13
六、卷装密度测定方法及实验仪器 ·········· 19
七、织物密度测定方法及实验仪器 ·········· 22
八、纱线机械性能测定方法及实验仪器 ·········· 24
九、纱线毛羽测定方法及实验仪器 ·········· 28
十、粘度测定方法及实验仪器 ·········· 31
十一、浓度测定方法及实验仪器 ·········· 34
十二、总固体率测定方法及实验仪器 ·········· 34

第二节 应用数理统计基础 ·········· 38
一、基本概念 ·········· 38
二、样本的统计量 ·········· 39
三、随机总体的参数估计 ·········· 40
四、正态总体参数 μ 的区间估计及样本容量 ·········· 41
五、异常数据的检验 ·········· 44
六、秩和检验法 ·········· 45
七、正交试验 ·········· 46
八、回归分析 ·········· 50

第二章 认识性实验 ·········· 55
第一节 织造设备的机构认识性实验 ·········· 55
实验一 络筒设备与主要机构 ·········· 55
实验二 并纱设备与主要机构 ·········· 60

实验三　倍捻设备与主要机构 …………………………………… 62
　　实验四　花式纱设备与主要机构 …………………………………… 66
　　实验五　整经设备与主要机构 ……………………………………… 67
　　实验六　浆纱设备与主要机构 ……………………………………… 75
　　实验七　穿经、结经、分经设备与主要器材 ……………………… 81
　　实验八　卷纬设备与主要机构 ……………………………………… 84
　　实验九　定形设备与主要机构 ……………………………………… 87
　　实验十　织机开口机构 ……………………………………………… 88
　　实验十一　有梭与片梭引纬及其主要机构 ………………………… 95
　　实验十二　剑杆引纬及其主要机构 ………………………………… 100
　　实验十三　喷气、喷水引纬及其主要机构 ………………………… 103
　　实验十四　织机打纬机构 …………………………………………… 106
　　实验十五　织机卷取和送经机构 …………………………………… 108
　　实验十六　织机经停和纬停装置 …………………………………… 115
　　实验十七　储纬器和布边加固装置 ………………………………… 118
第二节　织物组织的认识性实验 …………………………………………… 123
　　实验十八　平纹及其变化组织的认识 ……………………………… 123
　　实验十九　斜纹及其变化组织的认识 ……………………………… 124
　　实验二十　缎纹及其变化组织的认识 ……………………………… 126
　　实验二十一　联合组织的认识 ……………………………………… 128
　　实验二十二　复杂组织的认识 ……………………………………… 130
　　实验二十三　色纱与组织配合的认识 ……………………………… 132
第三节　织造工艺流程的认识性实验 ……………………………………… 134
　　实验二十四　棉、麻织物织造工艺流程 …………………………… 134
　　实验二十五　毛织物织造工艺流程 ………………………………… 138
　　实验二十六　丝织物织造工艺流程 ………………………………… 140

第三章　工艺分析研究性实验 …………………………………………… 142

第一节　络、并、捻工序的工艺参数测定及分析 …………… 143
　　实验二十七　络筒张力的测定及分析 …………………… 143
　　实验二十八　络筒清纱工艺的分析 ……………………… 145
　　实验二十九　倍捻滞后角分析 …………………………… 147
第二节　整经工序的工艺参数测定及分析 …………………… 149
　　实验三十　整经张力的测定及分析 ……………………… 149
　　实验三十一　分条整经条带卷绕分析 …………………… 152
第三节　浆纱工序的工艺参数测定及分析 …………………… 154
　　实验三十二　浆液粘度的测定及分析 …………………… 154
　　实验三十三　浆液总固体率的测定及分析 ……………… 156
　　实验三十四　浆液粘着力的测定及分析 ………………… 157
第四节　织造工序的工艺参数测定及分析 …………………… 159
　　实验三十五　织机打纬阻力和经纱动态张力的测定及
　　　　　　　　分析 …………………………………………… 159
　　实验三十六　综框运动规律的测定及分析 ……………… 162
　　实验三十七　织机噪声与振动的测定及分析 …………… 164
　　实验三十八　梭子平均飞行速度和进出梭口挤压度的
　　　　　　　　测定及分析 …………………………………… 167
　　实验三十九　喷气(喷水)织机纬纱平均速度的测定及
　　　　　　　　分析 …………………………………………… 169
　　实验四十　喷气织机引纬流体速度的测定及分析 ……… 171
　　实验四十一　剑杆运动规律的测定及分析 ……………… 173
　　实验四十二　上机张力、后梁高度对织物外观风格的影响 … 175

第四章　质量分析研究性实验 ………………………………… 177
第一节　棉、麻织半成品、成品检验与分析 …………………… 178
　　实验四十三　棉、麻织络筒质量检验与分析 …………… 178
　　实验四十四　棉、麻织接头质量检验与分析 …………… 181

实验四十五　棉、麻织整经质量检验与分析 …………… 183
　　实验四十六　棉、麻织浆纱浆料质量检验与分析 ………… 186
　　实验四十七　棉、麻织浆纱质量检验与分析 ……………… 190
　　实验四十八　棉、麻织穿结经质量检验与分析 …………… 194
　　实验四十九　棉、麻织纱线定捻、卷纬质量检验与分析 …… 197
　　实验五十　　棉、麻织物织造效率与织造断头分析 ………… 198
　　实验五十一　棉、麻织物质量检验与分析 ………………… 202
第二节　毛织半制品、成品检验与分析 ……………………… 207
　　实验五十二　毛织络筒质量检验与分析 …………………… 207
　　实验五十三　毛织接头质量检验与分析 …………………… 208
　　实验五十四　毛织整经质量检验与分析 …………………… 210
　　实验五十五　毛织穿结经质量检验与分析 ………………… 211
　　实验五十六　毛织定捻、卷纬质量检验与分析 …………… 212
　　实验五十七　毛织物织造效率与织造断头分析 …………… 214
　　实验五十八　毛织物质量检验与分析 ……………………… 215
第三节　丝织半成品、成品检验与分析 ……………………… 220
　　实验五十九　丝织络筒质量检验与分析 …………………… 220
　　实验六十　　丝织接头质量检验与分析 …………………… 221
　　实验六十一　丝织整经质量检验与分析 …………………… 225
　　实验六十二　丝织浆丝质量检验与分析 …………………… 226
　　实验六十三　丝织穿经质量检验与分析 …………………… 228
　　实验六十四　丝织卷纬质量检验与分析 …………………… 229
　　实验六十五　丝织物织造效率与织造断头分析 …………… 230
　　实验六十六　丝织物质量检验与分析 ……………………… 231

第五章　综合性、设计性实验 ………………………………… 239
　　实验六十七　织物来样分析实验 …………………………… 239
　　实验六十八　前织准备加工实验 …………………………… 244

实验六十九　小样试织实验 …………………………… 246

附录 ……………………………………………………… 249

参考文献 ……………………………………………… 255

第一章 基础知识

> ●本章知识点●
>
> 1. 机器速度,纱线或织物线速度,旋转轴角位移及其信号生成,机构的位移、速度及加速度,纱线张力,机构的振动及噪声,卷装密度,织物密度,纱线机械性能和毛羽量,流体的粘度、浓度或总固体率等,机织实验中常见的基本物理参量的测定方法、测定原理及实验仪器。
> 2. 连续型和离散型随机总体,随机抽样和样本,样本的统计量,随机总体的参数估计,正态总体参数 μ 的区间估计及实验样本容量确定,异常实验数据的检验及剔除,两种工艺方法比较的秩和检验法,实验的正交试验设计方法,实验的回归分析方法等,纺织实验中常用的概率论与数理统计基本知识。

第一节 机织基础实验方法及实验仪器设备简介

一、机器速度、纱线/织物线速度测定方法及实验仪器

机器速度(旋转轴转速)、纱线/织物线速度直接决定生产产量,是机织加工中的重要工艺参数,其合理与否直接影响生产质量和效率。速度测定一方面有助于控制工艺进程,保证制品的均匀输送,从而达到监控生产过程、提高产量及质量的目的。另一方面提供产量信息,为生产组织和管理提供依据。

新型机织设备通常具有显示制品在线速度的功能,传统设备则不具备,需要借助仪器测试。在机织加工中,机器速度习惯以不同的方式表示,如络筒采用络纱速度或槽筒转速,织机采用主轴转速,整经、浆纱和验布采用纱线/织物线速度等。此类速度的测定可归结为物体旋转轴转速的测定和物体运动线速度的测定。

目前,测定纺织设备旋转轴转速的方法主要有机械接触式测定、光电无接触式测定和秒表计数法。前两种方法适用于络筒机、有梭织机和捻线机等,秒表计数法是有梭织机主轴转速的传统测试方法,即由人工计数在 1 min 内的投梭次数。

纱线或织物线速度的测定有机械接触式测定和利用导纱件转速测算两种方法,适用于整经机、浆纱机、有梭织机和验布机上纱线/织物线速度的测量,也可用于测定整经机滚筒表面线速度等。此外,一些非接触式测量法也不断被开发,如利用多普勒效应的激光测试法、相关函数法、空间频率滤波法等。

(一) 机械接触式测定转轴转速和纱线/织物线速度

1. 测试仪器 机械式转速表,参见图1-1。

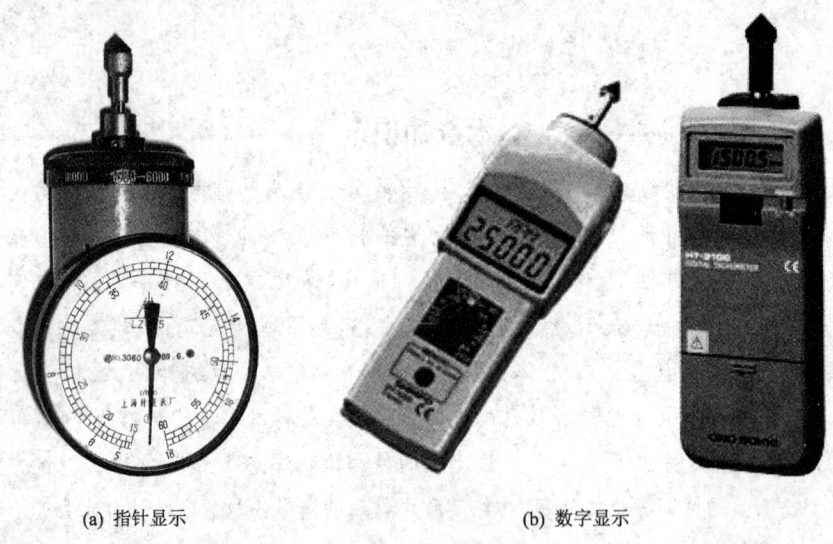

(a) 指针显示　　　　　　　　　(b) 数字显示

图1-1　机械式转速表

2. 测试原理 施加一定的压力,使转速表的测速头紧贴在被测物体的旋转轴线上,利用摩擦原理使两者同步回转,测速头带动转速表转轴旋转,进而将力传递出去并在表盘上显示。例如,离心式转速表利用测速头带动离心器旋转,产生与弹簧拉力相平衡的离心惯性力,带动指示机构在刻度盘上指示出相应的转速。

3. 测试方法 机械式转速表(图1-1)的测试方法。

(1)测量旋转轴转速时,选用与被测轴轴端中心孔大小相匹配的锥形测速头(锥轮),调节仪器到合适的转速档,然后将转速表的锥轮对准被测轴的轴端中心孔,施加一定压力,使转速表锥轮与机器的旋转轴同步回转,然后从表盘上读取旋转轴的转速。

(2)测定线速度时,选用圆柱形接触头(线速盘),调节仪器到合适的线速度测试挡,然后将转速表的线速盘放在被测物(如经轴、浆轴、整经机滚筒等)表面,施加一定压力,使转速表的线速盘与回转体表面同步运动,表盘上显示的即为线速度。

4. 注意事项

(1)速度测试不得以低速挡测量高速,在不知速度范围的情况下,应先选用高速挡初测,再调节到合适的速度档。

(2)测速头与被测轴接触时,动作要缓慢,同时应使两轴保持在一条直线上。

(3)测量转速时,测速头和被测物不应顶得过紧,以两者接触且不产生相对滑动为原则。压力过小,测速头和被测物体之间产生相对滑移,影响测量结果;压力过大,可能会对转速表、被测物(如经轴)产生不良影响。

(二) 光电无接触测定转轴转速和纱线/织物线速度

1. 测试仪器 闪光测速仪(又名频闪仪)、光电转速表等,如图1-2、图1-3所示。

图1-2 闪光测速仪　　　　　　　　　图1-3 光电转速表

2. 测试原理　闪光测速仪带有可调频率快速闪光的光源,它借助同步闪光技术和人眼视觉暂留功能,使人眼能看得清具有一定运动周期的高速运行物体的状态,可用于观察和检测周期运动物体的运转情况和转动速度或运动频率。人类眼睛无法看清快速运动的物体(如旋转轴表面的标记、引纬器),可利用闪光测速仪进行观察,当物体到达某一位置时(例如旋转轴标记位于某一方位、引纬器到达梭口中某处),闪光测速仪的闪光灯发出闪光,对眼睛产生刺激,若物体每次到达此位置时,闪光灯都发出闪光,由于眼睛有视觉暂留功能,眼睛看到的就是一个静止的图像(例如回转轴标记、处于"静止"的引纬器),以便观察其运动中的状态。此时,闪光测速仪的闪光频率(次/min)即等于被观察物体的转速(旋转轴转速或引纬器运动频率)。

光电转速表的前端安装了光源和光电接收器。转速测定时,在旋转物体表面粘贴反光标记,光电转速表的前端对准旋转物体表面,通过光源—反光标记—光电接收器的工作原理,测定并显示旋转物体转速。光电转速表使用和携带都很方便。

3. 测试方法　采用闪光测速仪测试方法。

(1)将用作旋转标记的反射薄膜贴在被测物体上,或选择被测物体上宜于辨认的一点作为标记。

(2)将电源插头插入插座,接通电源开关,显示器显示闪光速值。

(3)若被测物转速的范围已知,则将按键开关置于包含此速值的某档,待被测物体旋转稳定后,把闪光灯对准该物体,用细调旋钮使闪光从高频向低频变化,待第一次出现稳定的标记单像时,从显示器上读出被测物的转速(r/min)。

(4)若被测物转速的大致范围未知时,先将按键开关置于高转速档,将细调旋钮顺时针转到头,将闪光灯对准被测物体,然后一边逆时针微调细调旋钮,一边观察标记,当第一次出现稳定的标记单像时,显示器的读数即为被测物的转速。若高转速档不出现稳定单像,用类似上述的方法,在低转速档内测速。

4. 注意事项

(1)根据闪光测速仪的原理,当闪光测速仪的闪光频率(次/min)等于被测察物运动频率或转速(r/min)的约数时,两次闪光的间隔时间小于眼睛的视觉暂留时间,也会出现单像。因此,当测速结果与估计值差异较大时,应考虑这一因素,选择与估计值接近的范围重新测量。

(2)闪光测速仪的内部有几百伏的直流高压和近千伏的脉冲电压存在,并且高电压是未经变压器隔离、直接由220 V电网电压整流而来,因此不能随意打开仪器,以免触电和损害仪器。

(三)利用导辊转速计算纱线/织物的线速度

通过上述测试,获得直接引导纱线/织物运行的导辊的转速,然后利用式(1-1)计算纱线/织物的线速度 v(m/min)。

$$v = \pi dn \tag{1-1}$$

式中:d——圆柱形导辊的直径,m;

n——导辊的转速,r/min。

当导辊的旋转运动和其他导纱运动共同合成纱线运动时,利用速度矢量求和计算纱线的线速度。例如,对应络筒机槽筒转速的络筒圆周速度和槽筒横向导纱速度共同合成络筒速度(纱线速度)。

二、旋转轴角位移信号生成及实验仪器

在机织工艺研究中,关键部件运动规律、关键工艺参数变化规律的表达,经常以机器主轴的旋转角位移为过程参照系(位域参照基准)。譬如,织机的五大运动配合、经纱张力的变化规律、综框的位移和速度、筘座的速度和加速度等,都以织机主轴转角为过程参照系。对于此类主轴的角位移(转角)信号,可借助角度编码器、主轴刻度盘及接近开关或光电传感器来生成。本节以织机主轴角位移信号的生成方法及仪器为例介绍。

(一)测试仪器

角度编码器(俗称码盘)或其他角位移传感器、主轴刻度盘及接近开关或光电传感器。

(二)测试原理

1. 角度编码器　角位移传感器有角度编码器、自增角机、电位器、霍尔传感器和齿轮计数器等,最常用的是角度编码器。

角度编码器通常被安装在检测轴上,测量轴的角度位置。角度编码器的转轴与被测轴连接,随被测轴一起转动,将被测轴的角位移转换成二进制编码或一串电压脉冲。

角度编码器有两种基本类型,绝对式编码器和增量式编码器。绝对式编码器是按照角度直接进行编码的传感器,可直接把被测转角用数字代码表示出来。增量式编码器通过光敏接收管转化角度码盘旋转的时序和相位关系,从而测得角度码盘的角位移量。角度编码器根据内部结构和检测方式分接触式、光电式、磁电式等类型。

图1-4所示为一个四位二进制接触式角度编码器,它在一个不导电基体上做成许多有规律的导电金属区,其中深色部分代表导电区,浅色部分代表绝缘区。角度编码器分成四个

码道,在每个码道上都有一个电刷,四个电刷沿同一径向安装,且分别与四个码道相接触,以便从码道上同时输出四个信号。输出信号的电平由电刷与码道相接触的部位所决定。若电刷与码道的导电区接触,则输出"1"电平,若电刷与码道的绝缘区接触,则输出"0"电平。基体(码道)与被测转轴连在一起,而电刷位置是固定的,当基体随被测轴一起转动时,电刷和码道的位置就发生相对变化。基体所处的角位置不同,则电刷所输出的二进制数也不同。根据输出数码,即可确定被测转轴的角度方位。角度编码器最里面一圈轨道为公用,它和各码道所有导电部分连在一起,经限流电阻接激励电源

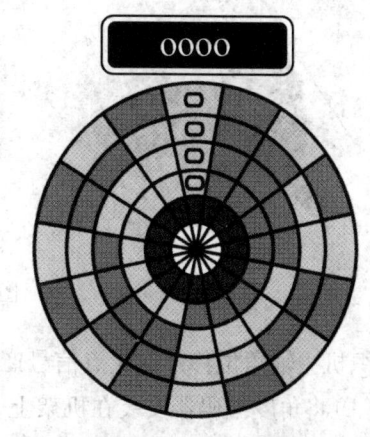

图1-4 角度编码器的编码原理示意图

的正极。从图1-4中可以看到,随着码道顺时针旋转,被测轴角位移信号相应生成,输出从0000变到1111,周而复始,或为一串电压脉冲(动画效果参见本书所配光盘)。

角度编码器的分辨率取决于码道的圈数(不包括最里面的公用码道),若是n位二进制角度编码器,就有n圈码道,它所能分辨的角度$\alpha = 360°/2^n$。图1-4中四位二进制角度编码器所能分辨的角度为$\alpha = 360°/2^4 = 22.5°$。显然,$n$越大,角度编码器的分辨率就越高,被测轴旋转一周内输出电压脉冲数也越多。

接触式角度编码器结构简单、输出功率较大,但由于电刷与码道接触,相互间有磨损,因此使用转速一般低于200r/min。

目前应用较多的是光电式角度编码器,其测量轴位移的原理与接触式相同,只是将轴角位移转换成电信号的过程有所不同。目前,织机主轴多采用绝对式光电编码器。

角度编码器与织机主轴相连,生成并输出一串电压脉冲作为织机主轴角位移信号,即主轴角位移坐标轴的刻度(0°~360°)。

2.主轴刻度盘及接近开关或光电传感器 使用主轴刻度盘及接近开关或光电传感器的方法比较简单,也是机织实验中常用的传统方法。主轴刻度盘与织机主轴相连,盘上粘贴一片磁钢或反光片。织机处于前止点时,带有直流电源的接近开关与磁钢对准,或者光电传感器的探头与反光片对准。织机主轴回转过程中,磁钢或反光片每次对准接近开关或光电传感器探头,接近开关或光电传感器生成一个主轴零位信号,亦即织机主轴角位移坐标轴的前止点(0°,360°,720°,…)刻度信号。如果主轴刻度盘上粘贴多片磁钢或反光片,则接近开关或光电传感器会生成织机主轴角位移信号。

采用两套这种装置(共用一个主轴刻度盘),其中一套生成前止点刻度信号(粘贴一片磁钢或反光片),另一套生成主轴角位移信号(粘贴多片磁钢或反光片,与前述一片磁钢或反光片处于主轴刻度盘不同的半径处)。

(三)测试方法

光电式编码器如图1-5所示。

图1-5 光电式编码器

织机主轴角位移及前止点信号产生方法如下。

(1)将角度编码器安装在机架上,其旋转轴与织机主轴相连并保持两者同轴。

(2)接通角度编码器电源,当织机主轴旋转时角度编码器输出端输出脉冲信号,即主轴角位移信号,用于采样。

(3)将主轴刻度盘安装在织机主轴上,在刻度盘外侧支架上固定接近开关或光电传感器的探头,与刻度盘上磁钢或反光片相距2~3mm。

(4)接通接近开关直流电源或光电传感器电源,当织机主轴旋转时将输出主轴前止点信号,用于采样。

(四)注意事项

角度编码器传动通常用联轴器连接,对安装精度要求较高,否则同轴度误差的影响会引起角度编码器偏扭而造成信号不准,严重时会损坏角度编码器。

三、纱线张力测定方法及实验仪器

纱线张力是纺织流程各工艺环节中非常重要的工艺参数,其大小和稳定性直接关系到产品质量、生产效率以及后续加工的顺利进行,同时也是评价设备性能优劣的主要依据之一。因此,对纱线张力进行测试和控制是织造生产中的一项重要内容。

在生产过程中,纱线张力是一个变化的量,我们有时需要了解纱线张力静态数值或平均值及波动范围,有时则需要详细获悉纱线张力的变化规律,即需要记录纱线张力的变化曲线,以便分析原因、优化设备性能或寻求合适的工艺参数。相应的,纱线张力的测定就有静态和动态两种。张力测量仪器有机械式和电子式两类。机械式张力仪的测试系统具有一定机械惯性,一般用于静态或变化缓慢的动态测定,当用于动态张力的测定时(络筒张力),它粗略地指示被测时段内纱线张力的平均值。电子式张力仪用于静态和动态测试均可,用于动态张力测定时可记录纱线张力变化的全过程。

按照测试对象,织造过程中的纱线张力可分为单纱张力和片纱张力。下面分别以单纱张力测定和片纱张力测定进行介绍。

(一)单纱张力测定

单纱张力测定主要用于测定络筒、捻线、整经以及织造等生产过程中运动或静止状态下的单根纱线的张力。

1. 测试仪器 机械式单纱张力仪、便携式电子单纱张力仪、台式电子单纱张力仪。

2. 测试原理 单纱张力测试仪器主要由测量头、张力信号转换、信号处理和结果显示四部分组成。根据测试原理的不同,测试仪器分机械式单纱张力仪和电子式单纱张力仪两大类。

(1)机械式单纱张力仪的测试原理:如图1-6所示,纱线4通过三个回转轻快、灵活的罗拉时(1为张力轮,2、3为导纱轮),由于纱线张力T的作用,使张力轮1产生作用力F,力F传递给与之相连的弹性体并使之产生变形,弹性体变形的大小与纱线的张力T存在一定关系,弹性体的变形进而通过其他机械元件带动表盘上的指针摆动,指示相应的纱线张力值。机械式纱线张力仪完全依赖机械元件转换和处理信号,因此在动态测定中响应较慢,通常用于静态或变化缓慢的纱线张力测定,也可近似地测定动态张力的平均数值。

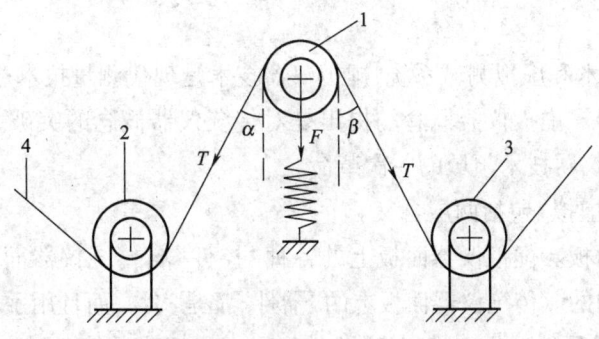

图1-6 三罗拉式纱线张力检测
1—张力轮(测量轮) 2,3—导纱轮 4—纱线

(2)电子式单纱张力仪的测试原理:该张力仪的三罗拉式测量头感应纱线张力T,张力轮所受力F经由张力传感器转换成电信号,经信号处理装置处理分析,最后以数字形式显示纱线张力或以记录仪记录张力变化曲线。

该张力仪常用的传感器有电阻应变式、磁电感应式、电容式、差动变压器式、变电阻式、变磁阻式、半导体压阻式等,其中电阻应变式传感器具有精度高、稳定性好、成本低、适用于各种环境等优点,因此电阻应变式单纱张力仪最为常见。

图1-7为电阻应变式电子单纱张力仪的测试原理框图。测量头感应纱线张力,传递给张力传感器的电阻应变片,电阻应变片与电桥盒相连接组成全桥或半桥测量电路。对于便携式电子单纱张力仪,电桥盒输出信号经处理电路后作瞬时值采样及显示(图中a)。对于台式电子单纱张力仪(测试系统),电桥盒输出信号再经过动态电阻应变仪及后续显示、记录装置(图中给出b、c、d三种显示、记录方式)。部分动态电阻应变仪附带有电桥盒。

电子式单纱张力仪分便携式和台式。前者装有瞬时数值记录按钮,按下该按钮可以读出该瞬时的动态纱线张力值,它功能稍差,但携带和使用方便,适合在车间生产现场使用;后者的测试准确性高,测定和分析功能比较齐全,自动化程度高,一般配有记录、打印装置,可对动态变化的纱线张力进行全程或选定时间段的变化曲线记录,常在实验室内应用。随着

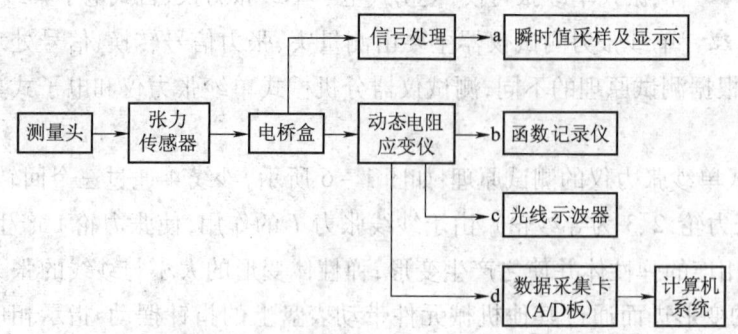

图1-7 电阻应变式单纱电子张力仪的测试原理框图

计算机技术的发展,台式电子单纱张力仪中的新秀——虚拟电子张力仪将逐步扩大其应用范围。

(3)虚拟仪器技术和虚拟测试系统:虚拟仪器技术是现代测量技术、通信技术、仪器技术和计算机技术的综合。虚拟仪器概念的提出是对传统仪器概念的突破,使得仪器与计算机之间的界线消失,是仪器技术领域的一次革命。

虚拟仪器中的"虚拟"包括两层含义。

①虚拟的仪器面板。虚拟仪器面板上的各种"控件"与传统仪器面板上的各种"器件"所完成的功能是相同的。传统仪器面板上的"器件"都是实物,而且用手动和触摸进行操作;虚拟仪器面板"控件"是外形与实物相像的图标,使用鼠标或计算机键盘操作虚拟面板上的"控件",就如使用一台实际的仪器。

②虚拟仪器的测控功能是通过软件编程来实现的,而传统的仪器则通过硬件来实现。

虚拟仪器系统的组成分以下三部分。

①计算机系统:PC机或工作站,是虚拟仪器系统的核心,它完成数据的处理和结果的显示。利用计算机图形显示技术和多媒体技术,将复杂的数据计算和数据处理推向后台,用数字、曲线、图像、图形、声音等形式提供给用户测控的结果。

②I/O接口设备:它是计算机系统和非电量电信号转换模块的桥梁,在测试仪器中,它通常是A/D转换模块,将模拟电信号转换为计算机接受的数字信号。

③非电量电信号转换模块:它通过传感器电路将物体的位置量、运动量、机械作用力、温度等物理量转换为模拟电信号。

在机织的研究性实验中,会遇到多种物理量的测试,譬如经纱动态张力测试、综框和剑杆的运动规律测试、织机打纬力的测试等,这些都可以利用虚拟仪器系统来实现。

3. 测试方法 图1-8为两种机械式单纱张力仪,图1-9为一种便携式电子单纱张力仪。

以SFY—13型机械式单纱张力仪[图1-8(a)]为例介绍单纱张力的测试方法。

(1)校正张力仪的零点。

(2)缓慢按下按钮(拨杆),使张力轮从左端移至右端位置。

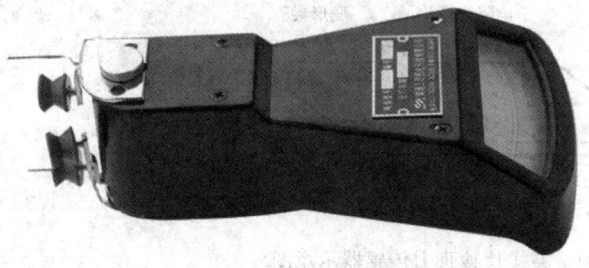 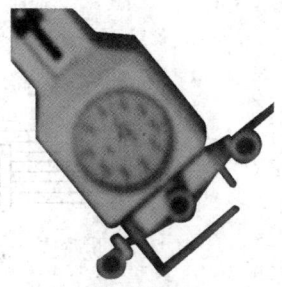

(a) SFY—13型机械式单纱张力仪　　　　　(b) 简易式单纱张力仪

图1-8　机械式单纱张力仪

图1-9　便携式电子单纱张力仪

(3)将待测纱线嵌入张力轮与两侧导纱轮中间,然后轻轻放开按钮,纱线张力即与张力轮弹簧相平衡。

(4)读取指针所指的张力值。若因纱线张力波动而使指针在某一范围内摆动,则读取指针摆动的中心点数值(平均值)。

便携式电子单纱张力仪的测试方法基本同上,测试时按下瞬时值记录按钮,可读出该瞬时的动态纱线张力值。台式电子单纱张力仪有显示打印系统,其使用方法参见片纱张力测定。

4. 注意事项　单纱张力仪可能包含多档量程,测试时需注意调整合适的量程范围。

(二)片纱张力测定

片纱张力测定主要用于织机上经纱张力的测定。

1. 测试仪器　台式电子片纱张力仪(虚拟仪器系统)。

2. 测试原理　片纱张力检测仪器的测试原理和电阻应变式单纱张力仪基本相同,仅测量头不同。片纱张力测量头有多种形式,图1-10所示为夹式片纱张力仪的测量头,它同时又是张力传感器。在片纱张力的测量过程中,传感器与纱线之间不应有快速的相对运动,故适用于低速度运行片纱的张力测定,如织机上的经纱张力的测定。

测量时,随着经纱张力的变化,变形梁相应的产生与张力成比例的应变,使电阻应变片产生相应的变形及阻值变化,电桥的平衡因而被破坏。由电桥的输出端输出响应的电压信号,该电压信号再经动态电阻应变仪放大、检波、滤波后,输出一个放大的、与应变和经纱张力成比例的电压信号,最终由后续仪器记录张力变化曲线[图1-7中b、c、d]。

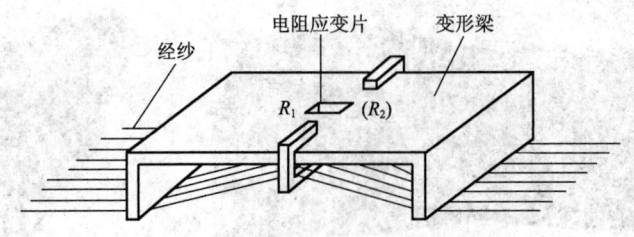

图 1-10 夹式片纱张力传感器示意图

R_1,R_2—变形梁正、反两面的电阻应变片

3. 测试方法 织机上的经纱张力测定步骤以虚拟仪器系统为例介绍。

(1)鼠标点中计算机屏幕上"纺织测试虚拟仪器系统"。

(2)选择"经纱动态张力测定"子菜单。

(3)按照计算机屏幕的指令执行"经纱张力标定"操作。在张力传感器上穿入布条(代替被测经纱),布条一头固定在经纱张力标定架上,另一头准备悬吊标定砝码。根据屏幕提示操作。

①标定砝码从0起至900g,每次以100g为增量,共10次,根据砝码的实际重量,每改变一次砝码,键入相应量到"砝码重量"栏,再按屏幕上"经纱张力"按钮确认。

②键入10次不同重量后,计算机自动完成经纱张力传感器标定工作,即建立经纱张力(砝码重量)与经纱张力传感器模拟量之间的数值关系。

③如发现键入数据有误,按"取消"键,可以重新开始经纱张力传感器的标定。

(4)标定工作完成后,按下屏幕上"织机工艺参数的设置"按钮,按照提示键入有关信息(注意键入数据的单位)。

(5)工艺参数输入后,可以按下屏幕上"经纱张力测试"按钮,进入经纱张力的测试阶段。

(6)经纱张力测试:

①按照实验前预先设计的织机工艺(经纱张力、后梁高度、开口时间),调整好织机。

②将经纱张力检测头安装在织轴与后梁之间,夹持60~100根经纱。

(7)启动织机,待运行稳定和织造织物正常后,点击"测试"按钮,开始经纱张力测试。测试完毕,屏幕定量显示出经纱张力平均值,或显示出经纱张力的波形。

(8)如需打印经纱张力曲线,按"打印"按钮。

(9)测试结束,按"实验结束"按钮,计算机退出经纱张力测定实验。

4. 注意事项 检测头距离边纱应10cm以上,所夹持的片纱要尽量平整,夹持处前后的经纱应无断头、接头、飞花、杂质等明显疵点。

检测头通常较小,测量时对纱线路径的改变及摩擦忽略不计。

以上介绍的纱线张力测定都是接触方式的。相对而言,接触式测试容易造成纱线断头,也改变了经纱的工作状态,引起测量误差。近年来,随着相关科学理论和技术的日益成熟,非接触式纱线张力测试技术也取得了较大进展,如 CCD 图像传感器纱线张力测试系统等。

四、位移、速度和加速度的测定方法及实验仪器

在织造生产中,综框、筘座和引纬器等关键机件的运动规律和运行状态对高质高产起着至关重要的作用,测定其位移、速度和加速度,分析其运动规律,是优化机构及其工艺参数的基础工作。

本实验方法适合于测定综框、筘座等运动速度较低机件的运动规律,其中光栅位移传感器可用于剑杆运动规律的测定。

(一)测试仪器

位移传感器、载波放大器、光线示波器或虚拟仪器系统和函数记录仪等。

(二)测试原理

位移、速度和加速度之间具有函数关系,即速度 v 是位移 s 的导数,加速度 a 是速度 v 的导数。

$$\left. \begin{aligned} v &= \frac{\mathrm{d}s}{\mathrm{d}t} \\ a &= \frac{\mathrm{d}v}{\mathrm{d}t} \end{aligned} \right\} \tag{1-2}$$

因此,通常借助位移传感器采集位移信号,进而对位移进行一阶、二阶微分获得速度和加速度。

位移、速度和加速度测试原理框图见图 1-11。图中,载波放大器输出的位移信号以 a 函数记录仪或 b 光线示波器记录,速度和加速度可利用一级、二级微分电路获得。若使用 c 虚拟仪器系统测定,则系统会自动对位移的数字信号按照一定时间周期进行离散化采样,然后通过数值微分得到速度、加速度及其变化曲线。有关虚拟仪器的介绍可参见第一章第一节"纱线张力测试方法"。

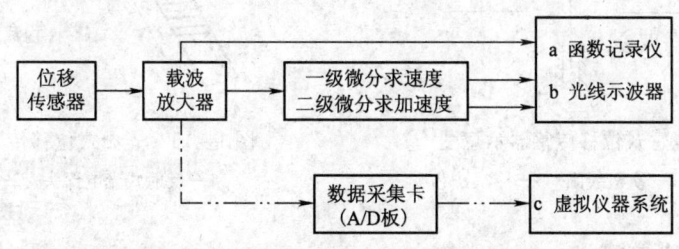

图 1-11 位移、速度和加速度测试原理框图

本实验所测位移量属大位移,需用大位移传感器。大位移传感器有电阻式、电感式、感应同步器、光栅式和磁栅式等,在机织实验中采用的主要有滑动电阻丝(电阻式)位移传感器、差动变压器式(电感式)位移传感器和光栅式位移传感器。

滑动电阻式位移传感器为接触式,它通过测量与滑动电阻相连的电桥输出信号测知位移值。滑动电阻的滑动接触器安装在被测物体上,被测物体的移动引起滑动电阻的阻值改变,其阻值的变化和与之相连的等臂电桥输出电压成一定关系。当电桥中电阻的阻值远远大于滑动电阻阻值的变化量时,电桥的输出电压与滑动电阻变化量也即与被测物体的位移量呈线性关系。这种测试方法受组装误差和接触情况的影响,测试精度受到限制。

差动变压器式位移传感器为无接触式,它通过感应电压的变化测知位移大小。图1-12为其示意图,由初级线圈1、两组次级线圈2、插入线圈中心的棒状铁芯3以及铁芯连杆、线圈滑架等部分组成。当铁芯在线圈中移动时,初、次级线圈之间的互感量改变,铁芯的位移量即被转变成电压信号,感应电压与位移量呈线性关系。

测量时,线圈部分安装在固定机架上,铁芯部分安装在被测物体上,给初级线圈供给一定频率的电压,被测物体的位移即可通过次级线圈的感应电压获知。这种传感器的分辨率高,不足之处是对物体运动的剧烈变化的响应较差。

光栅式位移传感器也是无接触式,它利用光栅反射的脉冲信号计算承载光栅的被测物体的位移量。图1-13所示的光栅位移传感器由反射式光电探头1和光栅尺2两部分组成,测量大位移时,使用间隔距离较大(1~2mm)的光栅尺。测试时,将光栅尺粘贴于运动构件表面,探头安装在相对静止的部件上。探头中有光源,将可见光照射于光栅,黑白相间的光栅即将脉冲反射光信号返回探头内,该信号由光电元器件接收,根据脉冲数量的多少,可确定运动构件的位移值。这种传感器结构简单,信号可靠,其绝对分辨能力为一个脉冲所代表的位移,相对测量误差则取决于被测动程,被测动程越大,相对误差越小。

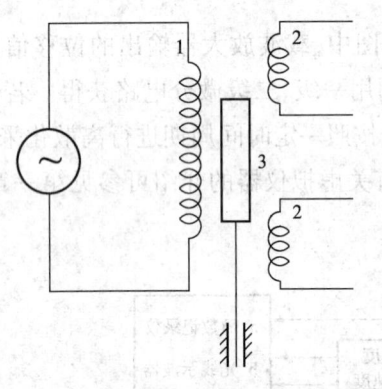

图1-12 电感式位移传感器示意图
1—初级线圈 2—次级线圈 3—棒状铁芯

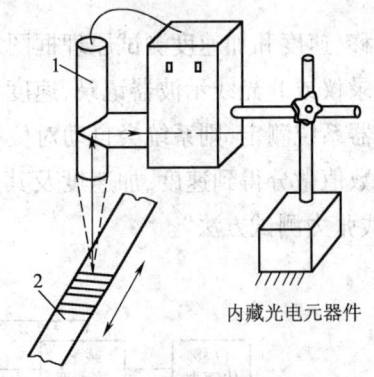

图1-13 光栅式位移传感器示意图
1—反射式光电探头 2—光栅尺

(三)测试方法

以使用电感式位移传感器采集综框运动信号,使用SC—16型光线示波器记录测定结果为例说明测试方法。

(1)将位移传感器的运动部分安装在被测物体上,固定部分安装在机架上。

(2)按图1-11中实线所示连接位移传感器、载波放大器、微分电路和光线示波器。测试时,根据测试对象不同,在示波器上选用不同的振子,振子选择应考虑频率、相位特性、灵敏度、阻尼及匹配等因素,如综框运动规律选用 FC—400 号振子,主轴时间信号选用 FC—1200 号振子。

(3)接通电源,预热、预调各仪器零位并使之处于良好状态。

(4)启动机器,待机器运转正常后启动 SC—16 型光线示波器记录功能,记录物体位移规律曲线。记录纸的走纸速度可以选择。

(5)位移曲线记录过程中,启用时标系统,在记录纸上画出时间标线,标线的间隔为 1s、0.1s、0.01s,以便考察所记录信号随时间而变化的规律。

(6)将载波放大器输出信号直接接入 SC—16 型光线示波器,振子记录综框位移规律;载波放大器输出信号经一级微分之后接入 SC—16 型光线示波器,振子记录综框速度规律;经二级微分则记录综框加速度规律。位移、速度和加速度信号同时输入到光线示波器进行记录,启用时标系统,在记录纸上画出时间标线。

(7)综框位移规律记录前,标记位移坐标轴的零位及刻度:被测物体位于原点静止时,启动光线示波器的慢速记录功能,标记物体位移坐标轴的零点位置;然后,移动物体到不同位置(若干次),进行慢速记录,标记位移坐标轴对应的刻度。移动距离和刻度值之间存在比例(线性)关系。

(8)对速度曲线上某几个时间标线,即对某几个时刻($t_1,t_2,\cdots,t_i\cdots$)的速度数值进行标定,在位移曲线上,对应这几个时刻测量位移值 $S(t_i)$、$S(t_i+\Delta t)$,通过式(1-3)计算:

$$v(t_i)=\frac{s(t_i+\Delta t)-s(t_i)}{\Delta t} \tag{1-3}$$

根据计算值 $v(t_i)$ 对 t_i 时刻的速度曲线数值进行标定,亦即标记速度坐标轴上对应的刻度。速度值和刻度值之间存在比例(线性)关系。这种标定方法虽然使用广泛,但有一定误差,Δt 要尽量取得小。

同理,可用速度曲线进行加速度的标定。

(四)注意事项

(1)SC—16 型光线示波器使用一段时间之后,振子的零位会发生漂移,所以在每一次记录之前要校正零位,或定时校正零位。

(2)对于不同信号应正确选择振子,才能如实记录信号的波动情况。

(3)一阶微分电路和二阶微分电路的相频特性、幅频特性决定了电路输出信号必然会有畸变失真,因此速度、加速度的测量结果仅供参考。

五、振动和噪声测定方法及实验仪器

振动是一个物理系统在平衡位置附近所作的重复、周期或随机的运动。振动影响机器的工作性能和寿命,甚至危害人类的健康,除了某些利用振动原理工作的机器以外,都必须力求将振动控制在一定的范围之内。

振动的测试工作主要是对振动体(整机或局部机构)进行实时测量,了解振动体振动状况并寻找振源,以便控制与消除振动。振动的检测对机器设计和改造有重要的指导意义。

噪声是指发声体做无规则的振动时发出的声音。从环境保护的角度看,凡是妨碍人们正常休息、学习和工作的声音,以及对人们要听的声音起干扰作用的声音,都属于噪声。纺织厂的噪声源有机械噪声、电磁噪声、空气动力噪声三种,它们都是由不同的振动形式引发的。织布车间的噪声主要属于机械噪声。

从物理的观点看,振动和噪声之间没有原则性的区别,人主观地由听觉感知到噪声,而由触觉感觉到振动,二者都是由发生在固体、液体和气体介质中的波动过程引起的。随着机器的运行,机械零件的机械振动和声学振动(空气压力的变化)就是振动和噪音产生的原因。

(一)振动测定

振动的幅值、频率和相位是振动的三个基本参数,称为振动三要素。

(1)幅值:幅值是振动强度的标志,它可以用峰值、有效值、平均值等方法来表示。

(2)频率:不同的频率成分反映系统内不同的振源。通过频谱分析可以确定主要频率成分及其幅值大小,从而寻找振源,采取相应的措施。

(3)相位:振动信号的相位信息十分重要,如利用相位关系确定共振点、测量振型、旋转件动平衡、有源振动控制、降噪等。对于复杂振动的波形分析,其各次谐波的相位关系是不可缺少的。

振动三要素的测定比较复杂,本节仅以物体振动加速度峰值测定为例介绍振动测定方法。

1. 测试仪器　测试仪器包括压电式加速度传感器、电荷放大器和有效值峰值电压表。

2. 测试原理　目前常用的振动测量方法是电测法。电测法的测振传感器又称为拾振器,它能将某一振动量(位移、速度和加速度)转变为电信号。测振传感器按工作原理分,有压电式、磁电式、电动式、电容式、电感式、电涡流式、电阻式和光电式等。在各类测振传感器中,压电式加速度传感器使用较为广泛。

压电式加速度传感器结构示意图如图 1-14 所示。压电元件一般由两块压电晶片组成。在压电晶片的两个表面上镀有电极,并引出导线。在压电晶片上放置一个质量块,质量块一般以金属钨或高密度的合金制成。然后用一硬弹簧对质量块预加载荷,整个组件装在一个厚基座的金属壳体中。为了避免被测件的任何应变传送到压电元件上去,防止假信号的产生和输出,一般要加厚基座或选用刚度较大的材料来制造,壳体和基座的重量差不多占传感器重量的一半。

测量时,将传感器基座与被测件刚性地固定在一起。当传感器受振动力作用时,质量块产生与基座相同的运动,并受到与加速度方向相反的惯性力的作用。这样,质量块就有一个正比于加

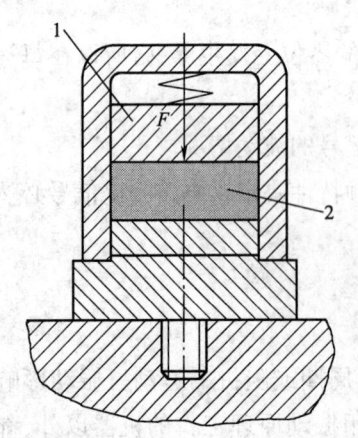

图 1-14　压电式加速度传感器结构示意图
1—质量块　2—压电晶片

速度的力作用在压电晶片上。由于压电晶片具有压电效应,因此在它的两个表面上就产生交变电荷,当加速度频率远低于传感器的固有频率时,传感器的输出电荷与作用力成正比,亦即与被测件的加速度成正比。

振动测定原理框图见图1-15。压电式加速度传感器输出电荷量,经电荷放大器转换为后续数据采集系统能够接受的电压变化信号。在框图中,电压变化信号由有效值峰值电压表显示峰值电压,并按式(1-4)计算物体的振动峰值。

图1-15 振动测定原理框图

$$物体的振动峰值 = \frac{峰值电压 \times 压电式加速度传感器灵敏度}{电荷放大器灵敏度} \times g \quad (1-4)$$

式中:g——重力加速度,为$9.8m/s^2$。

3. 测试方法

(1)将加速度传感器安装在待测机件上。

(2)如图1-15所示连接各测试仪器,启动仪器,预热后,选择适当的仪器灵敏度。

(3)启动机器,运转正常后,即可测其振动。从有效值峰值电压表上读取电压峰值,按照式(1-4)计算加速度峰值。

4. 注意事项 每一种压电式加速度传感器的型号都有特定的使用范围,为了获得高保真的测试数据,必须选择合适的传感器。传感器选择要考虑以下因素。

(1)传感器质量应远小于传感器安装点处被测物体的动态质量。

(2)传感器灵敏度应选择适当,灵敏度高,则信噪比大,抗干扰能力强,分辨率高,但是灵敏度高时传感器质量大、量程小、谐振频率低,一般来说,在满足频响、质量和量程的条件下尽量选择灵敏度高的传感器。

压电式加速度传感器的安装方法有以下几种。

(1)钢螺栓固定,这是最广泛使用的方法。

(2)磁力安装座连接,分为对地绝缘和不绝缘两种,用于低频、小加速度、不宜钻孔物体的振动测定。

(3)粘结方法可用多种粘结剂,如502胶水,胶粘面要平整光洁,按照胶粘工艺操作,在测定较大加速度时必须作胶粘强度校核。

(4)手持探针法,仅能测低于1kHz的振动,可方便随时更换测点,但测量误差较大,重复性差。

(二)噪声测定

主要用于测定纺织机械特别是织机的噪声大小和噪声频谱。

1. 测试仪器 声级计、频谱分析仪等。

2. 测试原理 声压、声强、声功率是噪声测量的三个基本物理量,声压是指声波引起的介质压力的波动量,它是声波传播时的瞬时压强与大气压之差值,单位为帕(Pa)。声强指在某点垂直于声音传播方向的单位面积上、单位时间内通过的声能量,单位为瓦/平方米(W/m^2)。声功率是指声源在单位时间内辐射的总能量,单位为瓦(W)。噪声的声压、声强、声功率的绝对数值都很大,使用起来很不方便,因此常用其对数标度来表示数量级别,对应有声压级、声强级、声功率级,三者的单位都是分贝(dB)。纺织机械噪声大小最常采用声压级的分贝数表示。

人耳对声音的感受与声压有关,此外还与频率有关,譬如对于 70Hz—90dB、400Hz—75dB、3800Hz—70dB、1000Hz—80dB 的纯音,人耳主观感觉的响度都是一样的,响度为 80 方。为此,可以作出国际标准等响曲线,以频率为横坐标、声压级为纵坐标,把同响度的不同声压级、不同频率纯音的声音点连接起来,形成一条该响度的等响曲线,对于不同的响度有一簇等响曲线,参见图 1-16。

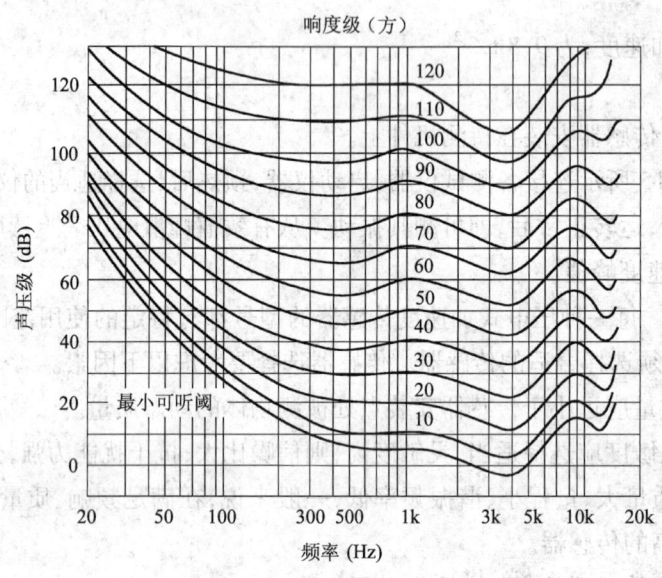

图 1-16 等响曲线

对于降噪控制,需要分析噪声的发射声源以及噪声频谱。噪声频谱分析即将噪声的声压级、声强级或声功率级按频率顺序展开,使噪声的强度成为频率的函数,并考查频谱图的形状。对噪声进行频谱分析,常采取多个频带来分析噪声的声压级、声强级和声功率级,最常用的频带宽度是倍频程和 1/3 倍频程。

声级计是噪声测量中最基本的仪器,它是一种带有声电转换装置、放大电路和指示器的声音测量仪器。声级计按性能分为普通声级计、精密声级计和精密脉冲声级计。普通声级计结构简单,测量精度低(±3dB),一般不配用频谱分析仪,精密声级计测量精度高(±1dB),可配用各种频谱分析仪。纺织机械常用的 ND2 型精密声级计内装了一个倍频程滤波器,可方便地携带到现场。

图 1-17 是 ND2 型精密声级计的结构和原理框图,它由两大部分组成,即声级计部分和

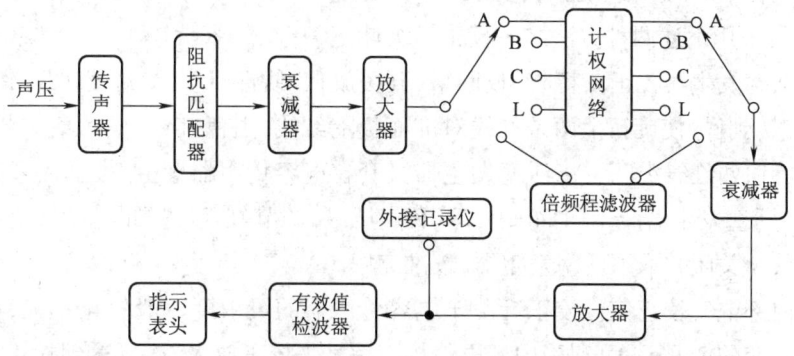

图1-17　ND2型精密声级计结构及原理框图

倍频程滤波器部分。声级计部分用来测量噪声的声压级和声级,倍频程滤波器配合声级计对噪声进行频谱分析。声音传感器(传声器)是噪声测量仪器中的一个重要的组成部分,最常用的是电容式传感器。传声器将声信号转换为电信号,经阻抗匹配器、输入衰减器、放大器、计权网络、输出衰减器和放大器,由指示表头读出所测噪声的声级或声压级。当计权网络开关分别置于A、B、C档,则声级计对于不同频率声音成分进行不同的计权处理,测得的声压级称为声级,其中最常用的是A计权网络,因为A声级测定结果与人耳的感觉有较好的相关性。不同计权网络分别测得A声级(LA)、B声级(LB)和C声级(LC),其单位分别为dB(A)、dB(B)和dB(C),部分声级计还有D声级。当计权网络开关置于L档,整个声级计处于线性频率响应,测得声压级。若信号经过倍频程滤波器,则可对噪声进行频谱分析。

声级计的表头响应灵敏度有四种,纺织机械噪声测定主要使用"慢"、"快"两种。

(1)慢:表头时间常数为1000ms,一般用于测量稳态噪声,测得的数值为有效值。

(2)快:表头时间常数为125ms,一般用于测量波动较大的不稳态噪声和交通运输噪声等。快挡接近人耳对声音的反应。

(3)脉冲或脉冲保持:表针上升时间为35ms,用于测量持续时间较长的脉冲噪声,如冲床、锻锤等,测得的数值为最大有效值。

(4)峰值保持:表针上升时间小于20ms,用于测量持续时间很短的脉冲声,如枪、炮和爆炸声,测得的数值是峰值,即最大值。

3.测试方法　ND2型精密声级计(图1-18)的测试方法如下。

(1)使用前准备:推开声级计和倍频程滤波器背面电池盖板,检查电池是否放置妥当。将开关置于"电池检查"位置,30s后指示灯发红色微光。由电表指示检查电池电力,电表指针应指示在红线范围内,

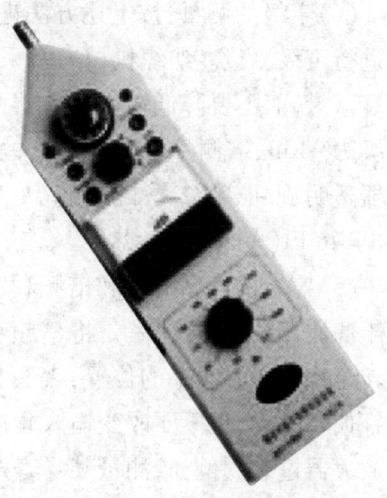

图1-18　ND2型精密声级计

然后将开关放在"快"或"慢",指针回到"-∞"处。

(2)校正:采用下述两种方法之一校正声级计。

①使用活塞发生器校正。将"计权网络"开关放在"线性(L)"位置,透明旋钮(输出衰减器)顺时针旋转到底,使旋钮上两条红线对准面板上红线,黑色旋钮(输入衰减器)上120dB刻度在透明旋钮两红线之间。将活塞发生器紧套在电容传声器头上,推动活塞发生器开关至"通"位置,活塞发生器产生(124 ± 0.2)dB声压级,调节红色"▼"电位器,使电表指出相应声压级读数。关闭并取下活塞发生器,校准完毕。

②使用内部电气校正信号校正。由于电容传声器的灵敏度一般变化不大,在其灵敏度已知并断定不变的情况下,可利用内部电气校正信号来校正放大器,以达到校正的目的。具体做法是,保持透明旋钮位置不变,将黑色旋钮上的"▽"转到透明旋钮的两个红线之间,调节红色"▼"电位器,使电表指示在相应于所用电容传声器灵敏度的修正值上。声级计按50mV/Pa校正,如电容传声器的开路灵敏度为50mV/Pa,则其修正值为0,校正时使指针指在红线上,若电容传声器的修正值为±2dB(开路灵敏度为39.7 mV/Pa),则校正时使指针指在红线以上2dB(即+8dB)处,其余类推。

经过上述检查和校正后,即可进行测量。测量过程中不应再调节红色"▼"电位器。

(3)声压级测量:两手平握声级计并稍离人体,传声器指向被测声源。将"计权网络"开关放在"线性(L)"位置,透明旋钮(输出衰减器)顺时针旋转到底(尽量处于此位置,以提高信号—杂音比,除非声压级低于70dB或进行声级测量和频谱分析),调节黑色旋钮(输入衰减器)使电表有适当偏转,由透明旋钮上的 2 条红线所指量程和电表读数获得被测声压级。例如,透明旋钮 2 条红线指"90dB"量程("输出衰减器"已顺时针旋到底),电表指示为+4dB,则被测声压级为90dB+4dB=94dB。又如,"输入衰减器"处于70dB位置,"输出衰减器"反时针转两档,2 条红线指50dB量程,电表指示-1dB,则被测声压级为50dB-1dB=49 dB。

(4)声级的测量:按上述方法进行声压级测量后,开关放在"A"、"B"或"C"位置,就可进行声级测量。纺织机械通常采用 A 声级。如此时指针偏转较小,可降低输出衰减器的衰减量,而不要降低输入衰减器的衰减量,以免输入放大器过载。例如,测量某声音声压级为94dB,需测量 A 声级,开关置于"A"位置,电表指针偏转太小,顺时针转动输出衰减器透明旋钮,当 2 条红线指到 70dB 量程时电表指示+6dB,则得 A 声级为70dB+6dB=76dB(A)。

(5)声音的频谱分析和倍频程滤波器的使用:按(3)的方法进行声压级测量后,开关置于滤波器位置,这时就是将倍频程滤波器插入在输入放大器和输出衰减器之间了。开关转至待测中心频率的位置,表头显示此倍频程内声音成分的声压级读数。如此时电表指针偏转太小,也不要改变输入衰减器的位置,而应当降低输出衰减器的衰减量,以免输入放大器过载。例如,测量某噪音声压级为94dB,在"31.5Hz"中心频率倍频程滤波器分析时,电表指针偏转太小,可将输出衰减器逆时针转三档,2 条红线指 60dB 量程,表针指示为+8dB,由此该倍频程内声音的声压级为60dB+8dB=68dB。对每一中心频率倍频程成分的声音,以中心频率为横坐标、声压级为纵坐标,用一根竖直线表示出来,就得到噪声频谱图 1-19。

(6)背景噪声的修正:在实际测量的环境里,除了被测声源产生的噪声外,还会有其他噪声存在,这种噪声叫背景噪声。背景噪声会影响测量的准确性,需按式(1-5)或利用背景噪声修正曲线(图1-20)求得修正值 K,再按式(1-6)进行修正。

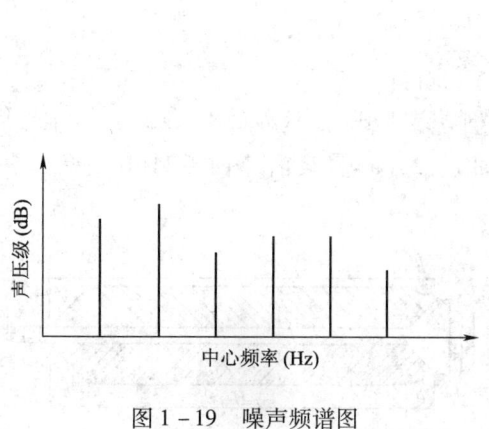

图 1-19　噪声频谱图　　　　图 1-20　背景噪声修正曲线

$$K = -10\lg(1 - 10^{-0.1\Delta L}) \tag{1-5}$$

$$L = L_p - K \tag{1-6}$$

式中:K——背景噪声修正值,dB;

　　L——经过背景噪声修正的声源的噪声值,dB;

　　L_p——被测声源工作期间的噪声平均值,dB。

例如,测量某机器的噪声,当机器未开动时,测得背景噪声平均值为 $L_{p1} = 76\text{dB}$,开机后测得总的噪声(包括机器和背景噪声)为 $L_p = 83\text{dB}$,两者之差为 $\Delta L = L_p - L_{p1} = 7\text{dB}$,查图 1-20 的背景噪声修正曲线,得修正值 $K = 1\text{dB}$,则该机器的噪声为 $L = L_p - \Delta L = 83\text{dB} - 1\text{dB} = 82\text{dB}$。

由噪声修正曲线可知,如果总的噪声与背景噪声之差小于 3dB,那么最好换一个比较安静的环境,否则测量误差就比较大;如果两者之差大于 10dB,则背景噪声的影响可以忽略。

4. 注意事项

(1)噪声测量应距地面 1.2m 以上。

(2)测量时背景噪声应越小越好,一些无关的机器都应停止发声。

六、卷装密度测定方法及实验仪器

卷装的卷绕密度必须适度并且均匀一致,它不仅决定着卷装稳定性和卷装容量,而且关系到是否能满足后道工序加工工艺要求,后道加工能否顺利进行。因而,卷装密度是反映卷装质量的重要参数。

(一)测试仪器

卡尺,台秤,直尺。

(二)测试原理

卷装密度是指卷装的绕纱重量与绕纱体积的比值,单位为克/立方厘米(g/cm^3)。对于不同形式的卷装,绕纱体积和卷绕密度计算公式不同,正确测量并计算绕纱体积是测定的关键。

(三)测试方法

(1)称空管或空轴质量 G_1。

(2)将空管或空轴在相应的设备上卷绕成各种卷装形式,如管纱(图1-21)、圆锥形筒子(图1-22)、圆柱形筒子(图1-23)、整经轴[图1-24(a)]、浆轴[图1-24(b)]等。

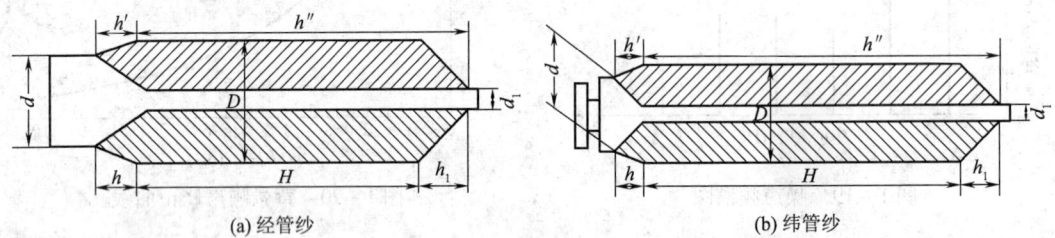

(a) 经管纱　　　　　　　　　　　　(b) 纬管纱

图1-21　管纱

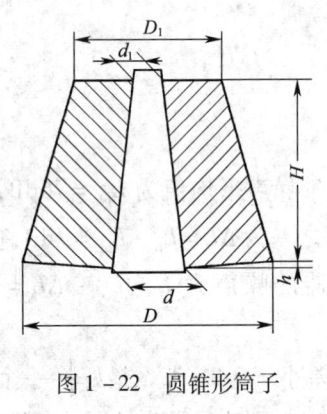

图1-22　圆锥形筒子

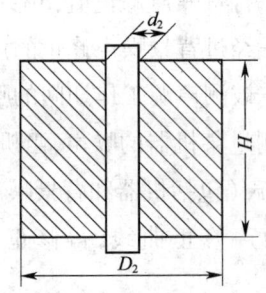

图1-23　圆柱形筒子

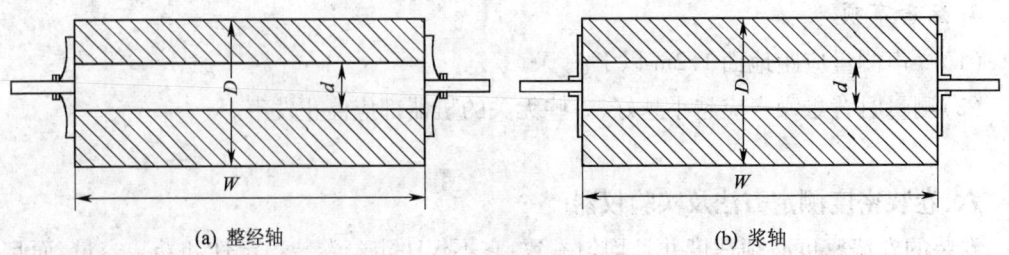

(a) 整经轴　　　　　　　　　　　　(b) 浆轴

图1-24　整经轴与浆轴

(3)对上述各种卷装称重 G_2,求出绕纱质量 G。

$$G = G_2 - G_1 \tag{1-7}$$

(4)测量各种卷装形式的外形参数,计算绕纱体积。各种卷装形式的外形参数如图1-21~图1-24所示。

①管纱的绕纱体积:

$$V = \frac{\pi}{12}[(D^2 + d^2 + Dd)h + (D^2 + d_1^2 + Dd_1)h_1 + 3D^2H - (d_1^2 + d^2 + d_1d)h' - 3d_1^2h''] \tag{1-8}$$

式中:V——经、纬管纱上绕纱体积,cm^3;

D——管纱上绕纱的圆柱部分直径,cm;

d——管纱底部的卷绕直径,cm;

d_1——管纱顶部的卷绕直径,cm;

H——管纱上绕纱的圆柱部分高度,cm;

h——管纱底部的卷绕锥体高度,cm;

h_1——管纱顶部的卷绕锥体高度,cm;

h'——空管底部的锥体高度,cm;

h''——空管顶部的锥体高度,cm。

②圆锥形筒子的绕纱体积:

$$V = \frac{\pi}{12}(D^2 + D_1^2 + DD_1)H + \frac{\pi}{12}(d^2 + D^2 + dD)h - \frac{\pi}{12}(d^2 + d_1^2 + dd_1)(H + h) \tag{1-9}$$

式中:V——筒子上绕纱体积,cm^3;

H——筒子上的绕纱高度,cm;

h——圆锥形筒子绕纱底部锥体高度,cm;

D——圆锥形筒子满筒大端直径,cm;

D_1——圆锥形筒子满筒小端直径,cm;

d——圆锥形筒管大端直径,cm;

d_1——圆锥形筒管小端直径,cm。

③圆柱形筒子的绕纱体积:

$$V = \frac{\pi}{4}(D_2^2 - d_2^2)H \tag{1-10}$$

式中:D_2——圆柱形筒子的满筒直径,cm;

d_2——圆柱形筒管直径,cm。

④整经轴或浆轴的绕纱体积:

$$V = \frac{\pi}{4}(D^2 - d^2)W \qquad (1-11)$$

式中：V——整经轴或浆轴上绕纱体积，cm^3；

W——整经轴或浆轴的盘片间距离，cm；

D——整经轴或浆轴的满轴直径，cm；

d——整经轴或浆轴的轴芯直径，cm。

（5）求出各卷装的密度 γ：

$$\gamma = \frac{G}{V} \qquad (1-12)$$

（四）注意事项

由于各种纱线卷装属软体，因而各尺寸数据的测量要取多次的平均值。

七、织物密度测定方法及实验仪器

机织物的密度分为经纱密度和纬纱密度两种。以公制单位计算时，织物经纱密度是指沿纬向 10cm 长度的平整无折皱织物中所排列的经纱的根数，通常以 P_j 表示。织物纬纱密度是指沿经向 10cm 长度的平整无折皱织物中所排列的纬纱根数，通常以 P_w 表示。以英制单位表示时织物经、纬纱密度，用每英寸织物中经、纬纱线的根数表示。

密度的大小直接影响织物外观、手感、厚度、强力、抗皱性、透气性和保暖性能等织物的物理机械性能和服用性能。同时，它也关系到织物的成本和织造生产效率。

（一）测试仪器

移动式织物密度镜，织物分析镜，钢直尺，分析针，剪刀等。

（二）测试原理

进行织物密度测试时，按照其定义一般是测数 10cm 长度织物所具有的纱线根数。有时由于各种原因，可以测数 5cm 或 2cm 以上的其他长度的织物内纱线根数，然后折算成 10cm 长度的织物内的根数。

（三）测试方法

测试方法主要有织物分解法、移动式织物密度镜法和织物分析镜法。

1. 织物分解法 织物分解法适用于所有的机织物，对于布面起毛、不容易看清织纹的高密织物和复杂组织织物尤其适用。

其操作方法是：在试样的边部拆除部分经纬纱线后，用钢直尺测量，使试样尺寸达到 5cm×5cm 或 10cm×10cm，允许误差 0.5 根，然后将试样中的经纱和纬纱分别拆出，数其根数即可。

2. 移动式织物密度镜法 该方法适用于所有的机织物，使用工具为移动式织物密度镜。

移动式织物密度镜的构造如图 1-25 所示。使用时，首先旋转移动旋钮，使镜头移至钢板尺的零刻度线上,将镜头刻线与零刻度线重合,然后将移动式织物密度镜放到样品上,使刻度线与所数系统纱线平行(即钢板尺与所数系统纱线垂直)放置,且镜头刻线处在两根纱线之间,使开始数时就为一整根,如图1-26所示。然后转动旋钮使镜头移动,边移动边数根数,一直到镜头刻线在5cm刻度时停止。若数到终点时,镜头刻线落在纱线上,超过0.5根不足1根时,应按0.75根计算,若不足0.5根时,则按0.25根计算,如图1-27所示。

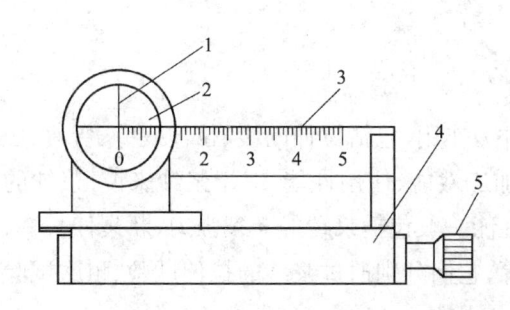

图1-25 移动式织物密度镜
1—镜头刻线 2—镜头 3—钢板尺 4—支架 5—移动旋钮

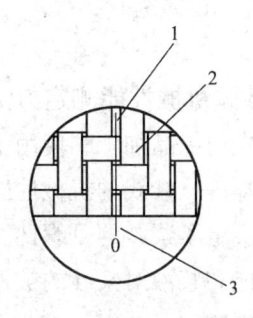

图1-26 移动式织物密度镜视野
1—镜头刻度 2—纱线 3—钢板尺零刻度线

要求每块织物样品在不同位置测定5次织物经、纬密度,然后求平均值 $\bar{p}_j$、$\bar{p}_w$。最后得,织物经密 $p_j = \bar{p}_j \times 2$,织物纬密 $p_w = \bar{p}_w \times 2$。

3. 织物分析镜法 该方法适用于每厘米织物中纱线根数小于50的规则织物,使用工具为织物分析镜和分析针。织物分析镜的窗口宽度为 (2 ± 0.005) cm 或 (3 ± 0.005) cm,窗口边缘厚度小于0.1cm。

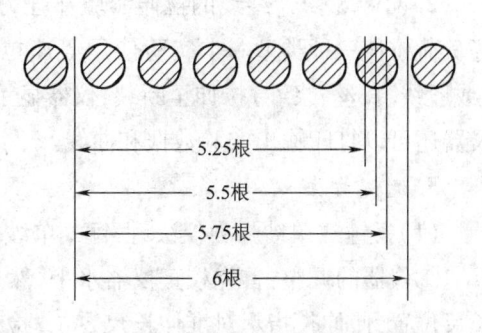

图1-27 纱线根数计算示例

把织物分析镜放置在摊平的织物上,窗口的下边与所数系统纱线垂直,选择一根纱线与窗口左边平齐,然后借助于分析针,统计窗口中所数系统的纱线根数。当织物组织较紧密时,在数密度之前先分析织物的组织,确定织物的一个组织循环的经、纬纱数,然后数出窗口中组织循环数,再用式(1-13)和式(1-14)计算出织物的经密和纬密(窗口宽度为2cm时)。

$$p_j = (N_j \times R_j + Y) \times 5 \quad (1-13)$$
$$p_w = (N_w \times R_w + Y) \times 5 \quad (1-14)$$

式中:N_j、N_w——窗口中经、纬组织循环数;

R_j、R_w——单个组织循环中的经、纬纱数;

Y——最后不够一个整循环的经、纬纱数。

4. 织物密度测试的其他方法 织物密度的测定方法还有平行线光栅密度镜法、斜线光栅密度镜法和光电扫描密度仪法,这些方法虽可快速测出织物的密度,但是测量精度低,只用作粗略的织物密度估计。

(四)注意事项

(1)对幅宽少于10cm的织物,测定密度时要全幅测定。

(2)各种织物在测定密度前,应使织物在(20 ± 2)℃,(65 ± 2)%的大气条件下放置至少16h,且每块试样至少测定5处。

(3)允许误差为0.5根。

八、纱线机械性能测定方法及实验仪器

纱线在纺织品加工和使用中需承受各种外力作用,包括拉伸断裂、拉伸疲劳、弯曲、压缩及表面摩擦等。纱线的机械性能决定了它的加工性能、使用性能,对于浆纱来说,浆纱的机械性能则决定了浆纱的可织性。浆纱的机械性能一般包括浆纱的断裂强力、断裂伸长率、浆纱耐磨性能和浆液对浆纱的被覆及浸透程度等,它们分别通过浆纱的拉伸试验、耐磨试验和切片观察来测定。

(一)纱线断裂强力、断裂伸长率测定

1. 测试仪器 摆锤式单纱强力仪,电子单纱强力机。

2. 测试原理 纱线的拉伸实验在强力仪上进行,强力仪分为等速拉伸、等伸长拉伸和等负荷拉伸三种类型。本实验使用等速拉伸的强力仪,在一定的实验条件下,将单根纱线(或股线、长丝、浆纱)拉伸至断裂,仪器显示出断裂强力及断裂伸长率等机械性能指标,有的仪器还可以打印输出实验数据和曲线。

3. 测试方法

(1)摆锤式单纱强力仪法:摆锤式单纱强力仪的结构如图1-28所示。

①仪器的调整:首先校正仪器水平,然后调整上下夹持器间距至实验要求距离;调整伸长尺位置,使伸长指示对准伸长尺零位;检查预加张力秤的游码放在零位时,张力秤是否平衡;挂好重锤,张力在9.8~196cN(10~200g)范围内挂A锤,在39~980cN(40~1000g)范围内挂B锤;检查限位开关、电器开关是否正常,再打开电源开关,试开空车后看小车升降停位等是否正常。

②仪器的使用:

(a)将断裂时间计数器和测试次数计数器清零,并用制动杆扣住指针杆。

(b)选择下夹持器下降速度,确定断裂时间在(20 ± 3)s内(调下降速度)。

(c)调整重锤,使试样的断裂强力值在强力计数尺示值的20%~80%范围内。

(d)将需测试的纱管插入插纱杆上,引纱过导纱钩、上夹持器、下夹持器、预加张力钩、夹紧装置的夹持面,注意操作中防止退捻。

(e)扳动上夹持器偏心扳手,将纱线夹紧于上夹持器中,然后右手扳动下夹持器偏心扳手,(此时左手松开纱头),使下夹持器夹紧纱线。

(f)拨开止动钩,使强力指针臂松开,按下下降按钮,拉伸断裂时读取数据。

(2)电子单纱强力机法:电子单纱强力机采用等速伸长原理,与计算机联机时可实时显

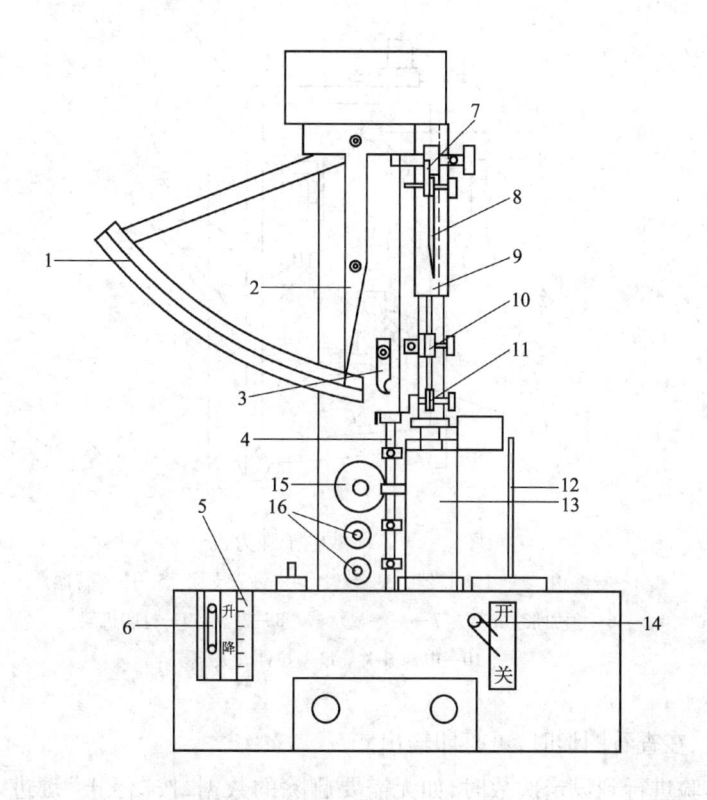

图1-28 摆锤式张力仪

1—拉伸强力标尺 2—强力指针 3—指针挡板 4—拉伸动程定位杆 5—升降速度标尺 6—升降开关
7—上夹持器 8—伸长指针 9—伸长标尺 10—下夹持器 11—预加张力钩
12—纱座 13—升降杆 14—开关 15—备用重锤 16—电源开关

示负荷伸长曲线、断裂强力与断裂伸长率。电子单纱强力机外形如图1-29所示。

①在计算机联机状态下仪器的使用：

(a)计算机设置通讯参数，选择与单纱强力机通讯的串口号，确认后，单击"联机"，与强力机实现联机。

(b)单击"新建"，可在参数设置页面里设置参数，如功能、实验员、纱线号数、断裂余值、伸长上限等。

(c)单击"实验"，进入实验状态，默认"隔距"为500mm、"速度"为500mm/min，通讯端口为COM1。

(d)上下夹持器夹好纱线，点击屏幕"拉伸"键，或按单纱强力机上的"拉伸"键，下夹持器下移，断纱后，下夹持器自动返回到起始位置。

(e)在拉伸时，将出现实时曲线图，此图可通过按钮来设定图形底色、图形颜色、坐标轴颜色和网格颜色。分析曲线时，有单根曲线图和所有曲线对照图之分。单根曲线图可分析当前点的强力值和伸长值，所有曲线图则分析当前所指示的曲线是第几次拉伸的曲线及其

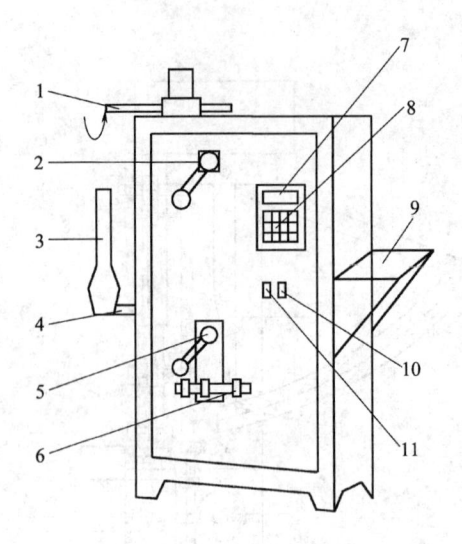

图 1-29 单纱电子强力机
1—导纱钩 2—上夹持器 3—纱管 4—纱管支柱 5—下夹持器
6—预加张力装置 7—液晶显示器 8—键盘 9—打印机架
10—电源开关 11—拉伸开关

强力和伸长值。在查看图形时,可打印输出。

(f)拉伸实验进行到设定次数时,如无需要删除的数据,按"停止"键进入打印统计值等待状态。

(g)按"统计"键,打印统计值。

(h)如需复制,按"复制"键,重新打印全部报表。

②在计算机脱机状态下仪器的使用:

(a)仪器校正。

(b)实验条件的参数设置。

(c)进行定时拉伸试验和定速拉伸试验,定时拉伸试验参数设定前要进行试拉伸。

(d)夹持试样,开始测试。

(e)打印结果。

4. 注意事项 纱线强力试验一般要求试样在标准大气条件下放置 16h 以上,否则测试数据要进行修正。

(二)纱线耐磨性能测定

1. 测试仪器 纱线耐磨仪。

2. 测试原理 纱线耐磨实验在纱线耐磨仪上进行,纱线耐磨仪有多种工作原理和结构形式,也可以采用纱线抱合力仪进行纱线耐磨实验。这些仪器通常以一定磨具(或纱线本身)在固定的磨损负荷下,对被测纱线进行磨损、破坏,直至被磨断,最后以纱线磨断前所经受的摩擦次数表征其耐磨性能。

3. 测试方法 图1-30为一种常用纱线耐磨仪的结构。两组被测纱线分别夹持于悬吊了一定重锤的两组夹持器中,计数器清零,打开电源,开始测试,梳针板反复摩擦纱线,纱线发生断裂时记录摩擦次数。若为浆纱耐磨性测试,则需分别测试纱线上浆前、后的耐磨情况。

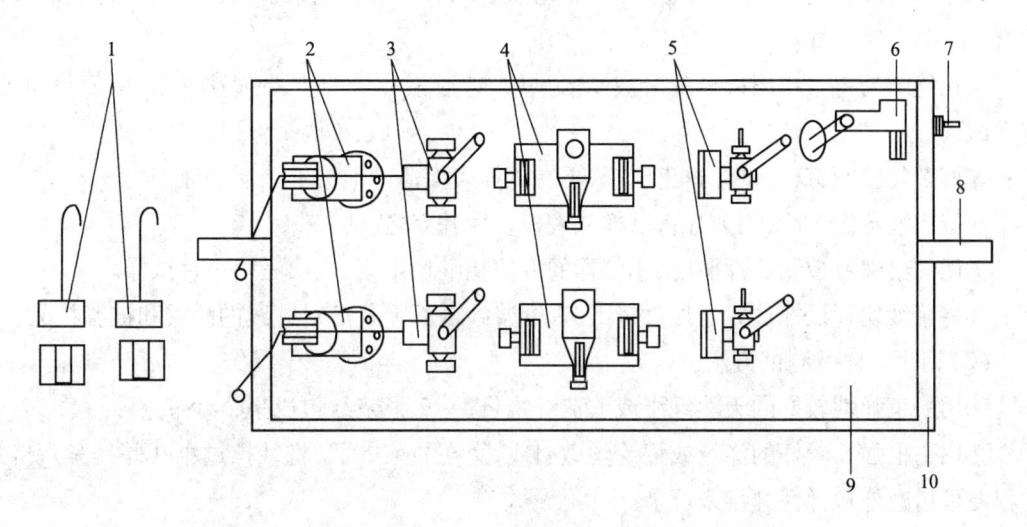

图1-30 纱线耐磨仪结构
1—重锤 2—滑轮 3—后夹持器 4—梳针板 5—前夹持器 6—计数器
7—开关 8—防尘罩把手 9—防尘罩 10—机座

(三)浆液对浆纱的被覆与浸透程度测定

1. 测试仪器 切片器,铜或钢片(带小孔),刀片。

2. 测试原理 纱线通过浆纱加工之后,部分浆液浸透到纱线内部,部分浆液在纱线表面形成浆膜。尽管浆液的浸透深度并不大,但对于浆纱的集束和浆膜的依附却是十分重要的,因此要求适度的浆液浸透程度。浆纱表面的浆膜要求完整,完整的浆膜是经纱织造良好的庇护。

浆液对浆纱的被覆与浸透程度采用浆纱横截面切片观察的方法来测定。图1-31所示为切片器简图。

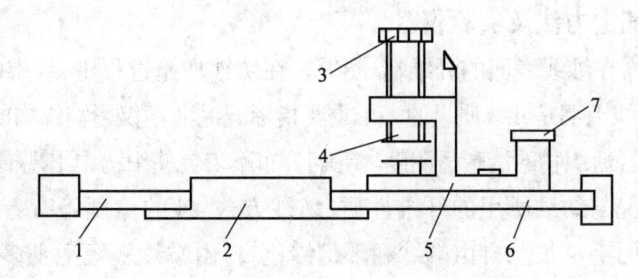

图1-31 切片器
1—左底板 2—侧支架 3—匀给螺钉 4—匀给器 5—匀给架 6—右底板 7—定位螺栓

3. 测试方法

(1) 切片器制样及测试方法：

①将匀给螺钉逆时针转动，使匀给器与右底板不接触。

②将定位螺钉轻轻拔起，使匀给器转动一定角度，以便将试样放入切片器的缝隙中。

③将左右底板拉开，把试样（浆纱和羊毛束）平行嵌入右底板的缝隙中，将左底板沿导槽推进，扣紧，夹紧试样。

④在缝隙处将一小滴火棉胶溶液滴入试样，待胶液充分浸入并蒸发干后，用刀片切去，露出试样。

⑤调节匀给螺钉，使试样露出底板，再在试样表面薄薄地涂上一层胶液。

⑥待胶液蒸发干后，用刀片将试样从底板切掉并弃之。

⑦用匀给螺钉控制切片厚度，用同样的方法相继切出第二、第三……片试样。

⑧将浆纱切片试样放置于显微镜下，观察浆纱截面上浆液对纱线的浸透和被覆状况。

(2) 钢片制样及测试方法：

①用一束弹性较好的天然纤维或人造纤维将1~2根浆纱包成一个纱束。

②用一根强力较好的涤纶或锦纶丝做引线，套在纱束中部，将纱拉过小孔并挤紧。挤紧的程度可增减外包弹性纤维来调节。

③用锋利的刀片在钢片上下表面切去露出在孔外的纱束。

④用滴管将稀碘液滴在纱束上，因浆液中的淀粉与碘反应而使切片中的纱线现蓝色。

⑤将钢片放在载玻片上，放在显微镜下观察，用描图纸或投影仪画下浆纱截面上浆液的浸透情况，并观察浆液的被覆状态。

⑥剪下图形，用天平分别称得总面积及浸透面积的纸重。

⑦计算浸透度：

$$浸透度 = \frac{浸透面积的纸重}{总面积的纸重} \times 100\% \qquad (1-15)$$

4. 注意事项 由于蓝色溶液对纤维的浸润、扩散作用，引起浸透面积增加，造成对浸透度测定和被覆状态的观察失真。

九、纱线毛羽测定方法及实验仪器

纱线毛羽是指露在纱线表面的纤维端、圈等。在纺纱加捻过程中，纤维的头端伸出纱线的外表，形成毛羽。纱线毛羽是纱线质量的一个重要指标。毛羽不仅影响织物的外观、色彩均匀和织物的滑爽，也影响轻薄织物的清晰透明度。毛羽分布不匀会使织物中出现横档、条纹等织疵。

纱线的毛羽情况与纺纱所用的纤维性质、纺纱方式、纱的捻度等有着密切关系。粗长、弹性好的纤维形成的毛羽长。自由端纱和环锭纱比，自由端纱上短毛羽多，环锭纱随捻度增大而毛羽量及毛羽长度减少。

若干研究表明，对于喷气织机而言，毛羽导致的停台就超过30%。随着无梭织机的快速发展,对于浆纱毛羽提出了更高的要求,浆纱毛羽降低率逐步成为浆纱半成品质量的控制要素。

(一)测试仪器

YG172型光电投影计数式纱线毛羽测试仪,CTT多功能纱线测试系统。

(二)测试原理

纱线的毛羽外观形态比较复杂,其基本形态有四种:端毛羽、圈毛羽、浮游毛羽和假圈毛羽。

考核毛羽的指标有毛羽指数、毛羽的伸出长度和毛羽量。毛羽指数是指单位纱线长度内,单侧面上伸出长度超过设定长度的毛羽累计数,单位为根/m。毛羽量是指纱线上一定长度内毛羽的总量。毛羽测试的基本原理是基于不同观察方法,对各种长度的毛羽进行测量和统计。

(三)测试方法

测量毛羽的方法很多,有烧毛法、投影计数法、静电和光电法、静电电容法、观察法等。检测实验要求在温度(20 ± 2)℃,相对湿度(65 ± 3)%的标准大气条件下进行,试样要暴露于此大气条件下不少于16h,最好48h。

1. 烧毛法 将单位长度(或重量)的纱线上的毛羽烧净,以重量损失百分率计算毛羽的多少。

2. 投影计数法 YG172型光电投影计数式纱线毛羽测试仪是采用光电投影计数法的毛羽测试仪,其平面图如图1-32所示。该仪器对一定纱线片段长度上、伸出长度超过设定长度的毛羽进行计数,可同时测定1~9mm九个毛羽设定长度。在连续测定几个片段之后,进行毛羽根数平均并折算成单位长度(1m)中毛羽根数,即毛羽指数。毛羽仪测定完成之后,打印结果:对应于九个设定长度的各片段的毛羽数、各片段的毛羽数的平均值、极差、频数比和毛羽指数以及其他纱线毛羽信息。

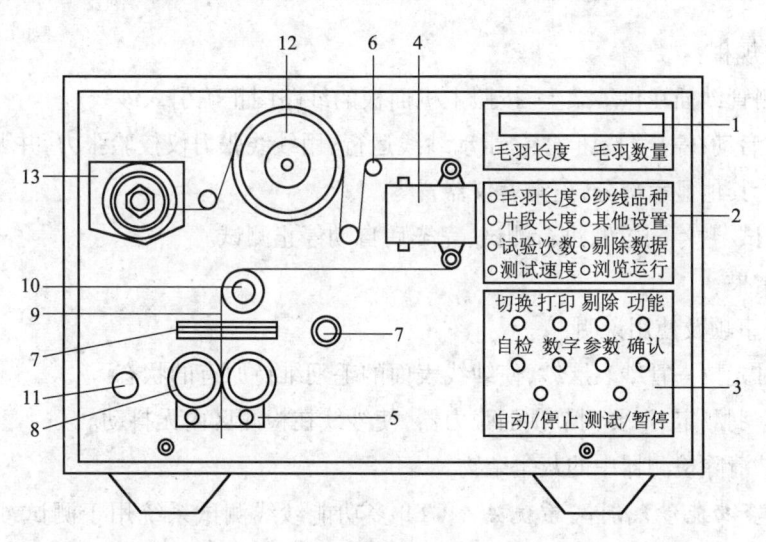

图1-32 YG172型光电投影计数式纱线毛羽测试仪
1—显示单元 2—指示灯 3—键盘 4—检测头 5—预加张力 6,10—导纱轮
7—纱线调位装置 8—罗拉 9—纱线 11—胶辊脱开按键
12—磁性张力器 13—防缠绕张力器

YG172型光电投影计数式纱线毛羽测试仪的使用方法如下。

(1)校验仪器：

①接通电源前，主机和打印机电源开关应处在关闭状态。

②连接打印机。

③接通220V电源，按电源开关，指示灯亮，预热10min。

④按"自检"按钮，面板显示"J"，按"确认"，仪器进行自检。

⑤仪器自检正常，面板显示"J Good"，打印机打印"仪器自检正常"后，面板显示"J"，按"自检"按钮，仪器回到待机状态。

(2)试验参数选择：选择毛羽设定长度、测试速度、纱线片段长度、测试次数和预加张力。参数选择见表1-1。

表1-1 试验参数选择

纱线种类	毛羽设定长度（mm）	测试速度（m/min）	纱线片段长度（m）	每个卷装测试次数	预加张力（cN/tex）
棉纱及棉型混纺纱	2	30	10	10	0.5±0.1
毛纱及毛型混纺纱	3	30	10	10	0.25±0.025
中长纤维纱	2	30	10	10	0.5±0.1
绢纺纱	2	30	10	10	0.5±0.1
苎麻纱	4	30	10	10	0.5±0.1
亚麻纱	2	30	10	10	0.5±0.1

(3)操作规程：

①将待测管纱插在供纱架上，按照主机面板的纱路图正确引入纱线。

②按下"启动/停止"按钮，罗拉带动纱线运行，用纱线张力仪校验张力，并调节到规定范围。再次校验其他显示部分，正常后仪器置零。

③按"测试/暂停"按钮，进行测试，完毕后自动停止测试。

④打印结果。

(4)注意事项及使用说明：

①装纱时先拉去管纱表层纱，使纱线表面的毛羽维持原有的状态。

②浆纱毛羽测定时，要调节预加张力器，使纱线在检测区内无抖动。

③需经常清除检测器中的灰尘杂物。

3. CTT多功能纱线测试系统法 CTT多功能纱线测试系统用于测试纱线的各项性能，其主机的摄像投影仪部分可以更换成其他的备件，进而测试毛羽情况、落纤情况、纱线摩擦因数、耐磨次数、粗细节情况、纱线最大拉伸强力以及该纱线织成织物后的外观效果等项目，并可由该系统配套的打印机打印出相关数据、曲线及布面效果图。其中，摄像投影仪部分用于纱线毛羽的检测。

十、粘度测定方法及实验仪器

粘度又称粘(滞)性或内摩擦,是流体物理性能的主要指标之一。浆液的粘度不仅影响浆纱上浆率,而且影响到浆液对纱线的浸透和被覆程度,对浆纱的可织性起到十分重要的作用。因此,粘度是检验浆液质量的重要指标。

(一)测试仪器

漏斗式粘度计,旋转式粘度计,小型转筒式粘度计。

(二)测试原理

液体的粘度是反映其流动性的指标,是指流体流动时受到内摩擦阻力的大小。

粘度和粘性不同,粘性是指液体粘附到其他物体上的性能。粘度与总固体率、浓度有着直接的联系。

常见的粘度测试原理有:记录浆液从小孔流出时间,粘度大、流出时间长;测定旋转体在浆液中转动时所受阻力矩,粘度大则阻力矩大。

(三)测试方法

测试粘度的方法主要有漏斗式粘度计法、旋转式粘度计法、小型转筒式粘度计法等。

1. 漏斗式粘度计法 漏斗式粘度计(图1-33)也称粘度测定杯。一般漏斗由不锈钢或铜制成,上端呈圆筒形,下端为圆锥形,容积为100mL。锥顶中心有小孔,孔径分6mm、8mm、10mm三种规格,用以测量不同粘度范围的流体。让被测流体自粘度计小孔流出,以所需流出时间来衡量粘度大小。

测定时,用右手将漏斗浸入液体中,上下多次运动,在一定深度的液体中放置,使漏斗与液体温度相同,然后迅速而又轻轻地将漏斗拎起离开液面10cm高度,左手同时揿动秒表计时,待全部液体从漏斗中流出,开始出现断续状为止,记录所需时间。如此反复测量多次,取平均值。液体的流出时间与粘度的关系见表1-2和表1-3。

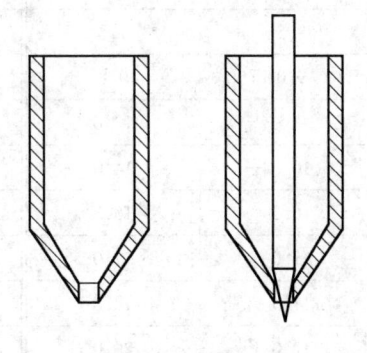

图1-33 漏斗式粘度计

表1-2 高粘度测定杯流出时间与粘度的关系

流出时间(s)	粘度(mPa·s)	流出时间(s)	粘度(mPa·s)	流出时间(s)	粘度(mPa·s)
3.5	1	7.0	26	10.5	50
4.0	5	7.5	29	11.0	54
4.5	8	8.0	33	11.5	57
5.0	12	8.5	37	12.0	61
5.5	15	9.0	40	12.5	65
6.0	18	9.5	43	13.0	68
6.5	23	10.0	47	13.5	71

续表

流出时间(s)	粘度(mPa·s)	流出时间(s)	粘度(mPa·s)	流出时间(s)	粘度(mPa·s)
14.0	75	17.0	97	20.0	117
14.5	78	17.5	100	20.5	120
15.0	83	18.0	103	21.0	124
15.5	86	18.5	107	21.5	127
16.0	90	19.0	110	22.0	131
16.5	93	19.5	113	22.5	135

表1-3 低粘度测定杯流出时间与粘度的关系

流出时间(s)	粘度(mPa·s)	流出时间(s)	粘度(mPa·s)	流出时间(s)	粘度(mPa·s)
6.5	1.0	13.5	24.5	23.0	52.0
7.0	2.5	14.0	25.8	24.0	54.4
7.5	4.0	14.5	27.4	25.0	57.5
8.0	5.9	15.0	29.0	26.0	60.3
8.5	7.8	15.5	30.5	27.0	63.1
9.0	9.9	16.0	32.0	28.0	66.0
9.5	12.0	16.5	33.5	29.0	69.0
10.0	14.0	17.0	34.8	30.0	72.0
10.5	15.8	17.5	36.2	31.0	74.0
11.0	17.0	18.0	38.0	32.0	76.0
11.5	18.5	19.0	40.7	33.0	77.0
12.0	20.0	20.0	43.5	34.0	78.0
12.5	21.5	21.0	46.2	35.0	81.0
13.0	23.0	22.0	49.6	36.0	84.0

若所测液体较少,可将漏斗放置于架子上,用插杆将小孔塞紧,然后将液体注入漏斗,拔起插杆的同时计时,记录液体流出时间。

这种方法的测定精确程度较差,但易于携带、使用方便,是浆纱车间常用的浆液粘度测定方法,为上浆工艺提供参考数据。

2. 旋转式粘度计法 用旋转式粘度计(图1-34)测试不同液体各种温度下的粘度,是一种实验室常用的粘度测定方法。旋转式粘度计配备了几种规格的旋转体,不同规格的旋转体测量的粘度范围不同,可以从 $1 \sim 1 \times 10^6 \, mPa \cdot s$。

旋转式粘度计使用方法:将恒温水浴的水打入储浆杯的外层,使储浆杯保持测试所需要的温度。然后将测试液体注入储浆杯,将旋转体在储浆杯中上下窜动几次,以使测试液体充分均匀地附着在旋转体周围,注意不要产生气泡。之后将旋转体挂在游丝(也称转子)上,调

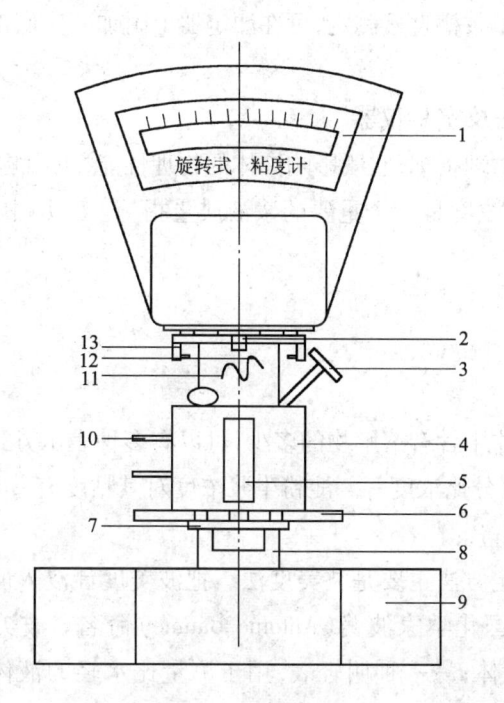

图 1-34 旋转式粘度计
1—刻度盘 2—转子 3—温度计 4—储浆杯 5—旋转体 6—托杯盘 7—垫片 8—支架
9—支座 10—热水浴循环导管 11—旋转体挂钩 12—转子挂钩 13—卡杯盘

零后打开电源开关,于是旋转体开始旋转。各种液体粘度不同,对旋转体的阻滞力不同,指针则有不同的读数,待旋转体运动稳定时,读出数值,即为粘度,单位为毫帕·秒(mPa·s)。使用不同规格的旋转体,读数要乘以相应的系数。

3. 小型转筒式粘度计法 该方法使用回转圆筒型粘度计(图 1-35),精度比旋转式粘度计低,但价格便宜,体积小,使用简便。

测试时将回转子浸入待测液体中,回转子由电动机驱动,作定速回转(电源为干电池),此时作用于回转子上的粘阻力(力矩)通过特种机构在刻度板上直接指示出相应的粘度,单位为帕·秒(Pa·s)。它有高粘度和低粘度两种形式,各附有两个回转子,分别应用于不同的粘度范围。

这种小型粘度计在应用时,原则上要使用附属的试样容器来盛取被测液体,并在这个容器内进行粘度测定。这是因为仪器上的刻度是在使用规定容器时标定的,如果在其他容器中或直接在浆槽中测试,由于回转子与容器间的间隙不同,因而回转子所受的粘阻力也不同,将使

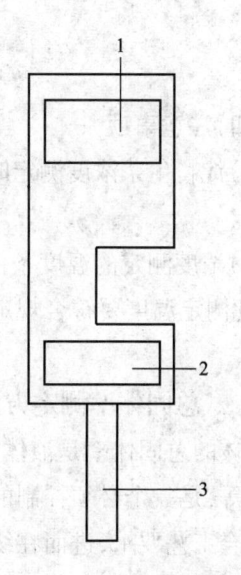

图 1-35 小型转筒式粘度计
1—电池盒 2—刻度盘 3—回转子

标示值产生误差。若用于浆槽直接测定,可在测定器上附加一个底部开孔的围罩。

十一、浓度测定方法及实验仪器

浓度是液体的一个物理指标,它既影响液体的物理性能,也影响液体的化学性能。对于上浆工艺来说,淀粉生浆浓度是一个重要的浆液质量指标。工厂中调浆所测试的淀粉生浆浓度为50℃时的浓度。

(一) 测试仪器

波美度计,量筒。

(二) 测试原理

液体的浓度是指液体中含有溶解物的多少,可以有多种表示方式,如波美度(°Bé)、体积质量(又称比重)、质量百分比浓度等。淀粉生浆浓度对其粘度有着重要的影响,进而决定浆纱的上浆质量,如上浆率等。

淀粉生浆浓度的测定方法主要是波美度法。把波美度计浸入所测浆液中,测得的度数叫波美度。波美度以法国化学家波美(Antoine Baume)命名。波美度计有两种:一种叫重表,用于测量比水重的液体;另一种叫轻表,用于测量比水轻的液体。当测得波美度后,从《棉织手册》的对照表中可以方便地查出 $1m^3$ 淀粉生浆液中无水淀粉质量(kg),也可以通过公式换算成体积质量 γ。

(三) 测试方法

将待测液体用量筒盛取,然后将波美度计轻而平稳且迅速地放入量筒中,待平稳后,迅速地读出液面所在的刻度值,即波美度 α(°Bé)。

波美度 α 与体积质量 γ 之间的换算关系:

$$\gamma = \frac{145}{145 - \alpha} \tag{1-16}$$

(四) 注意事项

(1) 淀粉生浆浓度测定时,量筒盛取淀粉生浆以及测定操作要快,以免淀粉沉淀带来测量误差。

(2) 浓度测定的温度条件对于波美度、体积质量和质量百分比浓度之间的关系有一定影响,因此测定温度要符合规定。

十二、总固体率测定方法及实验仪器

液体的总固体率是液体的一个重要指标。对于浆液,它决定或影响着浆液的许多性能,如粘度等,是一个必须控制的调浆工艺参数。在调浆和上浆过程中要检测浆液的总固体率是否符合工艺要求,进而在线控制浆纱上浆率。

(一) 测试仪器

烘箱,天平,干燥器,阿贝折光仪,量糖计。

(二) 测试原理

1. 总固体率 总固体率是指液体中所含固体物的百分比,即:

$$总固体率 = \frac{液体中固体物的质量}{液体质量} \times 100\% \tag{1-17}$$

2. 总固体率测定方法 一般有烘箱法,对于浆液(溶液状态)还可使用阿贝折光仪法和量糖计法。烘箱法是最直接而准确的方法;阿贝折光仪法是基于溶液中光的折射率与溶液总固体率成一定比例关系的原理来测定的;量糖计是根据糖溶液中光的折射率与糖的总固体率成一定比例关系的原理设计的,常用于浆液总固体率的快速近似检测。

(三) 测试方法

1. 烘箱法 称取一定质量的待测液体,置于沸水浴上,蒸去大部分水分,在105~110℃的烘箱中烘 90 min 以上。然后取出放入干燥器中冷却,用天平称固体物的质量,按式(1-17)计算总固体率。

2. 阿贝折光仪法 阿贝折光仪的中心部件是由两块直角棱镜组成的棱镜组,下面一块是可以启闭的辅助棱镜,其斜面是磨砂的,液体试样夹在辅助棱镜与测量棱镜之间,展开成一薄层。光由光源经反射镜反射至辅助棱镜,磨砂的斜面发生漫射,因此从液体试样层进入测量棱镜的光线各个方向都有,从测量棱镜的直角边上方可观察到临界折射现象。转动棱镜组转轴的手柄,调节棱镜组的角度,使临界线正好落在测量望远镜视野的 X 形准丝交点上。由于刻度盘与棱镜组的转轴是同轴的,因此与试样折光率相对应的临界角位置能通过刻度盘反映出来。

阿贝折光仪的使用操作如下。

(1)将阿贝折光仪置于靠窗的桌子或白炽灯前,用橡皮管将测量棱镜和辅助棱镜上保温夹套的进水口与超级恒温槽串联起来,恒温温度以折光仪上的温度计读数为准,一般选用20℃。

(2)松开锁钮,开启辅助棱镜,使其磨砂的斜面处于水平位置,用滴定管加少量丙酮清洗镜面。待镜面干燥后,滴加数滴浆液于辅助棱镜的毛镜面上,闭合辅助棱镜,旋紧锁钮。

(3)转动手柄,使刻度盘标尺上的示值为最小。调节反射镜,使入射光进入棱镜组,同时从测量望远镜中观察,使视场最亮。调节目镜,使视场准丝最清晰。转动手柄,使刻度盘标尺上的示值逐渐增大,直至观察到视场中出现彩色光带或黑白临界线为止。转动消色散手柄,使视场内呈现一个清晰的明暗临界线。

(4)转动手柄,使临界线正好处在 X 形准丝交点上,若此时又呈微色散,必须重调消色散手柄,使临界线明暗清晰。

(5)读数。打开罩壳上方的小窗,使光线射入,然后从读数望远镜中读出标尺上相应的示值,重复测定三次,三个读数相差不能大于 0.0002,然后其平均值。

(6)根据表 1-5 中的回归方程计算浆液总固体率。

3. 量糖计法 袖珍式量糖计型号为 CL—1 型,测量范围为 0~50%,准确度为 0.5%,

最小量度为1%。量糖计结构如图1-36所示。

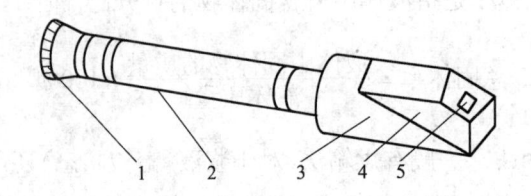

图1-36 CL—1型袖珍式量糖计
1—目镜 2—镜管 3—折光棱镜 4—照明棱镜 5—进光窗

袖珍式量糖计的使用操作如下。
(1)掀开照明棱镜盖板,用柔软的绒布将折光棱镜擦拭干净。
(2)将浆液少许置于镜面上,合上盖板,这样使溶液遍布于棱镜上。
(3)将进光窗对向光源或明亮处,调节目镜,使视场内分画线清晰可见。
(4)视场内明暗分界线之读数为含糖量(被测液体为糖溶液时)。
(5)若测定的不是糖溶液,则可根据此读数近似地计算总固体率。根据表1-4查出含糖量读数相对应的折射率,然后再根据表1-5中的回归方程计算总固体率。

表1-4 含糖量与折射率对照表

含糖量(%)	折射率	含糖量(%)	折射率	含糖量(%)	折射率
0	1.3330	17	1.3589	34	1.3885
1	1.3344	18	1.3605	35	1.3903
2	1.3359	19	1.3622	36	1.3922
3	1.3373	20	1.3638	37	1.3941
4	1.3388	21	1.3655	38	1.3960
5	1.3403	22	1.3672	39	1.3980
6	1.3418	23	1.3689	40	1.4000
7	1.3433	24	1.3706	41	1.4018
8	1.3448	25	1.3723	42	1.4038
9	1.3463	26	1.3741	43	1.4058
10	1.3478	27	1.3758	44	1.4078
11	1.3494	28	1.3776	45	1.4098
12	1.3509	29	1.3794	46	1.4118
13	1.3525	30	1.3812	47	1.4139
14	1.3541	31	1.3830	48	1.4159
15	1.3557	32	1.3848	49	1.4180
16	1.3578	33	1.3867	50	1.4201

表 1-5　浆液折射率 Y 与总固体率 X 的回归方程

序　号	粘着剂	回归方程
1	部分醇解 PVA	$Y = 1.3330 + 0.156X$
2	完全醇解 PVA	$Y = 1.3329 + 0.167X$
3	T330 变性 PVA	$Y = 1.3330 + 0.165X$
4	聚丙烯酰胺	$Y = 1.3330 + 0.180X$
5	丙烯系共聚物 Ⅰ	$Y = 1.3329 + 0.143X$
6	丙烯系共聚物 Ⅱ	$Y = 1.3330 + 0.162X$
7	CMC	$Y = 1.3330 + 0.152X$
8	褐藻酸钠	$Y = 1.3330 + 0.150X$
9	动物胶	$Y = 1.3330 + 0.179X$
10	硅酸钠	$Y = 1.3331 + 0.136X$
11	淀粉	$Y = 1.3328 + 0.128X$
12	葡萄糖	$Y = 1.3330 + 0.1296X$

(四) 注意事项及说明

(1) 擦拭折光棱镜时,注意不要划伤镜面。

(2) 阿贝折光仪和量糖计要在标准温度 20℃ 下使用,若温度不是标准温度,读数需要校正。

(3) 若含糖量读数不是整数,要用插入法求出折射率。例如,读数为 31.6,从表 1-4 中查出读数 32 的折射率为 1.3848;31 的折射率为 1.3830,则 31.6 的折射率为 $0.6 \times (1.3848 - 1.3830) + 1.3830$。

思 考 题

1. 测定织造设备车速的仪器主要有哪些? 试从方便性、测量精度等方面做比较。

2. 叙述机械式转速表、闪光测速仪的使用方法。

3. 如何采集织机主轴角位移信息?

4. 采用主轴刻度盘配光电传感器采集织机主轴角位移信息,如果每 30° 获取一个信号,则需要在主轴刻度盘上粘贴几片反光片? 如何粘贴?

5. 机械式单纱张力仪和电子式单纱张力仪分别适合测定什么张力?

6. 简述纱线张力测试虚拟仪器系统的基本组成和功能。

7. 若采用光线示波器记录综框的运动规律,需要哪些仪器和设备? 如何连接?

8. 比较电感式位移传感器和光栅式位移传感器的优缺点。

9. 振动三要素是什么? 测定织机的振动加速度的峰值,需要哪些仪器? 如何连接?

10. 简述 ND2 型精密声级计的功能及使用方法。

11. 简述振动与噪声的区别与联系。

12. 机织半成品卷装有哪几种形式？
13. 影响卷装密度的主要因素有哪些？
14. 影响织物密度的因素有哪些？
15. 分析织物密度与织物风格的关系。
16. 纱线主要机械性能有哪些，如何进行测试？
17. 纱线上浆后哪些性能得到了改善？
18. 纱线毛羽产生的原因有哪些？
19. 纱线的毛羽对织造过程有什么影响。
20. 如何降低纱线的毛羽？
21. 如何控制浆液的粘度？
22. 浆液的粘度对上浆率有何影响？
23. 影响浆液粘度的因素有哪些？
24. 浆液的定浓温度为什么定为50℃？
25. 浆液浓度与粘度有何关系？
26. 决定液体总含固率的因素有哪些？
27. 为什么调浆时要控制浆液的总含固率？

第二节 应用数理统计基础

纺织工程的许多工艺和设备问题，需要通过实验方法来作深入的研究，实验的结论必须正确、可信。这除了要求实验方法合理、实验仪器正常、实验操作无误之外，正确的实验设计和数据处理也是其十分重要的保证。本节内容仅简要介绍与此有关的数理统计基础知识，指导本科学生如何设计实验及实验之后如何处理数据，对于使用到的"概率论与数理统计"基础课程中已经学习过的一些基本概念和基础知识，本教材不再做出解释。

一、基本概念

总体、个体和样本是三个重要概念。某个研究对象的全体称为总体或母体；总体中的每一个单元为个体；当从总体中抽取 n 个个体，形成了一个样本，n 称为样本容量。如，一批棉纤维的线密度构成了一个总体，其中每一根棉纤维的线密度是这一总体中的一个个体，当从这批棉纤维中抽取 n 根纤维，则 n 根纤维的线密度形成了一个抽样样本，样本容量为 n。

从概率论的知识可知，随机总体中的个体是一个随机变量，如一批棉纤维中，任意抽取一根纤维，其线密度是个随机数值。随机总体分为离散型和连续型两种。

离散型随机变量的分布以概率函数表示。如离散型随机总体 X，它的全部可能值为 x_1, $x_2,\cdots,x_i,\cdots x_n$。离散型随机变量等于 x_i 的概率为 $P(X=x_i)$，则：

$$p_i = P(X=x_i), i=1,2,\cdots,n \quad (1-18)$$

称为 X 的概率函数。

离散型随机变量的分布也可用分布函数 $F(x)$ 来表示,即

$$F(x_i) = P(X \leq x_i), i = 1, 2, \cdots, n \tag{1-19}$$

连续型随机变量的分布同样以分布函数 $F(x)$ 来表示,即

$$F(x) = P(X \leq x), -\infty < x < \infty \tag{1-20}$$

但是,连续型随机变量的分布更多以概率密度函数(简称密度函数)$f(x)$ 来表示。连续型随机变量的概率密度函数 $f(x)$ 具有以下性质。

(1) $f(x) \geq 0$。

(2) $\int_{-\infty}^{+\infty} f(x) \mathrm{d}x = 1$。

(3) 对于任何实数 $a, b(a < b)$ 有

$$P(a \leq x \leq b) = F(b) - F(a) = \int_a^b f(x) \mathrm{d}x$$

(4) 若 $f(x)$ 在点 x 处连续,则有

$$F'(x) = f(x)$$

概率函数、分布函数、密度函数都反映了随机总体的概率分布特征,常见的有正态分布、泊松分布、二项分布、韦泊分布等。

随机变量常用的数字特征有数学期望 μ 和方差 σ^2。纺织实验过程中,多数的连续型随机总体都符合正态分布,如一批纤维的线密度和长度、浆纱的断裂强力和断裂伸长等。利用正态分布的性质,可得到一些重要的信息。如,从一批棉纤维中任意抽取一根纤维,其线密度位于区间 $(\mu - \sigma, \mu + \sigma)$ 的可能(即概率)为 68.3%。

二、样本的统计量

从一个随机分布总体中抽取 n 个个体,形成一个样本。通常对样本进行统计计算,得到几个重要的统计量,即样本特征数——平均值、标准差、不匀率。通过样本特征值的计算,可以估计总体的特征参数,从而对纺织过程中的某一个随机对象进行定量的研究。

1. 平均值(样本均值)

$$\bar{X} = \frac{1}{n} \sum_{i=1}^{n} x_i \tag{1-21}$$

式中:x_i——样本中每一个个体,即子样的数值;

n——样本容量。

2. 标准差

$$S = \sqrt{\frac{1}{n-1}\sum_{i=1}^{n}(x_i - \overline{X})^2} \tag{1-22}$$

3. 不匀率(变异系数)

$$CV = \frac{S}{\overline{X}} \tag{1-23}$$

样本统计量本身又是个随机变量,它也有一定的概率分布,统计量的分布称为抽样分布。正态分布总体 $N(\mu, \sigma^2)$ 的样本均值 $\overline{X}$ 也符合正态分布规律,即符合 $N(\mu, \sigma^2/n)$。对于大样本来说,不管总体符合何种分布,根据中心极限定理,都可以认为样本均值 $\overline{X}$ 近似服从正态分布规律。

三、随机总体的参数估计

参数估计就是以样本的统计量对总体的未知参数进行估计。如要估计一批棉纤维的线密度,首先要对棉纤维取样,测量各子样的线密度,计算样本均值 $\overline{X}$,然后通过统计方法对这批棉纤维的线密度 μ 作出估计。参数估计分为点估计和区间估计两类。

(一)点估计

点估计是以样本的一个统计量估计总体的一个未知参数。常用的总体参数点估计方法是矩估计法。矩估计法就是以样本的各阶矩来估计总体参数,通常以样本的一阶原点矩 $E(X)$ 和二阶中心矩 $D(X)$ 分别估计随机总体的数学期望和方差两个特征参数。

$$E(x) = \overline{X} = \frac{1}{n}\sum_{i=1}^{n}x_i \tag{1-24}$$

$$D(x) = \frac{1}{n}\sum_{i=1}^{n}(x_i - \overline{X})^2 \tag{1-25}$$

由于估计量是随机变量,用它去估计总体参数,但不等于总体参数的真实值,它在总体参数真实值的附近波动。于是就提出了波动是否会偏于一边的问题,我们要求估计量是无偏的,即无偏估计。研究表明,$\overline{X}$ 是总体数学期望 μ 的无偏估计,记作 $\hat{\mu}$。

$$E(x) = \overline{X} = \frac{1}{n}\sum_{i=1}^{n}x_i = \hat{\mu} \tag{1-26}$$

$D(x)$ 不是总体方差 σ^2 的无偏估计,而样本标准差的平方(样本方差)S^2 才是其无偏估计,记作 $\hat{\sigma}^2$,即:

$$S^2 = \frac{1}{n-1}\sum_{i=1}^{n}(x_i - \overline{X})^2 = \hat{\sigma}^2 \tag{1-27}$$

矩估计的优点是不必已知总体的概率分布类型,适应性强,但是估计精度较低。

下面列举一个测定浆纱断裂强度的例子。某种纱线上浆之后,随机抽取 30 根浆纱进行断裂强度的测定,得到一个样本容量 $n=30$ 的实验样本,具体的实验数据为 231.5cN, 238.1cN,226.8cN,230.3cN,…,219.7cN,239.7cN(假设其中不存在异常数据)。

计算统计量样本均值

$$\bar{X} = \frac{1}{30}(231.5 + 238.1 + 226.8 + 230.3 + \cdots + 219.7 + 239.7) = 233.9(\text{cN})$$

计算统计量样本标准差:

$$S = \sqrt{\frac{1}{30-1}[(231.5-233.9)^2 + (238.1-233.9)^2 + \cdots + (219.7-233.9)^2 + (239.7-233.9)^2]}$$
$$= 23.5(\text{cN})$$

计算样本不匀率:

$$CV = \frac{23.5}{233.9} = 10\%$$

利用样本均值和样本标准差可以对总体的数学期望和方差进行点估计,即对这批浆纱的断裂强度及其方差作出点估计,认为浆纱断裂强度为 233.9cN,断裂强度方差的平方根为 23.5cN,断裂强度的不匀率为 10%。

(二)区间估计

点估计给出了总体参数的估计数值,但是没有告知该估计的可信程度。区间估计则不然,它估计的是总体参数的一个所在范围,并且给出总体参数落在此范围内的可能(概率)。我们称这一区间为置信区间,落在此范围内的概率为置信度,以 $(1-\alpha)$ 表示,α 为不落在此区间的概率,称为显著度。区间估计的具体方法见本节"正态总体参数 μ 的区间估计及样本容量"。

四、正态总体参数 μ 的区间估计及样本容量

(1)已知正态分布总体 $\xi \sim N(\mu, \sigma^2)$ 的方差 σ^2,求数学期望 μ 的区间。

正态分布总体 $N(\mu, \sigma^2)$ 的样本均值 $\bar{X}$ 符合正态分布,即:

$$\bar{X} = \frac{1}{n}\sum_{i=1}^{n} x_i \sim N\left(\mu, \frac{\sigma^2}{n}\right) \tag{1-28}$$

于是有统计量:

$$Z = \frac{\bar{X} - \mu}{\frac{\sigma}{\sqrt{n}}} \tag{1-29}$$

根据标准正态分布的性质有:

$$P\left\{-Z_{\frac{\alpha}{2}} \leq \frac{\bar{X} - \mu}{\frac{\sigma}{\sqrt{n}}} \leq Z_{\frac{\alpha}{2}}\right\} = 1 - \alpha \tag{1-30}$$

得到统计结论：

$$P\left\{\bar{X} - Z_{\frac{\alpha}{2}} \cdot \frac{\sigma}{\sqrt{n}} \leq \mu \leq \bar{X} + Z_{\frac{\alpha}{2}} \cdot \frac{\sigma}{\sqrt{n}}\right\} = 1 - \alpha \quad (1-31)$$

也就是说，μ 落在区间 $\left(\bar{X} - Z_{\frac{\alpha}{2}} \cdot \frac{\sigma}{\sqrt{n}}, \bar{X} + Z_{\frac{\alpha}{2}} \cdot \frac{\sigma}{\sqrt{n}}\right)$ 的概率为 $1 - \alpha$。

确定了显著度 α 之后，查附录表1（正态分布的双侧分位数表）得到 $Z_{\frac{\alpha}{2}}$，进而计算 μ 的估计区间长度之半。

$$\Delta = \frac{Z_{\frac{\alpha}{2}} \cdot \sigma}{\sqrt{n}} \quad (1-32)$$

当取定 μ 的估计相对误差 E（即估计区间长度之半 Δ 与 μ 的无偏估计值 $\bar{X}$ 之比，实际工程中一般取5%或10%），确定了显著度 α 和第二类统计错误的概率为0.5之后，可以近似地计算样本容量 n 的数值。

$$n = \left(\frac{Z_{\frac{\alpha}{2}} \cdot \sigma}{E \cdot \bar{X}}\right)^2 \quad (1-33)$$

纺织工艺研究中，我们经常会遇到通过样本统计量估计总体参数的问题，如测定一批纱线的断裂强度和断裂伸长。那么，实验的样本容量应该多大为好，样本容量增加，会带来实验工作量增大，实验的人力和物力消耗等后果；样本容量过小，则总体参数的估计误差增加。

因此，在实验正式开展之前，要进行预备实验。在预备实验中，首先按照一般经验设定样本容量为 n'，通过实验得到样本统计量。

$$\bar{X} = \frac{1}{n'} \sum_{i=1}^{n'} x_i \quad (1-34)$$

然后选定相对误差 E 和显著度 α，由式（1-33）计算样本容量 n。显然，n' 的大小会影响 $\bar{X}$，进而影响计算样本容量 n 的数值，所以 n' 选择要慎重，不可过小。

仍然列举前述的浆纱断裂强度测定的例子。某种纱线浆纱之后，我们首先按照通常的经验，确定样本容量 $n' = 30$，然后对随机抽取的30根浆纱进行断裂强度的测定，得到一个样本容量 $n' = 30$ 的实验样本，具体的实验数据为231.5cN，238.1cN，226.8cN，230.3cN，…，219.7cN，239.7cN（假设其中不存在异常数据）。假设这批浆纱断裂强度的方差已知，为 $\sigma^2 = 552.3$。

通过实验得到样本统计量 $\bar{X} = 233.9$ cN，选定 $\alpha = 0.10$，$\Delta = 0.05$，查附录表1得 $Z_{\frac{0.10}{2}} = 1.65$，代入式（1-32）得：

$$n = \left(\frac{1.65 \times 23.5}{0.05 \times 233.9}\right)^2 = 11$$

显然，$n' > n$，本试验的样本容量完全符合要求。今后为节约试验成本，对于这一试验可以缩小它的样本容量至 15~20。反之，如 $n' < n$，则需进一步补充试验次数，使样本容量达到 n。

然后，计算浆纱断裂强度 μ 所在区间 $\left(\bar{X} - Z_{\frac{\alpha}{2}} \cdot \frac{\sigma}{\sqrt{n}}, \bar{X} + Z_{\frac{\alpha}{2}} \cdot \frac{\sigma}{\sqrt{n}}\right)$，当 $\alpha = 0.10$ 时，

$$Z_{\frac{\alpha}{2}} \cdot \frac{\sigma}{\sqrt{n}} = Z_{\frac{0.10}{2}} \times \frac{23.5}{\sqrt{30}} = 7.1$$

通过上述分析，可作如下统计结论：浆纱断裂强力的数学期望 μ 落在区间 $(233.9 - 7.1, 233.9 + 7.1)$ 的概率为 90%。同时还可看出：在相同的置信程度下（α 不变），试验样本容量 n 越大，则区间长度之半（$Z_{\frac{\alpha}{2}} \cdot \frac{\sigma}{\sqrt{n}}$）越短，当 $n = 100$ 时，该长度约减少到 3.9，也就是说，以 $\bar{X}$ 预报浆纱断裂强度 μ 的精度越高。

（2）未知正态分布总体 $\xi \sim N(\mu, \sigma^2)$ 的方差，求数学期望 μ 的区间。

正态分布总体 ξ 的方差 σ^2 未知，我们以其无偏估计 $S^2 = \frac{1}{n-1} \sum_{i=1}^{n} (x_i - \bar{X})^2$ 求得统计量：

$$\frac{(\bar{X} - \mu)\sqrt{n}}{S} \sim t_{(\nu = n-1)} \tag{1-35}$$

统计量符合自由度为 $\nu = n - 1$ 的 t 分布。于是有：

$$P\left(-t_{\frac{\alpha}{2}, \nu} \leqslant \frac{(\bar{X} - \mu)\sqrt{n}}{S} \leqslant t_{\frac{\alpha}{2}, \nu}\right) = 1 - \alpha$$

或

$$P\left(\bar{X} - t_{\frac{\alpha}{2}, \nu} \cdot \frac{S}{\sqrt{n}} \leqslant \mu \leqslant \bar{X} + t_{\frac{\alpha}{2}, \nu} \cdot \frac{S}{\sqrt{n}}\right) = 1 - \alpha \tag{1-36}$$

也就是说，μ 落在区间 $\left(\bar{X} - t_{\frac{\alpha}{2}, \nu} \cdot \frac{S}{\sqrt{n}}, \bar{X} + t_{\frac{\alpha}{2}, \nu} \cdot \frac{S}{\sqrt{n}}\right)$ 的概率为 $1 - \alpha$。确定 α 值，查附录表 2（t 分布的双侧分位数表）得 $t_{\frac{\alpha}{2}, \nu}$（自由度 $\nu = n - 1$），进而计算 μ 的估计区间长度之半 Δ。同前理，在预备实验中，首先按照一般经验设定样本容量为 n'，通过实验得到样本统计量 $\bar{X}$ 和 S，然后选定相对误差 E 和显著度 α，由式（1-37）近似计算样本容量 n。

$$\Delta = \frac{2 t_{\frac{\alpha}{2}, \nu} \cdot S}{\sqrt{n}}; n = \left(\frac{t_{\frac{\alpha}{2}, \nu} \cdot S}{E \cdot \bar{X}}\right)^2 \tag{1-37}$$

再次列举前述的浆纱断裂强度测定的例子。通常，总体的方差 σ^2 是未知的。首先按照以往的经验，确定样本容量 $n' = 30$，进行试验。

通过实验得到样本统计量 $\bar{X} = 233.9 \text{ cN}, S = 23.5 \text{cN}$，选定 $\alpha = 0.10, \Delta = 0.05$，查附录表 2 得 $t_{\frac{0.10}{2}, \nu = 29} = 1.699$，代入式（1-37）得：

$$n = \left(\frac{1.699 \times 23.5}{0.05 \times 233.9}\right)^2 = 11.7$$

显然,$n' > n$,本试验的样本容量完全符合要求。

然后,计算浆纱断裂强度 μ 所在区间 $\left(\overline{X} - t_{\frac{\alpha}{2},\nu} \cdot \frac{S}{\sqrt{n}}, \overline{X} + t_{\frac{\alpha}{2},\nu} \cdot \frac{S}{\sqrt{n}}\right)$,当 $\alpha = 0.10$ 时,

$$t_{\frac{\alpha}{2},\nu} \cdot \frac{S}{\sqrt{n}} = t_{\frac{0.10}{2},\nu=29} \times \frac{23.5}{\sqrt{30}} = 7.3$$

通过上述分析,可作如下统计结论:浆纱断裂强力的数学期望 μ 落在区间 $(233.9 - 7.3, 233.9 + 7.3)$ 的概率为 90%。

五、异常数据的检验

样本中如包含异常数据,会导致统计判断的结果失真。异常数据的产生原因很多,这里不作解释。在对实验样本的数据进行处理之前,首先要作异常数据的检验与剔除。

t 检验准则是常用的异常数据检验方法之一。其检验步骤为:

(1) 将样本的 n 个子样从小到大排列成顺序统计量:

$$x_{(1)} \leqslant x_{(2)} \leqslant \cdots \leqslant x_{(i)} \leqslant \cdots \leqslant x_{(n)}$$

(2) 计算 f_0 值,当 $x_{(1)}$ 为可疑的异常数据时,

$$f_0 = \frac{|x_{(1)} - \overline{x}_{(1)}^*|}{\sigma_{(1)}^*} \tag{1-38}$$

当 $x_{(n)}$ 为可疑的异常数据时,

$$f_0 = \frac{|x_{(n)} - \overline{x}_{(n)}^*|}{\sigma_{(n)}^*} \tag{1-39}$$

式中:$\overline{x}_{(j)}^* = \sum_{i \neq j} x_{(i)}/(n-1)$;$\sigma_{(j)}^* = \left[\sum_{i \neq j}(x_{(i)} - \overline{x}_{(j)}^*)^2/(n-2)\right]^{0.5}$;$j = 1$ 或 n。

(3) 根据 n 和 α 查附录表 3[t 检验 $k(n,\alpha)$ 数值表] 得到检验系数 $k(n,\alpha)$,进行统计判断:如果 $f_0 > k(n,\alpha)$,则 $x_{(1)}$ 或 $x_{(n)}$ 为异常数据,应予剔除;如果 $f_0 < k(n,\alpha)$,则 $x_{(1)}$ 或 $x_{(n)}$ 不是异常数据;如果 $x_{(1)}$ 和 $x_{(n)}$ 都不是异常数据,则全体 n 个子样就都不是异常数据。

例,判断一批浆纱的耐磨性能,我们随机抽取 10 根浆纱(为方便起见,这里以样本容量 $n = 10$ 为例,实际工作中样本容量远大于 10),在纱线耐磨仪上测定浆纱耐磨次数得:13,15,22,17,24,11,19,25,30,18,判断其中是否存在异常数据。

首先将数据由小至大排队,得 11,13,15,17,18,19,22,24,25,30。

当 $x_{(1)}$ 为可疑的异常数据时,计算:

$$\overline{x}_{(1)}^* = \frac{1}{9}(13 + 15 + 17 + \cdots + 25 + 30) = 20.33$$

$$\sigma_{(1)}^* = \sqrt{\frac{1}{8}[(20.33 - 13)^2 + (20.33 - 15)^2 + \cdots + (25 - 20.33)^2 + (30 - 20.33)^2]} = 5.39$$

$$f_0 = \left|\frac{20.33-11}{5.39}\right| = 1.73$$

当 $x_{(10)}$ 为可疑的异常数据时,计算 $\bar{x}^*_{(10)} = \frac{1}{9}(11+13+15+17+\cdots+25) = 18.22$

$$\sigma^*_{(10)} = \sqrt{\frac{1}{8}[(18.22-11)^2+(18.22-13)^2+\cdots+(24-18.22)^2+(25-18.22)^2]} = 4.76$$

$$f_0 = \left|\frac{30-18.22}{4.76}\right| = 2.47$$

查附录表3,取 $n=10$,$\alpha=0.05$,得 $k(10,0.05)=2.43$。比较:$1.73<2.43$,故 $x_{(1)}$ 不是异常数据,$2.47>2.43$,所以 $x_{(10)}=30$ 是异常数据,应予剔除。剔除异常数据之后,对其余数据重新进行上述检验,发现其余数据均非异常数据。

有时,一个似为"异常数据"的实验结果可能会反映着一个未知的规律,因此剔除异常数据要十分谨慎,应反复推敲。

六、秩和检验法

秩和检验法用于判断纺织工艺修改前后的产品质量是否发生了变化。应用两总体的秩和检验法(两个总体可以是连续型总体或离散型总体)对修改前 A 和修改后 B 两批质量数据(即两个样本,这两个样本的容量可以相等或不等)进行统计分析。如果工艺修改产生效果,产品质量发生了变化,说明 A、B 两批数据来自不同的总体;反之,则来自同一总体。

举例,为节约浆纱成本,拟减少弹性纱的浆纱配方中某一助剂的用量。浆纱车间对原配方和新配方进行浆纱试验,考察两种配方下浆纱质量指标中浆纱断裂伸长率的变化,得到 A、B 两批数据:

原配方对应浆纱断裂伸长率 $A\%$:34,36,37,60($n_1=4$)。

新配方对应浆纱断裂伸长率 $B\%$:35,37,42,45,45,47($n_2=6$)。

首先,将两批数据混合排列,得出秩和混合排列表1-6。

表1-6 秩和混合排列表

秩数	1	2	3	4(4.5)	5(4.5)	6	7	8	9	10
$A\%$	34		36		37					60
$B\%$		35		37		42	45	45	47	

计算统计量,对样本容量较小者计算秩数之和

$$T = 1+3+4.5+10 = 18.5$$

查附录表4(秩和检验表),在 $n_1=4$,$n_2=6$,$\alpha=0.05$ 时,双侧临界值为 $T_1=14$,$T_2=30$。

由于 $14 < T = 18.5 < 30$,故在显著水平 α 为 0.05,A、B 两批数据实际上来自同一总体,浆纱配方的改变未引起浆纱断裂伸长率的变化,因此节约措施是可行的。如果 $T < T_1$ 或 $T > T_2$,反映 A、B 两批数据实际上来自不同的总体,配方改变使浆纱断裂伸长率有所增加或减小。

对于检验工作有以下几点说明。

(1)对于离散型随机总体,两样本秩数表中可能会发生 A、B 两批数据部分数值相等的现象,这时相等数值的秩数要用两个秩数的平均值来代替,如表 1-6 中秩数 4 和 5 改为 4.5 和 4.5,对秩数计和时以 4.5 计入。连续型随机变量不会发生这种现象。

(2)本例中,统计判断的结论只是指出两批数据是否来自同一总体,即浆纱配方改变后是否会引起浆纱断裂伸长率变化,但变化可能是增加或减小,所以秩和检验表中取双侧临界值。

(3)计算统计量 T,应对样本容量较小者计算秩数之和。

(4)为简便起见,本例列举的样本容量很小,实际工作中应远大于此。

七、正交试验

(一)正交试验表(正交表)

优化某一产品的工艺,以期提高产品质量。我们对 m 个生产工艺参数作出调整,然后实际观察产品质量的变化情况,其中每个工艺参数作 r 个水平的调整,这就形成了 m 个因子 r 个水平的优化问题。

我们可以把 m 个工艺参数的 r 个水平组合成大量的试验方案,实施这些方案,通过试验观察,最后从中寻找一个最优的方案,即最优的工艺参数组合。显然,这是理论上可行的试验设计方法,但也是不经济、不科学的方法,因为试验方案数过多、试验工作量过大。统计学家已经为我们设计了比较经济又科学的试验方案,试验次数少但提供信息量比较完整的试验方案,称为正交试验表。我们只要根据试验的因子数和水平数去选择正交试验表,然后编制实验方案,进行实验。正交试验表有多种,读者可参考有关的数理统计书籍。

正交试验表以 $L_t(r^m)$ 表示,其中 m 为因子数,即表的纵行数,r 为各因子的水平数,t 为正交试验表的横行数,即需要做试验的次数。例如,$L_8(2^7)$ 的正交试验表如表 1-7 所示。它可以安排 7 个因子,每个因子作 2 个水平变化,共需进行 8 种不同方案的试验,其中第一个方案即 1 号试验,以 1、2、3、4、5、6、7 因子的 1 水平组合而成。

表 1-7 $L_8(2^7)$ 正交试验表

试验号	1因子	2因子	3因子	4因子	5因子	6因子	7因子
1	1水平	1水平	1水平	1水平	1水平	1水平	1水平
2	1水平	1水平	1水平	2水平	2水平	2水平	2水平
3	1水平	2水平	2水平	1水平	1水平	2水平	2水平
4	1水平	2水平	2水平	2水平	2水平	1水平	1水平
5	2水平	1水平	2水平	1水平	2水平	1水平	2水平
6	2水平	1水平	2水平	2水平	1水平	2水平	1水平

续表

试验号	1因子	2因子	3因子	4因子	5因子	6因子	7因子
7	2水平	2水平	1水平	1水平	2水平	2水平	1水平
8	2水平	2水平	1水平	2水平	1水平	1水平	2水平

在对正交试验表进行因子安排时要注意：

(1) 每个因子占用一列。

(2) 各因子的水平数要和表中相应列的水平数相等。

(3) 在任意两列上安排了两个因子之后，这两个因子之间如存在交互作用，则交互作用要作为一个因子，可以安排在正交试验表中其他列上[注意，有些正交试验表不可以安排交互列，如 $L_{12}(2^{11})$]。两个因子的交互列在 2 水平型正交试验表中只占用一列，在 3 水平型正交试验表中要占用两列，以此类推。交互列可以安排在正交试验表的哪些列上是有规定的，要查所选用的正交试验表的交互列表，例如 $L_8(2^7)$ 的交互列表如表 1-8 所示。表 1-8 指出，两个因子如分别安排在第 1、2 列上，它们的交互列应该安排到第 3 列；如果两因子分别安排在第 4、5 列上，则交互列应在第 1 列。$L_8(2^7)$ 正交试验表用于安排 A、B、C、D 四个因子和两个交互作用因子 $A \times B$（A 和 B 因子交互）、$A \times C$（A 和 C 因子交互），正交试验表安排如表 1-9 所示（其他交互作用忽略）。表 1-9 中，D 因子为什么不占用第 6 列，而去占用第 7 列呢？从 $L_8(2^7)$ 的交互列表可知，第 6 列是第 2 列因子 B 和第 4 列因子 C 的交互作用 $B \times C$ 所在的一列，试验前我们认为 $B \times C$ 交互作用不显著，未予以考虑。如果把 D 因子安排在第 6 列中，然而事实上 $B \times C$ 的交互作用又出乎预料比较强烈，这就会产生"混杂"，影响到 D 因子统计结论的正确性。所以，为避免"混杂"，将 D 因子安排到第 7 列，第 6 列作为"空白"列。

表 1-8 $L_8(2^7)$ 的交互列表

1	2	3	4	5	6	7	列号
(1)	3	2	5	4	7	6	1
	(2)	1	6	7	4	5	2
		(3)	7	6	5	4	3
			(4)	1	2	3	4
				(5)	3	2	5
					(6)	1	6
						(7)	7

表 1-9 $L_8(2^7)$ 用于 4 因子及其 2 交互作用

列 号	1	2	3	4	5	6	7
因 子	A	B	$A \times B$	C	$A \times C$	空白	D

(4)为了进一步的误差分析需要,正交试验表设计时至少要有一个空白列。

(5)三个及以上因子的交互作用比较弱,我们一般不作考虑。

(二)正交试验表的直观分析

按照正交试验表设计的 t 个方案进行试验,试验时各个方案中交互因子的水平值是无意义的,不必给予考虑,只有在进一步的数据处理时才会使用这些水平数值。

每个方案的试验次数 n 是该方案的样本容量,在选择了 α、E 之后,对符合正态分布的随机变量可按照式(1-33)或式(1-37)进行近似计算。

t 个方案试验完成之后,得到试验数据 $y_{ij}(i=1,2,\cdots,t;j=1,2,\cdots,n)$。首先,计算每个方案试验数据的平均值:

$$y_i = \frac{1}{n}\sum_{j=1}^{n} y_{ij} \quad (i=1,2,\cdots,t) \tag{1-40}$$

设某因子 A 被安排在正交试验表的第 $k(k=1,2\cdots,p)$ 列,该因子的水平数,即 k 列的水平数为 r(为简便起见,这里只介绍各因子,即各列水平数相等的例子),水平的序号以 $l(l=1,2,\cdots,r)$ 表示。该因子即该列每个水平的重复次数为 u,因此试验的方案数 $t=r\times u$。例如:A 因子被安排在表1-10的第1列,该列的水平数 $r=2$,每个水平重复次数 $u=4$,试验方案数 $t=r\times u=8$。本例为3因子并考虑它们的交互作用。

1. 数据处理 求出第 k 列中第 l 水平的试验指标值之和 $Y_l^{(k)}$ 及其平均值 $y_l^{(k)}$,然后计算各水平试验指标平均值 $y_l^{(k)}$ 中最大值与最小值之差,即极差 $R^{(k)}$,见表1-10。

表1-10 正交试验表的数据处理表

试验号	列号(因子)							试验指标值(各方案试验数据的平均值)y_i
	1 (A)	2 (B)	3 (A×B)	4 (C)	5 (A×C)	6 (B×C)	7 空白	
1	1	1	1	1	1	1	1	y_1
2	1	1	1	2	2	2	2	y_2
3	1	2	2	1	1	2	2	y_3
4	1	2	2	2	2	1	1	y_4
5	2	1	2	1	2	1	2	y_5
6	2	1	2	2	1	2	1	y_6
7	2	2	1	1	2	2	1	y_7
8	2	2	1	2	1	1	2	y_8
一水平之和	$Y_1^{(1)}$	$Y_1^{(2)}$	$Y_1^{(3)}$	$Y_1^{(4)}$	$Y_1^{(5)}$	$Y_1^{(6)}$	$Y_1^{(7)}$	
二水平之和	$Y_2^{(1)}$	$Y_2^{(2)}$	$Y_2^{(3)}$	$Y_2^{(4)}$	$Y_2^{(5)}$	$Y_2^{(6)}$	$Y_2^{(7)}$	
一水平平均值	$y_1^{(1)}$	$y_1^{(2)}$	$y_1^{(3)}$	$y_1^{(4)}$	$y_1^{(5)}$	$y_1^{(6)}$	$y_1^{(7)}$	
二水平平均值	$y_2^{(1)}$	$y_2^{(2)}$	$y_2^{(3)}$	$y_2^{(4)}$	$y_2^{(5)}$	$y_2^{(6)}$	$y_2^{(7)}$	
极差	$R^{(1)}$	$R^{(2)}$	$R^{(3)}$	$R^{(4)}$	$R^{(5)}$	$R^{(6)}$	$R^{(7)}$	

例如 $k=1$ 时,

$$l=1: Y_1^{(1)} = y_1 + y_2 + y_3 + y_4, y_1^{(1)} = \frac{Y_1^{(1)}}{4} \tag{1-41}$$

$$l=2: Y_2^{(1)} = y_5 + y_6 + y_7 + y_8, y_2^{(1)} = \frac{Y_2^{(1)}}{4} \tag{1-42}$$

$$R^{(1)} = \max\{y_1^{(1)}, y_2^{(1)}\} - \min\{y_1^{(1)}, y_2^{(1)}\} \tag{1-43}$$

2. 直观分析　对照表 1-10,根据各水平试验指标平均值之间的极差 $R^{(k)}$ 的大小,对各列的影响程度进行排序,极差 $R^{(k)}$ 大者对试验指标影响的显著程度高,占用该列的因子或交互作用为重要因子或重要交互作用;相反,极差 $R^{(k)}$ 小者显著程度低,占用该列的为次要因子或次要交互作用。

空白列的极差可以用作分析试验的误差大小,该列极差应该比其他各列的极差小,否则说明试验存在明显误差,或存在有不可忽略的交互作用。

在不考虑交互作用的正交试验中,确定优化工艺组合的原则是:对各因子选择试验指标平均值最高者(指标平均值以高为佳时)所对应的水平作为因子的最优水平,将各因子的最优水平组合起来就是对试验指标的最优工艺组合。

如果交互作用不可忽略,则确定优化工艺组合的工作会复杂得多。首先,根据表 1-10 对于交互作用显著的两个因子建立二元表,见表 1-11。表 1-11 以因子 A、B 的交互作用 $A \times B$ 显著(第三列极差 $R^{(3)}$ 大)为例,表 1-11 中:

$$\begin{aligned} Y_{A1 \times B1} &= y_1 + y_2 \\ Y_{A1 \times B2} &= y_3 + y_4 \\ Y_{A2 \times B1} &= y_5 + y_6 \\ Y_{A2 \times B2} &= y_7 + y_8 \end{aligned} \tag{1-44}$$

表 1-11　二元表

因　子	A 因子 1 水平	A 因子 2 水平
B 因子 1 水平	$Y_{A1 \times B1}$	$Y_{A2 \times B1}$
B 因子 2 水平	$Y_{A1 \times B2}$	$Y_{A2 \times B2}$

假如因子 A 和交互作用 $A \times B$ 比较显著,而因子 B 不显著。先对因子 A 确定它的最优水平(假设为 1 水平),在 A 因子 1 水平确定了的前提下,比较表 1-11 中 $Y_{A1 \times B1}$ 和 $Y_{A1 \times B2}$ 的数值,选择大者(如数值大者为优)。假如数值大者为 $Y_{A1 \times B2}$,则因子的优化组合为 $A1$ 和 $B2$。

如果因子 A、B 和交互作用 $A \times B$ 都比较显著。则比较表 1-13 中 $Y_{A1 \times B1}$、$Y_{A1 \times B2}$、$Y_{A2 \times B1}$、$Y_{A2 \times B2}$ 的数值,选择最大者(如数值大者为优)。假如数值最大者为 $Y_{A2 \times B1}$,则因子的优化组合为 $A2$ 和 $B1$。

如果因子 A 和 B 都不显著,然而它们的交互作用 $A\times B$ 显著。同样比较表 1-11 中 $Y_{A1\times B1}$、$Y_{A1\times B2}$、$Y_{A2\times B1}$、$Y_{A2\times B2}$ 的数值,选择最大者(如数值大者为优)。假如数值最大者为 $Y_{A2\times B2}$,则因子的优化组合为 $A2$ 和 $B2$。

优化工艺组合确定之后,还要用实验对"优化"的效果进一步验证。

八、回归分析

纺织工艺研究中,经常需要了解存在于两个变量(x、y)之间的数量关系。如在织机其他工艺参数不变条件下,研究后梁高度(x)变化与织物经、纬纱屈曲波高的比值(y)之间的数量关系。研究方法主要有两种:其一是建立完善的数学模型,通过解析方法得到变量 x、y 之间严格的函数关系,对于大多数纺织工艺研究对象来说,这个方法难度很大,而实用性却较小;另一种相对容易的、常用的是回归分析的方法,通过大量试验,即改变织机后梁高度(x),然后实测所得织物的经、纬纱屈曲波高的比值(y),然后由试验统计量得到变量 x、y 之间的回归关系。由于回归分析的依据是大量试验数据的统计结果,因此所得到的回归关系是建立在统计意义上的,它们不可避免地会带有各种误差,存在失误的可能性,也就是说有一个可信程度。同时,这样的回归关系有其一定的适用范围,利用回归关系作出的工艺预测仅在试验的变量变化范围内有效。

在本科教学的实验中,使用较多的是一元线性回归和可以化成线性回归的一元非线性回归。回归分析的内容十分丰富,应用也很多,其中包括应用较多的二次旋转组合试验设计等,对此本教材不作介绍,读者可以参见其他有关书籍。

(一)一元线性回归

一元线性回归处理的是 x、y 两个变量之间的关系。在工艺研究中,我们要了解工艺参数变化对产品质量的关系,希望给出一个回归方程来进行描述。通常,把工艺参数作为自变量 x,它可以是随机变量或一般变量,这里把它作为一般变量,即试验中它的取值是可以精确测量或严格控制的;通过试验所得的产品质量为应变量 y,它是一个随机变量。

如果两个变量之间符合线性关系,于是有:

$$y = \beta_0 + \beta x + \varepsilon \tag{1-45}$$

式中,ε 是各种随机因素引起的 y 的试验误差。

通过一元线性回归,将得到如式(1-46)的一元线性回归方程:

$$\hat{y} = b_0 + bx \tag{1-46}$$

式中,$\hat{y}$ 是观察值 y 的回归值,b_0,b 分别是 β_0,β 的最小二乘估计。

在进行一元线性回归之前,要对 x 的取值进行设计,通常是在预定的 x 变化区域中均匀地取 N 个试验点 $x_1,x_2,\cdots,x_i,\cdots,x_N$,$x$ 的变化区域和试验点的多少根据试验者的经验而定。工艺研究试验将在这 N 个试验点上进行。

每个试验点(即每个试验方案)上要作重复试验,于是每个试验点得到一个试验样本。

在确定了显著度 α 和相对误差 Δ 之后,根据式(1-32)或式(1-37)计算样本容量 n。第 i 试验点上将得到 n 个试验值,记为 $y_{ij}(i=1,2,\cdots,N;j=1,2,\cdots,n)$。

1. 求取一元线性回归方程　在实施了 N 个试验方案之后,按照以下公式进行统计计算,进而得到一元线性回归方程:

$$\hat{y} = b_0 + bx \tag{1-47}$$

$$b_0 = \bar{y} - b\bar{x} \tag{1-48}$$

$$b = \frac{\sum_{i=1}^{N} x_i \bar{y}_i - \frac{1}{N}(\sum_{i=1}^{N} x_i)(\sum_{i=1}^{N} \bar{y}_i)}{\sum_{i=1}^{N} x_i^2 - \frac{1}{N}(\sum_{i=1}^{N} x_i)^2} \tag{1-49}$$

式中,N 个试验点自变量取值 x_i 的平均值:

$$\bar{x} = \frac{1}{N} \sum_{i=1}^{N} x_i$$

第 i 个试验点应变量 y_{ij} 的平均值 $\bar{y}_i$:

$$\bar{y}_i = \frac{1}{n} \sum_{j=1}^{n} y_{ij}$$

全部试验点应变量 y_{ij} 的平均值 $\bar{y}$:

$$\bar{y} = \frac{1}{N} \sum_{i=1}^{N} \bar{y}_i$$

2. 一元线性回归方程的显著性检验　回归方程求出来了,下一步要用方差分析法对该方程的显著性进行检验,也就是检验回归方程是否有意义。

计算总偏差平方和: $S_z = \sum_{i=1}^{N} \sum_{j=1}^{n} (y_{ij} - \bar{y})^2$,自由度 $f_z = N(n-1)$;

回归偏差平方和: $S_h = \sum_{i=1}^{N} \sum_{j=1}^{n} (\hat{y}_i - \bar{y})^2 = n \sum_{i=1}^{N} (\hat{y}_i - \bar{y})^2$,自由度 $f_h = 1$(其中,$\hat{y}_i = b_0 + bx_i$,即 $\hat{y}_i$ 由回归方程计算);

误差偏差平方和: $S_e = \sum_{i=1}^{N} \sum_{j=1}^{n} (y_{ij} - \bar{y}_i)^2$,自由度 $f_e = N(n-1)$;

失拟偏差平方和: $S_s = \sum_{i=1}^{N} \sum_{j=1}^{n} (\bar{y}_i - \hat{y}_i)^2 = n \sum_{i=1}^{N} (\bar{y}_i - \hat{y}_i)^2$,自由度 $f_s = N-2$。

建立统计量,

$$F_1 = \frac{S_s/f_s}{S_e/f_e} \sim F[N-2, N(n-1)] \tag{1-50}$$

$$F_2 = \frac{S_h/f_h}{(S_s + S_e)/(f_s + f_e)} \sim F[1, N(n-2)] \tag{1-51}$$

给定显著度 α,查附录表 5(F 检验的临界值表),当 $F_1 > F_\alpha[\nu_1 = N-2, \nu_2 = N(n-1)]$

时,失拟偏差平方和除由误差平方和引起外,还有其他因素的影响未考虑到,需要重新研究,再次回归。相反,当 $F_1 < F_\alpha[\nu_1 = N-2, \nu_2 = N(n-1)]$ 时,失拟偏差平方和主要是由误差平方和引起,说明拟合是恰当的。

然后,在给定显著度 α 之后,当 $F_2 > F_\alpha[\nu_1 = 1, \nu_2 = N(n-2)]$ 时,作出统计结论:线性回归方程显著。

3. 利用一元线性回归方程进行预测　得到一元线性回归方程 $\hat{y} = b_0 + bx$ 之后,利用它可以对生产过程作出预测。当我们需要了解工艺参数 x 为某一取值 x_a(x_a 应当位于实验中自变量的取值范围之内,即 x_1 和 x_N 之间)时,生产的产品质量 y 将是什么数值(y_a),只要把 x_a 代入回归方程,计算出 $\hat{y}_a$:

$$\hat{y}_a = b_0 + bx_a \tag{1-52}$$

$\hat{y}_a$ 就是该点 y_a 的预测值(点估计)。当然,还可以进一步进行区间估计,这里就不详述了。

举例,在安全气囊织物经纬纱线密度和织物透气性关系的研究中,固定织物的其他技术规格,同时改变经纬纱线密度并织制样布,然后对每块样布测试织物透气量,试验次数(样本容量)符合规定。不同经纬纱线密度及其相应的织物透气量见表1-12。

表1-12　不同经纬纱线密度及其相应的织物透气量

x 经纬纱线密度(dtex)	127.5×2(方案1)	210×2(方案2)	250×2(方案3)
y 透气量(L/dm² · min)	21.5,20.3,21.3 21.0,21.4,20.7	16.0,16.5,16.8 15.4,15.8,16.2	13.2,13.5,13.6 12.8,13.0,13.3

注　受原料限制,表中经纬纱线密度的变化方案偏少,方案中自变量 x 的分布也不够均匀。

根据试验数据作图,观察试验点的分布情况可知:经纬纱线密度 x 与织物透气量 y 之间可能存在线性关系,故采用一元线性回归方法。

计算:

$$\bar{x} = \frac{1}{3}(127.5 + 210 + 250) = 195.8$$

为计算方便,公式中 x 取股线中单纱的线密度,以下同。

$$\bar{y} = \frac{1}{18}(21.5 + 20.3 + 21.3 + \cdots + 12.8 + 13.0 + 13.3) = 16.79$$

$$\bar{y}_1 = \frac{1}{6}(21.5 + 20.3 + 21.3 + 21.0 + 21.4 + 20.7) = 21.03$$

$$\bar{y}_2 = \frac{1}{6}(16.0 + 16.5 + 16.8 + 15.4 + 15.8 + 16.2) = 16.12$$

$$\bar{y}_3 = \frac{1}{6}(13.2 + 13.5 + 13.6 + 12.8 + 13.0 + 13.3) = 13.23$$

$$\sum_{i=1}^{N} x_i \bar{y}_i = 127.5 \times 21.03 + 210 \times 16.12 + 250 \times 13.23 = 9374.1$$

$$\frac{1}{N}\left(\sum_{i=1}^{N} x_i\right)\left(\sum_{i=1}^{N} \bar{y}_i\right) = \frac{1}{3}(127.5 + 210 + 250) \times (21.03 + 16.12 + 13.23) = 9866.1$$

$$\sum_{i=1}^{N} x_i^2 - \frac{1}{N}\left(\sum_{i=1}^{N} x_i\right)^2 = 127.5^2 + 210^2 + 250^2 - \frac{1}{3}(127.5 + 210 + 250)^2 = 7840.3$$

$$b = \frac{9374.1 - 9866.1}{7840.3} = -0.063$$

$$b_0 = \bar{y} - b\bar{x} = 16.79 - (-0.063) \times 195.8 = 29.1$$

得到回归方程

$$\hat{y} = 29.1 - 0.063x \text{(公式中 } x \text{ 为股线中单纱的线密度)}$$

回归方程显著性检验:

$$S_s = 6 \times [(21.03 - 21.07)^2 + (16.12 - 15.87)^2 + (13.23 - 13.35)^2] = 0.47$$

$$S_e = (21.5 - 21.03)^2 + (20.3 - 21.03)^2 + (21.3 - 21.03)^2 + \cdots +$$
$$(12.8 - 13.23)^2 + (13.0 - 13.23)^2 + (13.3 - 13.23)^2 = 2.32$$

$$S_h = 6 \times [(21.07 - 16.79)^2 + (15.87 - 16.79)^2 + (13.35 - 16.79)^2] = 186$$

$$F_1 = \frac{\frac{0.47}{1}}{\frac{2.32}{15}} = 3.04 < F_{\alpha=0.05, \nu_1=1, \nu_2=15} = 4.54, \text{说明失拟偏差平方和主要是由误差平方和引}$$

起,拟合是恰当的。

$$F_2 = \frac{\frac{186}{1}}{\frac{0.47 + 2.32}{15 + 1}} = 1066 > F_{\alpha=0.05, \nu_1=1, \nu_2=16} = 4.49, \text{因此该线性回归方程显著,有效。}$$

(二)可以化成线性回归的一元非线性回归

实际生产中,变量 x、y 之间经常不符合线性关系,但它们中的一部分可以转化为线性模型来加以解决。如变量 x、y 之间符合类似指数函数关系,有 $y = ae^{kx+\varepsilon}$,我们对等式两边取自然对数,得到 $Ln(y) = Ln(a) + kx + \varepsilon$,经过这一转化,我们就可按照前述的一元线性回归方法对 $x \sim Ln(y)$ 求得回归方程:

$$\hat{Y} = b_0 + bx \tag{1-53}$$

其中,$\hat{Y}$ 是观察值 y 的自然对数 $Ln(y)$ 的回归值,b_0、b 分别是 $Ln(a)$ 和 k 的最小二乘估计。进而,由一元线性回归方程求得原变量 x、y 的回归方程:

$$\hat{y} = ae^{kx} \tag{1-54}$$

式中:$a = \exp(b_0)$;$k = b$。

这样的例子还有很多,这里不再一一列举。读者可能还会提出这样一个问题:回归之前我们怎么能知道变量 x、y 之间存在类似指数函数关系呢?这就有赖于试验者的专业知识或工作经验的积累，对 x、y 的关系作出判断。也可在试验之后，利用大量的试验数据，在平面坐标上作出 (x,y) 的坐标点子，画出散点图，分析点子的分布形式，估计 X、Y 之间的统计关系。

思 考 题

1. 连续型随机变量和离散型随机变量有什么主要区别？它们的总体概率分布如何表达？
2. 如何计算一个实验样本统计量均值、标准差和不匀率？
3. 如何通过样本的统计量对总体的数学期望及方差进行点估计？纺织实验中如何应用？
4. 在已知正态总体方差时，如何对总体的数学期望进行区间估计？
5. 在未知正态总体方差时，如何对总体的数学期望进行区间估计？纺织实验中如何应用？
6. 如何在实验工作正式进行之前确定实验的样本容量？确定实验的样本容量有何意义？
7. 在实验数据处理之前，为什么要检验和剔除异常数据？如何检验与剔除？
8. 如何应用秩和检验法简单地鉴别两批实验所得数据是否来自同一总体（即检验它们之间是否存在显著差异）？
9. 正交试验方法常用于什么场合？正交试验方法有什么优点？举例说明在纺织试验中的应用。
10. 如何设计正交试验表头？
11. 如何通过正交试验的试验数据处理得到统计结论？
12. 一元线性回归常用于什么场合，举例说明在纺织研究中的应用。
13. 如何求得一元线性回归方程？如何检验一元线性回归方程的显著性？
14. 可以转化为一元线性回归的一元非线性回归应具备什么条件？如何进行转化？

第二章 认识性实验

> **本章知识点**
>
> 1. 络筒、并纱(丝)、倍捻、花式纱、整经、浆纱、卷纬加工的目的和要求,设备的工作原理,纱线工艺流程,机器结构和主要工作部件的结构及作用。
> 2. 穿经、结经、分经的工艺过程及设备,钢筘、综丝、综框以及经停片的结构与作用。
> 3. 热湿定形的目的、要求,定形方法及其设备的结构特征。
> 4. 织机开口机构、有梭及无梭引纬机构、打纬机构、卷取和送经机构的工作原理、结构和主要部件的作用。
> 5. 经停和纬停装置的构造及工作原理。
> 6. 储纬器的结构及工作原理,各种布边加固装置的结构和成边特点。
> 7. 平纹、斜纹、缎纹及其变化组织以及联合组织、复杂组织的交织规律,常见组织和组织基本分析方法。掌握它们的试织操作技能。
> 8. 色纱与组织配合形成配色模纹的规律及常见配色模纹图案,配色模纹的基本分析方法。掌握试织操作技能。
> 9. 棉、麻、毛、丝织物的织造工艺流程,各工序的目的、设备概貌以及输入和输出制品的卷装形式,学会制定不同织物品种的织造工艺流程。

第一节 织造设备的机构认识性实验

实验一 络筒设备与主要机构

一、实验目的

(1)了解普通络筒机的工作原理和工艺流程。
(2)了解普通络筒机的结构及主要部件的作用。
(3)了解自动络筒机的工作原理和纱线工艺流程。
(4)了解自动络筒机的结构及主要部件的作用。

二、基本知识

(一)络筒的目的与要求

1. 目的

(1)将小容量的管纱或绞纱制成容量大、密度均匀、成形良好、退绕顺利的筒子。

(2)检查纱线直径,消除纱线上的杂质、粗细节、尘屑等疵点。

2. 要求

(1)卷装坚固,便于储存和运输。

(2)相邻纱圈排列整齐,无重叠、凸边、蛛网、脱边等弊病。

(3)轴向退绕轻快,不脱圈,不纠缠。

(4)尽可能提高卷装容量。

(5)接头小而牢。

(二)络筒设备(络筒设备实物照片见教材所附光盘)

1. 普通络筒机 图2-1为普通络筒机络筒工艺流程简图。纱线自管纱1上退绕下来,经导纱器2,通过圆盘式张力装置3,穿过清纱器4,经过导纱杆5和探纱杆6,在回转的槽筒7及其上的沟槽的引导下,卷绕到筒子8上。

2. 自动络筒机 图2-2为全自动络筒机络筒工艺流程图。纱线从插在管纱支撑装置上的管纱1上退绕下来,经气圈破裂器2和余纱剪切器3后再经预清纱器4,然后,纱线通过张力装置5、捻接器6、电子清纱器7、切断夹持器8和上蜡装置9,在回转的槽筒10及其上的沟槽的引导下,卷绕到筒子11上。

(三)主要机构与作用

1. 管纱支撑装置 支撑管纱,利于管纱退绕。

2. 气圈破裂器 改变气圈的结构和形式,降低纱线张力的变化幅度。主要形式有圆环式、三角式、直杆球式和直筒式。

(1)圆环式:由金属丝弯作一定直径的开口圆环而成。退绕纱线从开口圆环中间通过时,受开口圆环直径的限制,改变气圈的结构和形态。

(2)三角式:由金属丝弯作三角形状而成。退绕纱线从三角形中间通过时,受金属丝的限制,改变气圈的结构和形态。

(3)直杆球式:由金属或非金属制成的单球或双球,穿在金属杆上而成。退绕纱线从直杆球侧面通过时,与直杆球碰撞,从而改变气圈的结构和形态。

(4)直筒式:由金属薄板卷成正三棱柱、正四棱柱或圆柱形而成。退绕纱线从金属直筒中间通过时,气圈的大小限制在金属直筒内,可将纱线张力的变化幅度限定在较小的范围内。新型的直筒式气圈破裂器随管纱退绕不断降低位置,从而控制气圈的形状和摩擦纱段的长度,使较小的管纱退绕张力保持恒定,又称气圈控制器。

3. 张力装置 适度增加纱线张力,满足筒子卷绕成形要求,同时可部分去除纱线弱节。主要有圆盘式张力装置和梳形张力装置两种。

(1)圆盘式张力装置:一般由两个贴紧的圆盘和加压装置组成。纱线从两个贴紧的圆盘之间通过,纱线与圆盘产生摩擦而获得张力。根据安置方式又有水平式和垂直式之分。水平式一般采用垫圈加压,亦可采用弹簧加压,垂直式通常采用弹簧加压或气动加压。圆盘可

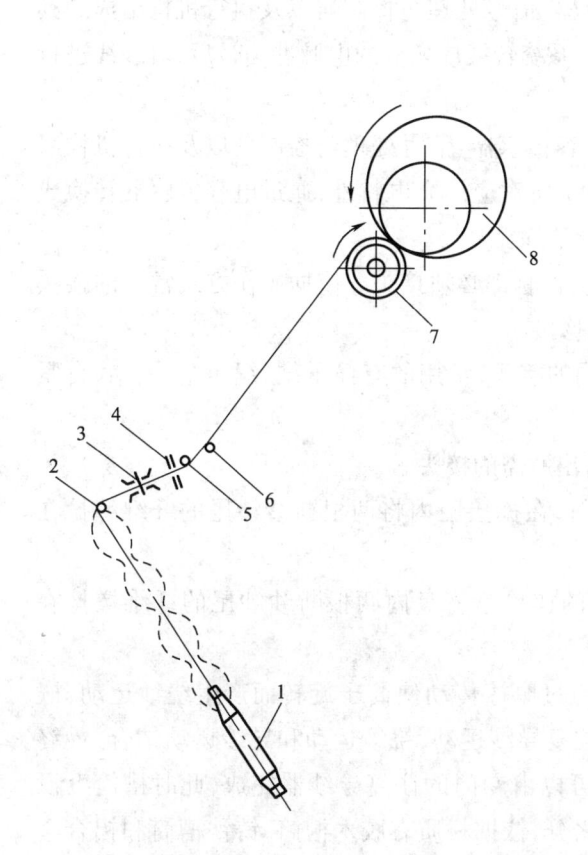

图 2-1　络筒工艺流程简图
1—管纱　2—导纱器　3—圆盘式张力装置
4—清纱器　5—导纱杆　6—探纱杆
7—槽筒　8—筒子

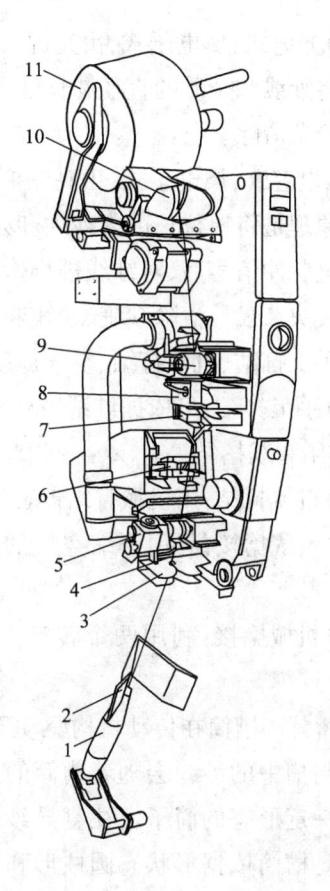

图 2-2　络筒工艺流程图
1—管纱　2—气圈破裂器　3—余纱剪切器　4—预清纱器
5—张力装置　6—捻接器　7—电子清纱器
8—切断夹持器　9—上蜡装置　10—槽筒　11—筒子

采用在纱线的摩擦带动下被动回转的结构,亦可采用在传动机构驱动下主动回转的结构。新型的带有纱线张力控制系统的圆盘式张力装置,采用传感器感应纱线张力,自动调整装置所加的压力,使纱线张力达到恒定。

(2)梳形张力装置:一般由固定梳齿、活动梳齿和张力弹簧组成。纱线相间通过固定梳齿和活动梳齿,与梳齿产生摩擦而获得张力。张力弹簧亦可用气动装置替代。

4. 清纱装置　检查纱线直径,清除纱线杂质。根据清纱的原理可分为机械式和电子式,机械式和电子式中又有多种不同的形式。

(1)缝隙式:属机械式,由两块薄钢片上下排列构成。纱线从钢片之间的缝隙中通过,利用缝隙的宽度对纱线进行检查和清洁,缝隙的宽度可调。

(2)平板式:属机械式,由两块具有一定厚度的钢条上下排列构成。纱线从钢条之间的缝隙中通过,利用缝隙的宽度对纱线进行检查和清洁,缝隙的宽度可调。

(3)梳针式:属机械式,由一片梳针和一片金属薄片组成。纱线从梳针和金属薄片之间的缝隙通过,利用梳针对纱线进行检查和清洁。

(4)光电式:属电子式,由光源、光敏接收器、信号处理与控制器以及执行机构组成。其原理是将纱线和杂质的直径和长度,通过光电系统转换成相应的电脉冲信号后,对纱线进行检查和疵杂清除。

(5)电容式:属电子式,由高频振荡器、电容传感器、信号处理与控制器以及执行机构组成。其原理是将单位长度内纱线和杂质的质量所对应的介电特性,通过电容传感器转换成相应的电脉冲信号后,对纱线进行检查和疵杂清除。

5. 接头装置 清除纱疵、纱线断头以及换管时都必须接头。依据操作方式常用的接头方法有手工打结、机械打结、空气捻接和机械捻接。

(1)手工打结:可依据纱线特性采用不同的接头,常用的有筒子结、织布结、平结、自紧结、单搭结和双搭结等。

(2)机械打结:用机械打结器替代手工打出所需的接头。

(3)空气捻接:利用压缩空气的高速喷射,在捻接腔内将两根断纱纱尾的纤维缠捻在一起。

(4)机械捻接:利用两个转动方向相反的搓捻盘将盘内两根断纱纱尾的纤维搓捻在一起。

6. 槽筒 槽筒在传动机构驱动下回转,通过摩擦传动使筒子旋转而产生绕纱运动,嵌入槽筒沟槽中的纱线会随着槽筒的回转做往复导纱运动,绕纱运动和导纱运动结合,最终卷绕出一定形态的筒子。往复导纱运动也可以由专门的往复导纱器完成,此时槽筒上没有沟槽。槽筒依据形状有圆柱形和圆锥形之分,依据材质有胶木槽筒、铸铁槽筒和铝合金槽筒之分。

7. 传动系统 将电动机的动力传递到各个运动装置。主要部件有电动机、皮带轮或齿轮、传动轴等。依据筒子传动方式分为槽筒摩擦传动系统和锭轴传动系统,依据电动机动力传递方式有集中式传动系统和单锭位传动系统两种形式。

(1)槽筒摩擦传动系统:电动机通过传动机构驱动槽筒回转,槽筒通过摩擦传动使紧压其上的筒子旋转而产生绕纱运动。

(2)锭轴传动系统:电动机通过传动机构直接驱动锭轴并带动插于其上的筒子回转。

(3)集中式传动系统:由一个电动机传动络筒机单面所有的锭位。

(4)单锭位传动系统:在每个络筒锭位上采用独立电动机进行驱动。

8. 防叠装置 使筒子表面的每个纱圈的卷绕位置相对前一纱圈有些变化,防止纱圈重叠。主要有防叠槽筒、机械式和电气式防叠装置。

(1)防叠槽筒:槽筒上的沟槽采取了防叠设计,槽筒本身具有防叠功能。

(2)机械式防叠装置:通过机械方法使筒子托臂周期性摆动,槽筒和筒子之间产生惯性滑移,纱圈的卷绕位置发生变化,实现防叠。

(3)电气式防叠装置:通过周期性切断、接通槽筒轴的驱动,使槽筒产生增速与减速变化,亦可由变频电动机直接驱动槽筒轴以一定周期增速与减速,使槽筒和筒子之间产生惯性滑移,纱圈的卷绕位置发生变化,实现防叠。

9.定长装置　使络出筒子的容纱长度基本一致,减少后道工序的筒脚纱浪费及倒筒工作。一般采用的是电子定长装置,分为直接测量法和间接测量法两种。

(1)直接法:通过测量纱线运行速度和络筒时间,达到定长的目的。

(2)间接法:通过检测槽筒转数,转换成相应的纱线卷绕长度,进而实现定长。

10.络筒辅助装置　在自动络筒机上,还包括有自动换管装置、自动换筒装置、自动寻断头系统和清洁除尘系统等。新型自动络筒机上,还配备有毛羽减少装置。

11.监控系统　监测机器各装置运行状态,控制和调节运行参数。自动络筒机上主要包括自动调速系统、参数设定系统、适时检测与控制系统等。

三、实验准备

1.实验仪器　普通络筒机,自动络筒机。

2.实验材料　纱线。

四、实验内容

1.卷绕成形原理

(1)回转运动。

(2)导纱运动。

2.主要部件的结构和工作原理

(1)管纱支撑装置。

(2)气圈破裂器。

(3)张力装置。

(4)捻接或打结装置。

(5)槽筒。

(6)传动系统。

(7)防叠装置。

(8)监控系统。

3.观察并记录纱线工艺流程

(1)普通络筒机。

(2)自动络筒机。

思 考 题

1.绘出实验中所用络筒机的络筒工艺流程简图,并标出络筒机机型。

2.下列装置和机构的作用是什么?在实验所用的络筒机上采用的是哪种形式?

(1)气圈破裂器。

(2)张力装置。

(3)清纱装置。
(4)接头装置。
(5)槽筒。

实验二 并纱设备与主要机构

一、实验目的
(1)了解无捻并纱设备的工作原理和工艺流程。
(2)了解无捻并纱设备的结构和主要部件的作用。
(3)了解有捻并纱设备的工作原理和工艺流程。
(4)了解有捻并纱设备的结构和主要部件的作用。

二、基本知识
(一)并纱的目的与要求
1. 目的
(1)将两根或两根以上的单纱并合成股线,通过并纱满足品种设计对原料细度规格的要求,增加织物的重量。
(2)提高纱线的条干均匀度以及纱线的强力,从而改善纱线的品质,有利于织造工艺的顺利进行。
2. 要求
(1)并纱张力应适当且均匀,单纱间张力一致。
(2)并合根数始终不变,成形良好,便于后道工序退解。

(二)并纱的方式
并纱方式可分为无捻并纱和有捻并纱。无捻并纱仅将丝并合,并合后的股线无捻度。有捻并纱在并合纱的同时,对纱加捻,并合后的股线有捻度。

(三)并纱设备(并纱设备实物照片见教材所附光盘)

1. 无捻并纱机 图2-3为无捻并纱工艺流程图。从静止的退解筒子1上轴向引出的单纱,分别经过导纱圈2,单纱张力装置(断头自停装置)3,在垫圈式张力装置4处汇合成股线,股线经导纱器5,卷绕在并纱筒子6上。

2. 有捻并纱机 图2-4为有捻并纱工艺流程图,单纱2从退解筒子1径向引出,穿过断头自停瓷钩3,在导纱钩4处汇合成股线。股线绕导轮6及小

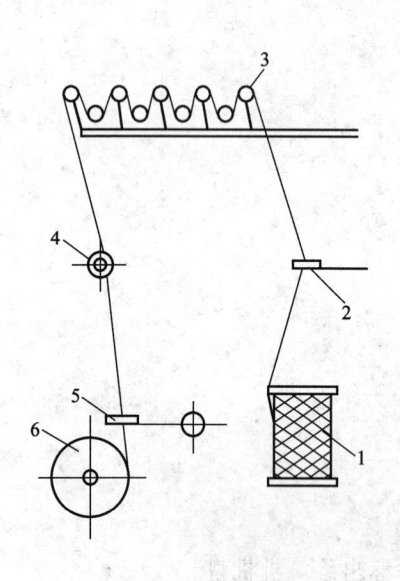

图2-3 无捻并纱工艺流程图
1—退解筒子 2—导纱圈 3—单纱张力装置
4—垫圈式张力装置 5—导纱器 6—并纱筒子

导轮 5 的表面若干圈,经导纱圈 7 和钢丝圈 8,卷绕到并纱筒子 9 上。

有捻并纱机的加捻卷绕原理如图 2-5 所示。锭带 6 传动锭子 5,锭子 5 带动并纱(丝)筒子 4 高速旋转,进入钢丝圈 2 的几股单纱 1 受到拉力作用而带动钢丝圈 2 在锥面钢领 3 上回转,使几股单纱获得捻回形成股线,同时卷绕在并纱(丝)筒子 4 上。

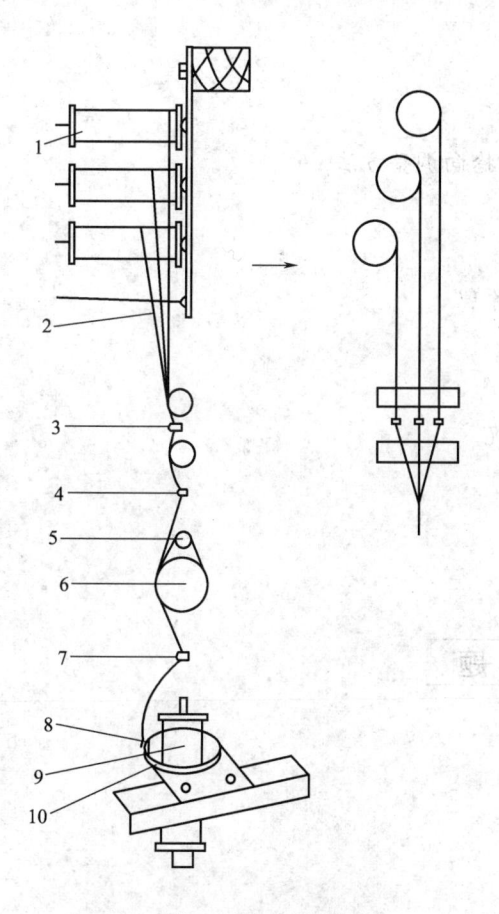

图 2-4 有捻并纱工艺流程图
1—退解筒子 2—单纱 3—断头自停瓷钩
4—导纱钩 5—小导轮 6—导轮 7—导纱圈
8—钢丝圈 9—并纱筒子 10—钢领

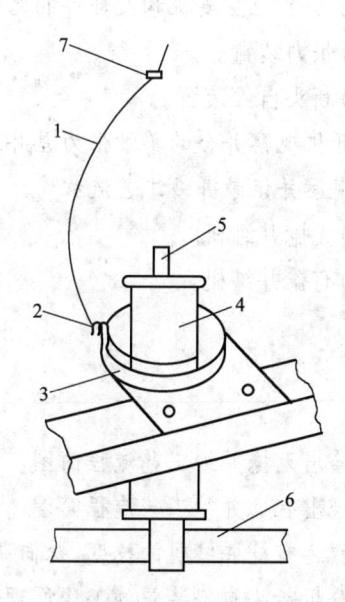

图 2-5 有捻并纱机的加捻卷绕原理图
1—单纱 2—钢丝圈 3—锥面钢领
4—并纱筒子 5—锭子
6—锭带 7—导纱圈

(四)主要机构与作用

1. 有捻并纱机的传动系统及捻度、捻向调整　有捻并纱机的传动系统可实现锭子回转、导轮送纱、往复导纱及自停摆动等各种运动。

改变导轮送纱速度,可以调整捻度的大小,改变电动机的转向,使锭子转向相反,可以改变纱线的捻向。

2. 其他主要机构及作用

(1)张力装置:并纱设备中,单纱张力装置常用自调节方式,在并纱过程中,纱线张力波动时能够起到自动调节张力大小的作用;股线张力装置采用垫圈弹簧加压式张力装置。

(2)断头自停装置:断头自停装置在纱断头时停止卷绕,确保并纱根数始终不变。

三、实验准备

1. 实验仪器　无捻并纱机,有捻并纱机。
2. 实验材料　单纱。

四、实验内容

1. 了解传动机构原理及有捻并纱机的捻度、捻向调整方法
(1)无捻并纱机。
(2)有捻并纱机。
2. 了解其他主要机构及部件的结构和工作原理
(1)张力装置。
(2)断头自停装置。
3. 开机观察并合的单纱张力差异及波动情况
4. 观察并记录并纱工艺流程
(1)无捻并纱机。
(2)有捻并纱机。

思 考 题

1. 绘出无捻并纱工艺流程简图。
2. 绘出有捻并纱工艺流程简图。
3. 叙述有捻并纱机的捻度、捻向调整方法。
4. 分析断头自停装置的工作原理。
5. 分析单纱张力差异及波动成因。

实验三　倍捻设备与主要机构

一、实验目的

(1)了解倍捻设备的工作原理和纱线工艺流程。
(2)了解倍捻设备的结构和主要部件的作用。

二、基本知识

(一)纱线加捻的目的与要求

1. 目的
(1)改变或增加纱线的强力和耐磨性能,减少起毛和断头,提高织物牢度或增加纱线染前的抱合力。

(2)增加纱线的弹性,提高织物抗皱能力、凉爽感等服用性能。

(3)使纱线具有一定的外形和花式,使织物获得折光、绉纹、毛圈、结子等外观效应。

2.要求　纱线加捻除花式纱和包覆纱以外,要求张力均匀,捻度一致,卷绕成形良好,退解顺利。

(二)纱线加捻的方式

按加捻方式,纱线加捻有干捻和湿捻之分,干捻又分单捻和倍捻两种方法;按加捻纱线的种类,有普通加捻纱、花式纱和包覆纱之分;按捻度的范围,有弱捻(1000 捻/m 以下)、中捻(1000～2000 捻/m)、强捻(2000 捻/m 以上)三种;按加捻方向,又有 S 捻和 Z 捻之分。

(三)倍捻设备(倍捻设备实物照片见教材所附光盘)

图 2-6 为倍捻工艺流程图,纱线从静止的退解筒子 4 上退解引出后,穿过活套在该筒子上部圆盘衬锭 3 上的环圈锭脚 8,从锭端瓷圈 2 进入静止的进纱管 7,经钢珠张力器 5,穿过空心锭杆,从下部储纱盘径向孔 6 中引出,再穿过锭子顶部导纱器 9 卷绕到卷绕筒子 1 上。倍捻机工作时,锭子每回转一周,锭子储纱盘径向孔 6 与导纱器 9 之间的纱段获得一个捻回,同时位于空心锭杆中的纱段也获得一个同捻向的捻回。因此,锭子每回转一周,纱线就获得两个捻回。

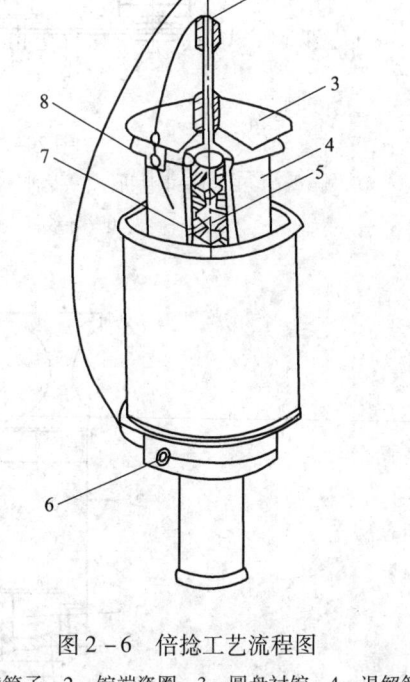

图 2-6　倍捻工艺流程图
1—卷绕筒子　2—锭端瓷圈　3—圆盘衬锭　4—退解筒子
5—钢珠张力器　6—储纱盘径向孔　7—进纱管
8—环圈锭脚　9—导纱器

(四)主要机构与作用

1.倍捻机的传动系统及捻度、捻向调整　倍捻机的传动系统可实现锭子和卷绕筒子回转、往复导纱等运动,如图 2-7 所示。改变卷绕筒子的回转速度,可以调整捻度的大小;改变电动机的转向,使锭子转向相反,可以改变纱线的捻向。

2.倍捻锭子的主要部件与作用　倍捻锭子(图 2-8)由锭盘、锭杆等旋转部件和锭座、锭罩等静止部件及张力控制装置等组成。

(1)旋转部件:锭子旋转部件由龙带摩擦传动。

(2)静止部件:静止部件的作用主要是支撑和保护锭子及供纱筒子,同时还有减振、抗振等作用。

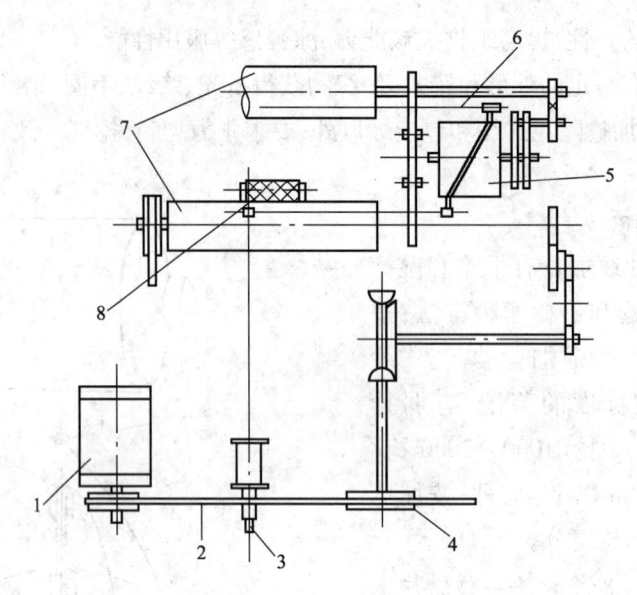

图 2-7 倍捻机传动系统

1—电动机 2—龙带 3—锭子 4—皮带轮 5—成形凸轮
6—导纱杆 7—卷绕辊 8—卷绕筒子

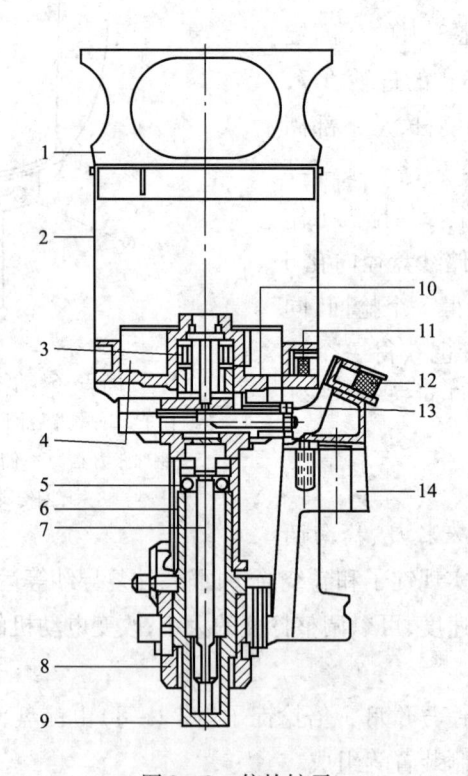

图 2-8 倍捻锭子

1—气圈罩 2—锭罩 3—轴承 4—储纱盘 5—轴承 6—锭盘 7—锭杆 8—含油轴承
9—锭胆 10—筒子座 11—内磁钢 12—外磁钢 13—导纱管 14—锭座支架

(3)张力控制装置:倍捻锭子张力控制装置可尽量减少纱线张力波动对倍捻张力均匀性的影响。图2-9为一种张力控制装置,由圆盘衬锭5、滚珠7、张力瓷圈8等组成。圆盘衬锭5由退解纱线拖动旋转,起到平衡退解张力的作用,滚珠7压在张力瓷圈8的凹口上,纱线从中间经过,受两者配合作用,一方面起稳定加捻张力的作用,另一方面防止所加捻回退解。

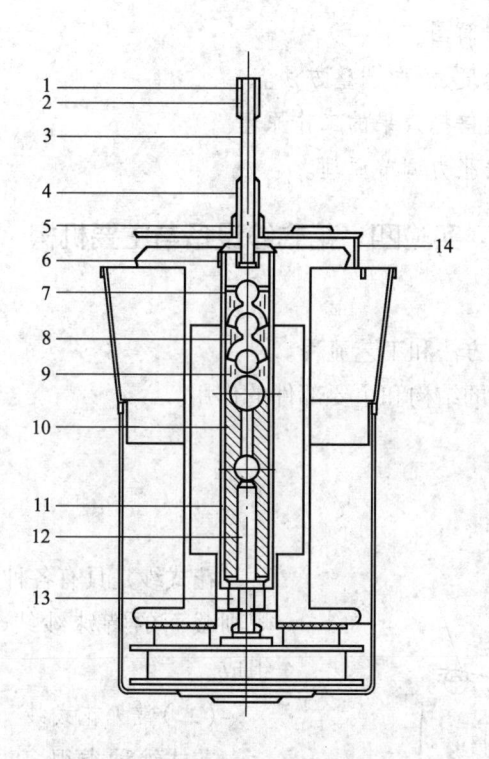

图2-9 倍捻锭子张力控制装置

1—锭端瓷圈 2—管帽 3—丝杆 4—定心套 5—圆盘衬锭 6—锭帽 7—滚珠
8—张力瓷圈 9—张力杆管 10—导纱短衬管 11—导纱长衬管
12—进纱管 13—螺母 14—环圈锭脚

三、实验准备

1. 实验仪器 倍捻机。
2. 实验材料 纱。

四、实验内容

1. 倍捻机的传动机构原理及捻度、捻向的调整方法
2. 其他主要机构及部件的结构和工作原理
(1)倍捻锭子。
(2)倍捻锭子张力装置。

3. 开机观察储纱盘上纱线包缠角
4. 观察并记录倍捻工艺流程

思 考 题

1. 绘出倍捻工艺流程简图。
2. 叙述倍捻机纱线捻度、捻向调整方法。
3. 分析倍捻锭子产生倍捻效果的工作原理。
4. 分析倍捻锭子纱线张力调节原理。

实验四　花式纱设备与主要机构

一、实验目的
(1)了解花式纱制备方法和工艺流程。
(2)了解花式纱设备的结构和主要部件的作用。

二、基本知识
(一)花式纱

花式纱是具有各种不同结构、不同色泽和不规则截面的特殊纱线,由芯线、饰线或固结线组成。

(二)常见花式纱

花式纱种类很多,如结子线、环圈线、辫子线、环圈结子线和断丝线等。

(三)花式纱设备(花式纱设备实物照片见教材所附光盘)

1. 三罗拉花式捻线机　图 2-10 为三罗拉花式捻线机示意图。用 1、2 两列罗拉加工时,前后罗拉分别向锭子传送纱线,若前后罗拉速度相等,加工的纱线为普通捻线。若在一段时间内前后罗拉的速度不等,则速度快的罗拉所送出的纱线就包在速度慢的罗拉所送出的纱线外面,形成长短不等的结子。如果三只罗拉 1、2、3 均处于工作状态,由中罗拉喂入加固线,改变中罗拉的运动速度或停顿时间,再与前后罗拉的速度改变相配合,便能生产出各种不同的花式线。控制机构控制三列罗拉的速度变换,通过电磁离合器来

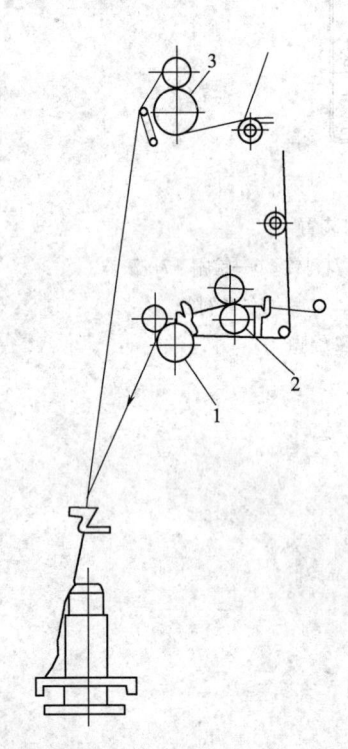

图 2-10　三罗拉花式捻线机
1—前罗拉　2—后罗拉　3—中罗拉

控制罗拉的速度的变化。机台左右两侧单独传动,可同时生产同一品种或两种不同线密度、不同捻度的花式线。

2. 弹力纱包芯空心锭子　图2-11为弹力纱包芯空心锭子。弹力芯纱1从空心轴下端引入,包覆纱的卷装有边筒子2与锭子3一起旋转,纱线从有边筒子2退绕,因离心力而紧贴在锭罐5的内壁,并从锭子顶盖4引出。弹力芯纱约以1.5~4.5倍的牵伸倍数由独立的喂入装置通过空心锭子底端喂入,当弹力芯纱离开锭子时,包覆纱以极低的张力包覆在其上。

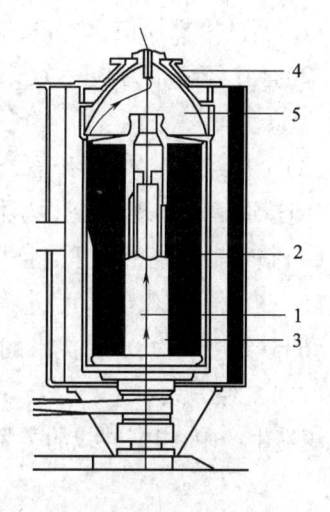

图2-11　弹力纱包芯空心锭子
1—弹力芯纱　2—有边筒子　3—锭子
4—锭子顶盖　5—锭罐

三、实验准备
1. 实验仪器　花式捻线机。
2. 实验材料　纱。

四、实验内容
1. 观察并记录花式捻线工艺流程
2. 花式纱的形成原理

思 考 题

1. 绘出花式捻线工艺流程简图。
2. 介绍花式纱的形成原理。

实验五　整经设备与主要机构

一、实验目的
(1) 了解筒子架的形式和经纱张力的控制方法。
(2) 了解分批整经工作原理和工艺流程。
(3) 了解分批整经设备的结构和主要部件的作用。
(4) 了解分条整经工作原理和工艺流程。
(5) 了解分条整经设备的结构和主要部件的作用。

二、基本知识
(一)整经的目的与要求

1. 目的　整经是将一定数量的筒子纱线,按织物规格所要求的总经纱数、幅宽及长度,以适当的张力平行地卷绕成整经轴或织轴,供浆纱或织造使用。

2. 要求　整经工序的加工质量直接影响织造生产效率及织物质量,因此,对整经工序有较高的技术要求。

(1)整经张力应适度,不能损伤纱线的物理机械性能,保持纱线的强力和弹性,同时尽量减少对纱身的摩擦损伤,从而减少高速织造中经纱断头和织疵。

(2)全片经纱张力应一致,并且在整经过程中保持恒定,减少整经疵点,提高织物质量。

(3)全片经纱排列均匀,整经轴及织轴卷绕形状正确、表面平整、无凹凸不平现象,避免上浆、织造退解时出现经纱张力不匀。

(4)整经轴卷绕密度适当且均匀,软硬一致,边纱卷绕结构正常。

(5)整经根数、整经长度、整经幅宽、纱线排列应符合工艺设计的规定。

(6)纱线断头时,应有灵敏的断头自停机构,接头质量符合规定标准。

(二)整经方式

织造生产中,根据纱线的类型及所采用的生产工艺,整经方式主要分为分批整经和分条整经。

1. 分批整经 分批整经亦称轴经整经,是将织物所需的总经纱数平均分成几批(其中少数几批的根数可略多或略少些),分别卷绕到几个整经轴上(每轴称一批),然后再把这几个整经轴在浆纱机或并轴机上并合,卷绕成一定数量的织轴。

2. 分条整经 分条整经亦称带式整经,它是将织物所需的总经纱数分成若干个条带,按工艺规定的幅宽和长度,先在整经滚筒的头端卷绕第一条,然后一条挨一条地平行卷绕至工艺设计所规定的条数为止,然后再将整经滚筒上的全部经纱通过倒轴机构卷绕成织轴。

(三)整经设备(整经设备实物照片见教材所附光盘)

1. 筒子架 整经筒子架用于放置整经用退解筒子,具有纱线张力控制、断经自停、信号指示、换筒自动打结等多项功能。

筒子架有多种形式(图2-12),有单式矩形筒子架、复式矩—V形筒子架、车式矩形筒子架、分段旋转矩形筒子架和链式V形筒子架。复式矩—V形筒子架的特点是每个工作筒子旁都有一个预备筒子,用于连续整经。

2. 分批整经机 图2-13为分批整经工艺流程图。纱线从筒子1上引出,绕过筒子架2上的张力器及断头自停装置(图中未示),穿过导纱瓷板3,引向整经机头,经导纱棒4,穿过伸缩筘5,绕过测长辊6,卷绕到整经轴7上。

3. 分条整经机 图2-14为分条整经工艺流程图。纱线从筒子架1上的筒子2引出,绕过张力器(图中未示),穿过导纱瓷板3,经分绞筘5、定幅筘6、导纱辊7卷绕至整经大滚筒10上。当条经卷绕至工艺要求的长度(即整经长度)后剪断,重新搭头,逐条依次卷绕于整经滚筒上,直至所需的总经根数为止。然后将整经大滚筒10上的全部经纱经上蜡辊8、引纱辊9、卷绕成织轴11。

(四)主要机构与作用

1. 筒子架的主要机构及作用

(1)断头自停装置：整经断头自停装置主要有接触式和光电式两种。接触式电气自停装置是指用经停片或自停钩在断经后接触导通低压电路而停车的装置，图2-15为自停钩式经纱断头电气自停装置。光电式经纱断头自停装置由成对的红外光源和接收器在纱片下部形成一条光束通道，光敏管接收器将光信号转换成高电位信号，当纱线断头时，穿在纱线上的经停片落下，光束被遮挡，此时光敏管接收器输出低电位信号，经电路判明是断经形成之

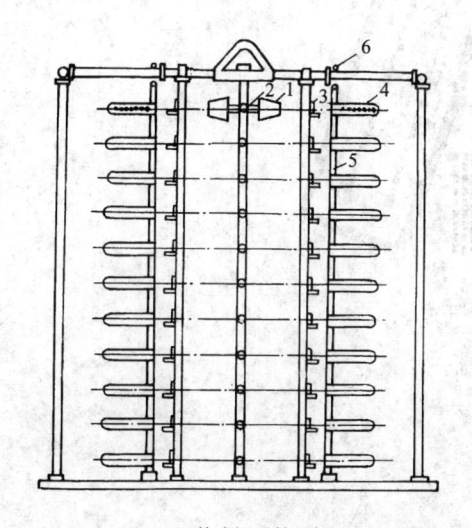

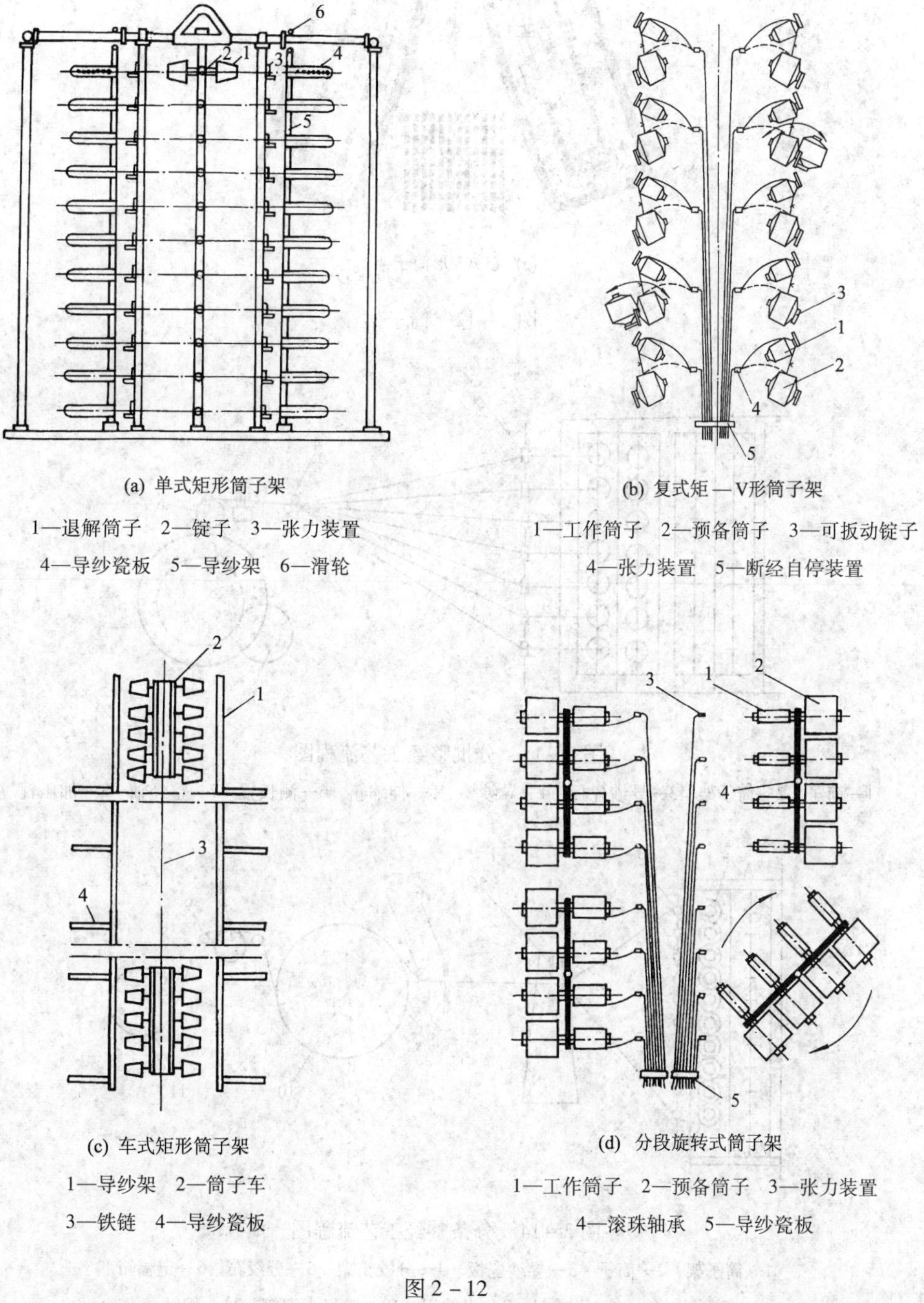

(a) 单式矩形筒子架

1—退解筒子　2—锭子　3—张力装置
4—导纱瓷板　5—导纱架　6—滑轮

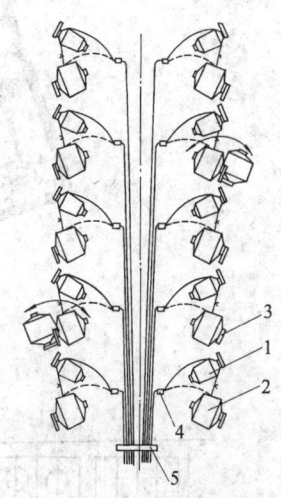

(b) 复式矩—V形筒子架

1—工作筒子　2—预备筒子　3—可扳动锭子
4—张力装置　5—断经自停装置

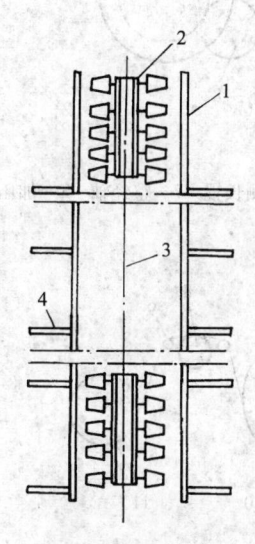

(c) 车式矩形筒子架

1—导纱架　2—筒子车
3—铁链　4—导纱瓷板

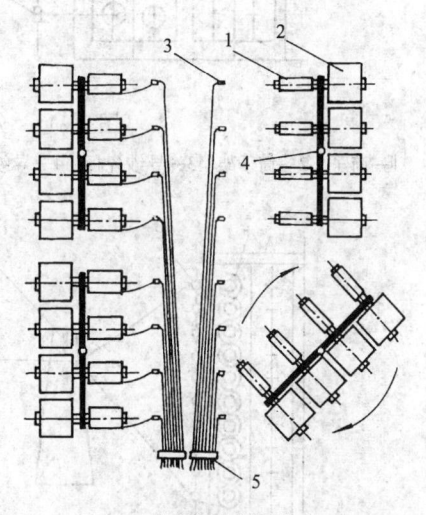

(d) 分段旋转式筒子架

1—工作筒子　2—预备筒子　3—张力装置
4—滚珠轴承　5—导纱瓷板

图2-12

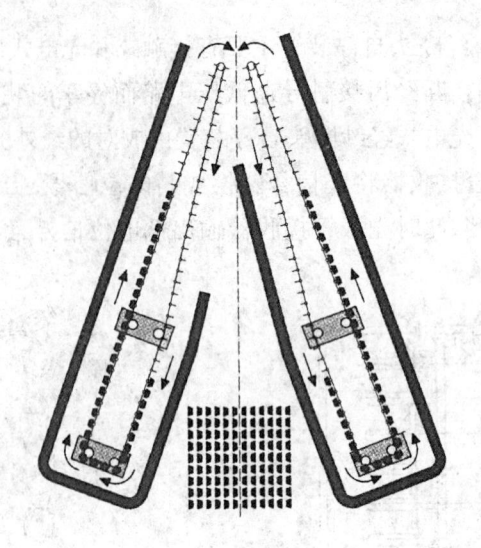

(e) 链式V形筒子架

图2-12 筒子架

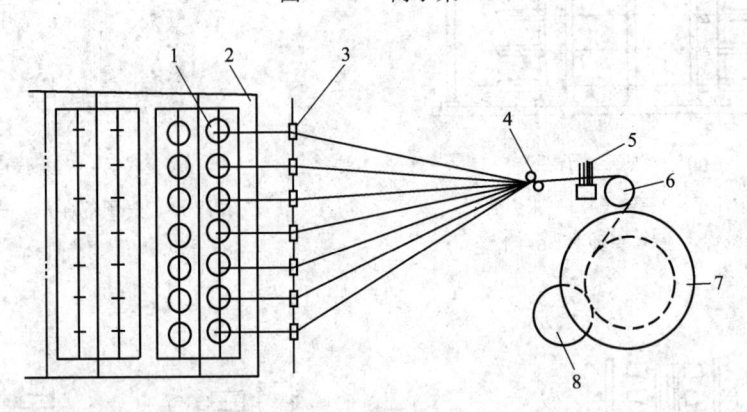

图2-13 分批整经工艺流程图

1—筒子 2—筒子架 3—导纱瓷板 4—导纱棒 5—伸缩筘 6—测长辊 7—整经轴 8—加压辊

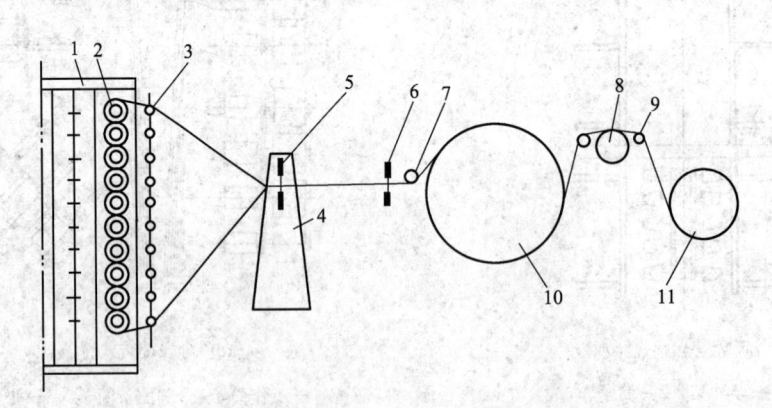

图2-14 分条整经工艺流程图

1—筒子架 2—筒子 3—导纱瓷板 4—分绞筘架 5—分绞筘 6—定幅筘
7—导纱辊 8—上蜡辊 9—引纱辊 10—整经大滚筒 11—织轴

(a) 经停片   (b) 自停钩

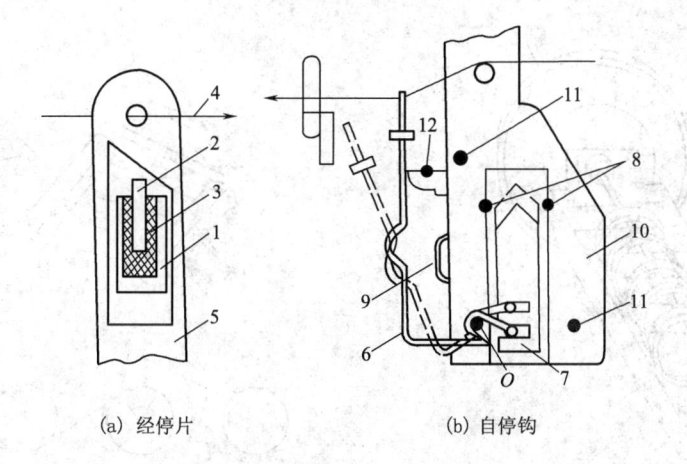

图 2-15　自停钩式经纱断头电气自停装置
1,2—导电棒　3—绝缘体　4—经纱　5—经停片　6—自停钩　7—铜片
8—铜棒　9—指示灯　10—架座　11—杆　12—分离棒

后,驱动继电器关车,同时断经指示灯亮起。

(2)整经张力控制装置:整经张力控制装置包括单纱张力控制装置及片纱张力控制装置两部分。整经单纱张力控制装置(图 2-16)多数为张力盘式张力装置,也有环式张力装置和杆式张力装置。张力盘式张力装置有单张力盘式张力装置、双圆盘可调式张力装置等。

2. 分批整经机的主要机构及作用

(1)分批整经机的传动系统:分批整经机传动有整经轴直接传动和滚筒摩擦传动两种方式。整经轴直接传动的方式有变速直流电动机传动、液压无级变速电动机传动、交流变频调速电动机传动。随着整经轴卷绕直径增加,其回转速度逐渐减小,维持恒卷绕速度、恒卷绕张力和恒卷绕功率。滚筒摩擦传动是用恒速交流电动机传动滚筒,再由滚筒摩擦传动整经轴,目前这种传动方式正在逐步淘汰。

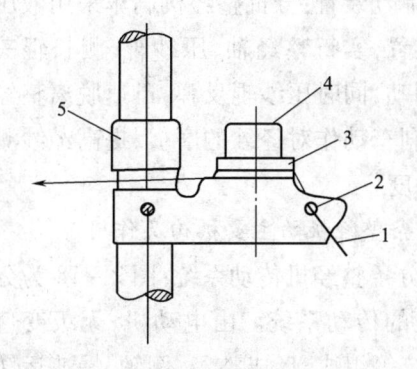

(a) 单张力盘式张力装置

1—经纱　2—导纱瓷眼　3—张力盘
4—瓷轴(芯轴)　5—导辊

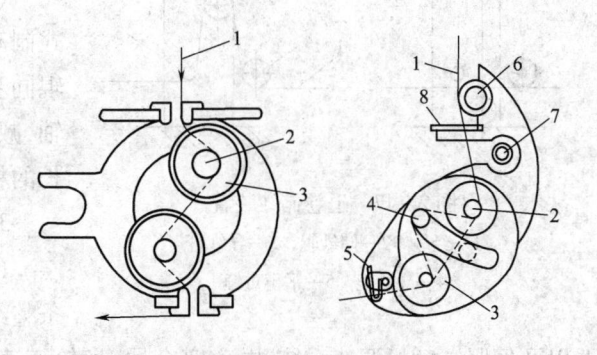

(b) 双圆盘可调式张力装置

1—纱线　2—瓷轴(芯轴)　3—张力盘　4—导纱棒
5—导纱钩　6—立柱　7—调节轴　8—挡纱板

图 2-16

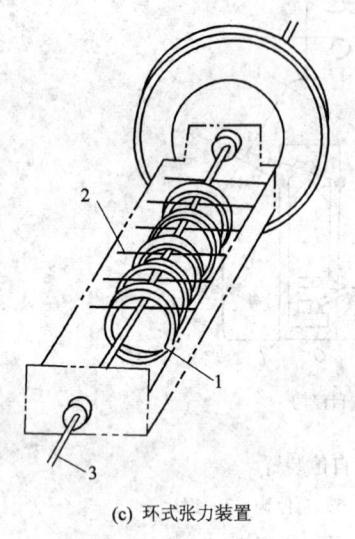

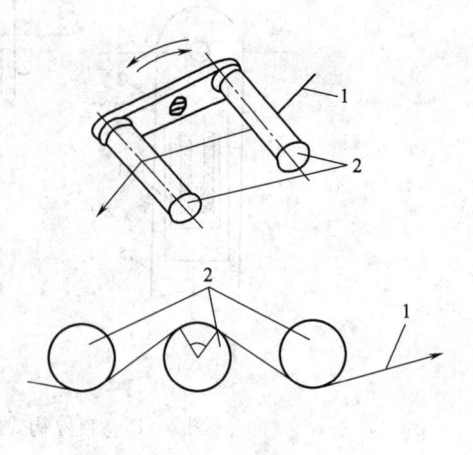

(c) 环式张力装置   (d) 杆式张力装置

1—活动环 2—固定杆 3—纱线   1—纱线 2—张力杆

图 2-16 整经张力控制装置

(2) 伸缩筘:伸缩筘为 W 型,可作纵向及横向的微量移动,引导纱线均匀地排列在整经轴上,减少纱线相互嵌入现象。伸缩筘工作幅度及筘齿的密度可通过手轮调节。

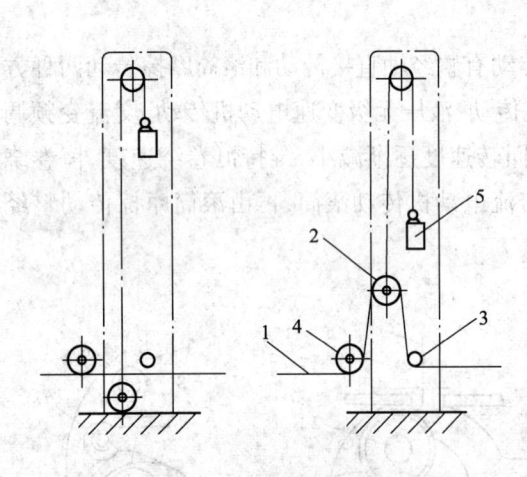

(3) 退卷储纱装置:分批整经机上配置退卷储纱装置。在进行经纱断头的接头处理时,整经轴倒转,退出经纱,储纱辊由于平衡重锤的作用上升,储存经纱,保持经纱纱片的张力恒定和排列整齐,如图 2-17 所示。

(4) 制动装置:分批整经机刹车采用液压式制动装置,实行整经轴、压纱辊、测长辊三辊同步制动,同时压纱辊反弹,迅速脱离整经轴,减少刹车动作对经纱的磨损,提高经纱测长的精确度。

图 2-17 退卷储纱装置

1—经纱 2—储纱辊 3—导纱杆

4—导纱辊 5—平衡重锤

3. 分条整经机的主要机构及作用

(1) 分条整经机传动系统:图 2-18 为分条整经机的传动系统。由电动机、无级变速器以及伺服电动机调速系统、电磁离合器、齿轮变速系统等组成,形成整经、倒轴、慢速运转等运动。目前,分条整经机为了保证整经、倒轴恒线速卷绕,并且线速度可无级调节,大多采用变频调速技术。

(2) 整经滚筒与斜角板:整经滚筒分为钢质滚筒和木质滚筒。整经滚筒的直径有 800mm、1000mm、1025mm 等几种,工作宽度按机型不同而不同,一般有效幅宽为 1600～3800mm。整经

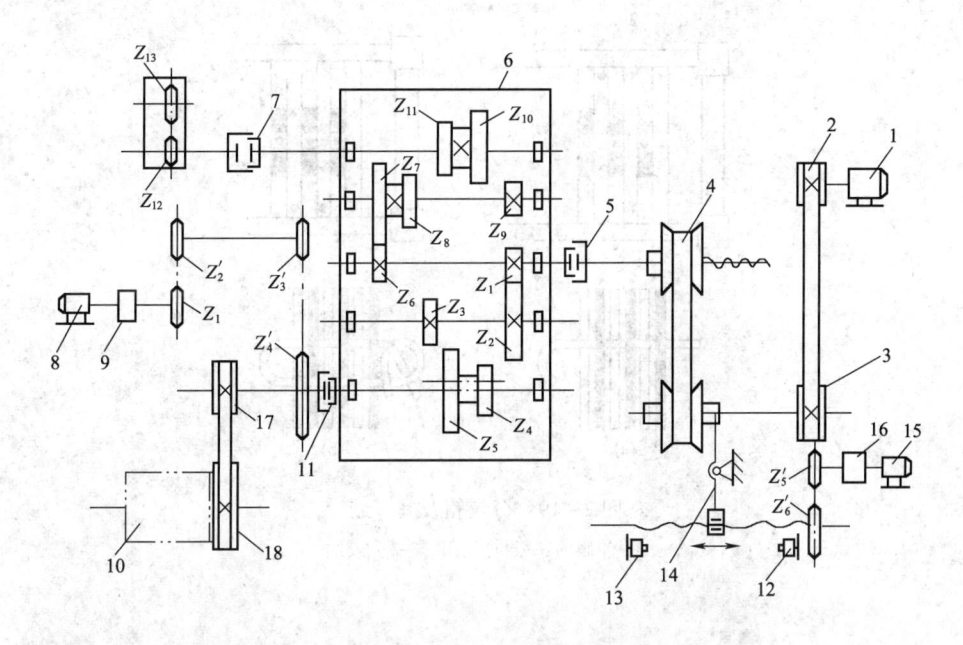

图 2-18 分条整经机传动系统图

1—主电动机　2,3,17,18—皮带轮　4—无级变速器　5,7,11—电磁离合器
6—齿轮变速箱　8—慢速电动机　9,16—减速器　10—整经滚筒
12,13—限位开关触点　14—调速拨杆　15—伺服电动机

滚筒头端为圆锥形,其锥顶角之半等于8°~9°,第一条经纱卷绕以其为支撑,免于纱圈脱落。旧式分条整经机的滚筒头端斜角板的斜度可调。

(3)定幅筘与导条机构:定幅筘决定经纱条带的幅宽及滚筒上的经纱密度。整经过程中,安装在导条机构上的定幅筘横移引导条带向圆锥方向均匀移动,纱线以螺旋线状卷绕在滚筒上。导条机构的横移速度必须和滚筒头端圆锥角相适应。新型整经机则采取定幅筘不动,滚筒横移的方式,有利于提高整经片纱张力均匀性。

(4)倒轴机构:倒轴又称再卷,是将卷在整经滚筒上的全部经纱退解下来,以适当的张力整齐地卷绕到织轴上。倒轴机构由织轴的转动和横向移动机构以及加压机构组成。

(5)分绞筘:分绞筘将经纱纱片的奇、偶数纱线分为上、下两层,在两层之间引入分绞线,如图2-19所示。

(6)上油(蜡)装置:上油(蜡)装置使用时,上油(蜡)辊提起,使其与经纱接触,对经纱施加乳化油或乳化蜡;不用时落下,与经纱脱离接触如图2-20所示。

三、实验准备

1.实验仪器　分批整经机,分条整经机。

2.实验材料　纱线。

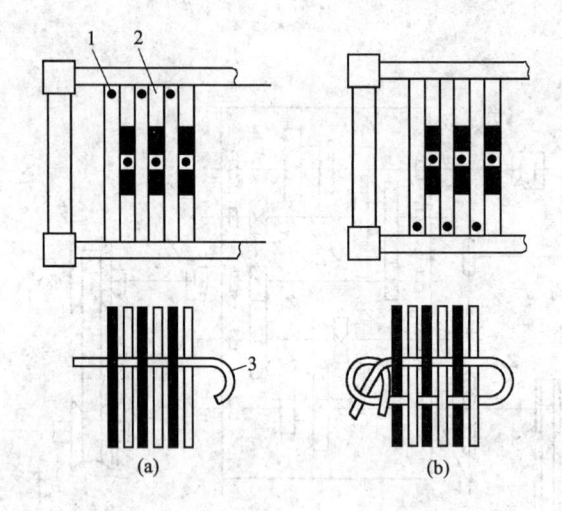

图 2-19 分绞筘及其分绞
1—筘眼 2—封点筘眼 3—分绞线

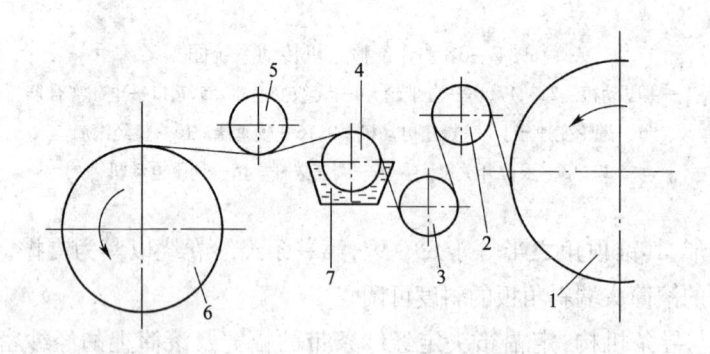

图 2-20 上油(蜡)装置示意图
1—滚筒 2,3,5—导辊 4—上油(蜡)辊 6—织轴 7—液(油)槽

四、实验内容

1. 整经筒子架的结构及其特点
(1) 筒子架。
(2) 断头自停装置。
(3) 张力装置。

2. 分批整经机主要机构的结构及其工作原理
(1) 整经轴传动机构。
(2) 伸缩筘。
(3) 制动装置。
(4) 退卷储纱装置。

3. 分条整经机主要机构的结构及其工作原理

(1)定幅筘。
(2)导条机构。
(3)分绞筘。
(4)上油(蜡)装置。
(5)倒轴机构。
4. 观察并记录纱线工艺流程
(1)分批整经机。
(2)分条整经机。

思 考 题

1. 分析筒子架的结构特征。
2. 绘出分批整经的工艺流程简图。
3. 绘出分条整经的工艺流程简图。
4. 分析分批整经机下列机构和部件的结构和作用原理。
(1)整经轴传动机构。
(2)伸缩筘。
(3)制动装置。
(4)退卷储纱装置。
5. 分析分条整经机下列机构和部件的结构和作用原理。
(1)定幅筘。
(2)导条机构。
(3)分绞筘。
(4)上油(蜡)装置。
(5)倒轴机构。

实验六　浆纱设备与主要机构

一、实验目的
(1)了解浆纱机的工作原理和纱线工艺流程。
(2)了解浆纱机的结构和主要部件的作用。

二、基本知识
(一)浆纱的目的与要求
1. 目的
(1)以高分子化合物为主要成分的浆液凭借其良好的成膜性和粘附性,在纱线表面形成保护膜,并使纱线内部纤维与纤维之间增加粘连点,增强纤维之间的抱合力,提高纱线强力,贴伏纱线表面毛羽,使经纱抵御屈曲和磨损等外部复杂机械力作用的能力显著上升,经纱的可织性提高。

(2)满足某些织物外观和服用性能的需要。

2.要求

(1)浆液的被覆和浸透要有适当的比例。

(2)贴伏短纤纱的毛羽,提高其强力,保证其弹性。

(3)单纤维之间的粘接良好,使长丝不易松散。

(4)上浆率均匀一致,回潮率要适当,伸长率要尽量小。

(二)浆纱设备(浆纱设备实物照片见教材所附光盘)

1.单浆槽浆纱机　图2-21为单浆槽浆纱机上浆工艺流程简图。纱线从经轴架1上的整经轴中退出,经过张力自动调节装置2,进入浆槽3上浆,湿浆纱经湿分绞棒4分层后到达烘燥装置5烘燥,然后浆纱通过双面上蜡装置6上蜡,干燥的浆纱在干分绞区7被分离成几层,最后在车头8卷绕成织轴。

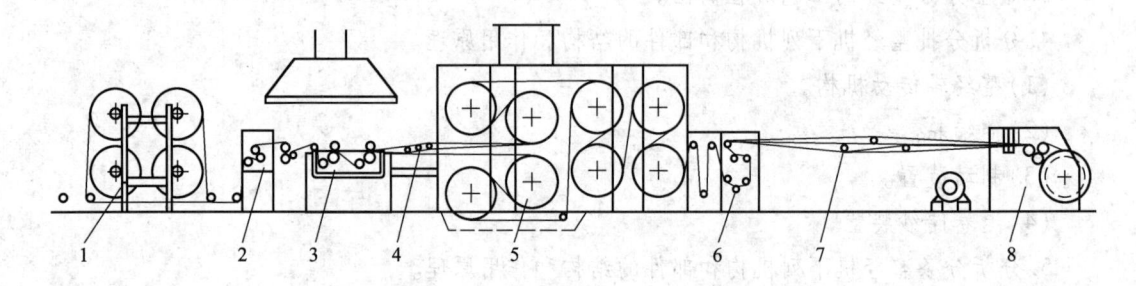

图2-21　单浆槽浆纱机上浆工艺流程简图

1—经轴架　2—张力自动调节装置　3—浆槽　4—湿分绞棒　5—烘燥装置

6—双面上蜡装置　7—干分绞区　8—车头

2.双浆槽浆纱机　图2-22为双浆槽浆纱机上浆工艺流程简图,它与图2-21的最大区别在于使用了两个浆槽。

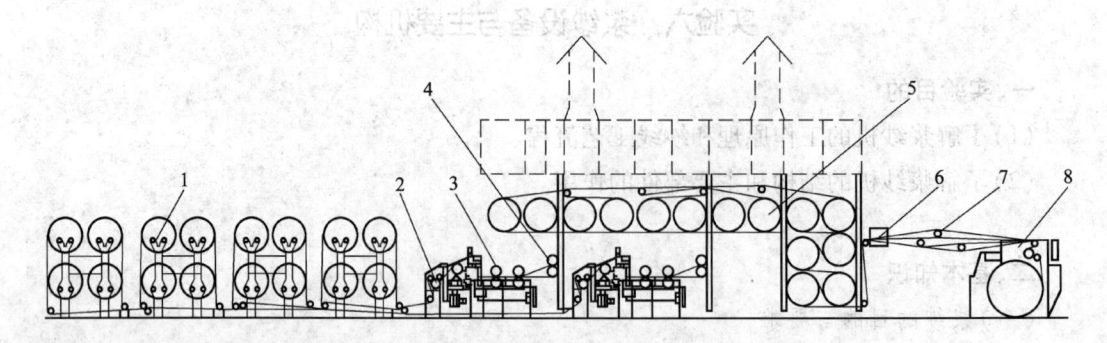

图2-22　双浆槽浆纱机上浆工艺流程简图

1—经轴架　2—张力自动调节装置　3—浆槽　4—湿分绞辊　5—烘燥装置

6—上蜡装置　7—干分绞区　8—车头

3. 烘筒式单轴浆丝机　图 2-23 为烘筒式单轴浆丝机上浆工艺流程图。经丝从经轴退出后，在浆槽经蘸浆或浸浆后，由烘筒烘去多余水分，继续经过吹风冷却后卷绕成织轴。

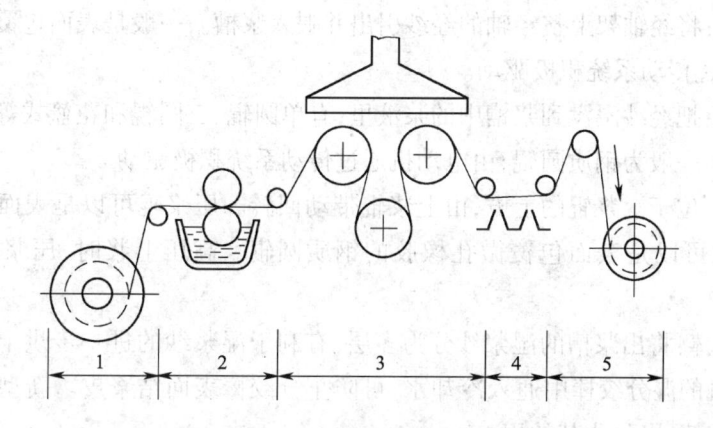

图 2-23　烘筒式单轴浆丝机上浆工艺流程图
1—经轴退绕　2—上浆　3—烘筒烘燥　4—吹风冷却　5—织轴卷绕

4. 长丝整浆并联合加工工艺　图 2-24 为长丝整浆并联合加工工艺流程图，经丝从筒子架 1 退出，经过上浆和热风烘燥装置 2 后制成上浆经轴。上浆经轴放到并轴机轴架 3 上，并合后的经丝最后由车头卷绕装置 4 卷绕成织轴。

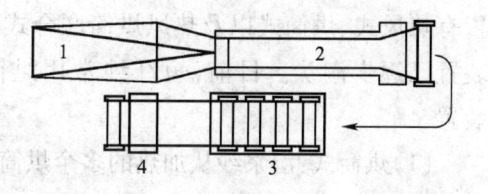

图 2-24　长丝整浆并联合加工工艺流程图
1—筒子架　2—上浆和热风烘燥装置
3—并轴机轴架　4—车头卷绕装置

（三）主要机构与作用

浆纱机一般包括经轴架、上浆装置、烘燥装置、车头卷绕装置、传动系统和控制系统六大部分，各部分中又依据所应用的原理和方法的不同，而有不同的机构。

1. 经轴架　放置整经轴用，让经纱片以一定的形式退绕。有固定式和移动式、单层与多层、水平式与倾斜式等形式。

（1）固定式：经轴架固定在地面工作位置上，一般由 8~12 对支撑整经轴的支架组成。

（2）移动式：支撑整经轴的支架成对安置在金属框架上，金属框架可以在工作位置与换轴位置之间移动。

（3）单层经轴架：由使整经轴排列成一层的支架组成。

（4）多层经轴架：由使整经轴排列成多层（通常为两层）的支架组成。支架可以是高低间隔排列结构，也可以采用多层箱式结构。

（5）水平式：单层经轴架的一种安置形式，其支撑整经轴的支架的高度都是相同的。

（6）倾斜式：单层经轴架的一种安置形式，其支撑整经轴的支架的高度随着与浆槽的距离的增大而逐步降低。

2. 浆槽　经纱通过浆槽时，浆液以一定的方式施加到经纱上。浆槽部分包括浆槽内的引纱辊、导纱辊、浸没辊、上浆辊、压浆辊、蒸汽管和预热浆箱、循环浆泵、湿分绞棒（或湿分绞辊)等,每种部件又有多种类型。经纱上浆有蘸浆、单浸单压、单浸双压、双浸双压和双浸四压等浸压方式,浆槽有单浆槽和双浆槽之分。

(1)引纱辊:将经轴架上整经轴的经纱引出并喂入浆槽。一般是表面包覆橡胶的钢质圆辊,由电动机通过传动系统积极驱动。

(2)浸没辊:把经纱浸没到浆槽中的浆液里,有单圆辊、三圆辊和花篮式等形式。

(3)上浆辊:一般为钢质圆辊,由电动机通过传动系统积极驱动。

(4)压浆辊:位于上浆辊的上方,由上浆辊带动回转。压浆辊可以是表面包覆光面橡胶的钢质圆辊,也可以是表面包覆微孔橡胶的钢质圆辊。高压上浆时,压浆辊的加压力可达100kN。

(5)湿分绞棒:将出浆槽的湿浆纱分为多层,有利于湿浆纱的进一步烘干并减少浆纱粘并。长丝浆纱机的湿分绞棒中通入冷却水,可防止分绞棒表面结浆皮。新型浆纱机以湿分绞辊代替湿分绞棒,以强化其效用。

3. 烘燥装置　烘去湿浆纱多余的水分,使其达到规定的浆纱回潮率,使浆纱表面形成浆膜,浆纱内部形成纤维间粘连。烘燥部分包括烘燥装置和后上蜡装置。常用的烘燥装置有热风式、烘筒式以及热风烘筒联合式三种类型,传统的热风喷射式和热风循环式烘燥装置已逐步淘汰。目前,短纤纱常用烘筒式烘燥装置,长丝常用热风烘筒联合式烘燥装置。

(1)烘筒式:湿浆纱从加热的多个烘筒表面绕过,通过热传导方式使纱线两面受热,蒸发水分。纱线绕过烘筒的方式一般有两种,一种是出浆槽的湿浆纱不分层直接绕过烘筒,另一种是出浆槽的湿浆纱先分成2层或4层经烘筒预烘,然后再汇合成一层继续烘燥,后者烘干速度快、浆纱粘连少。

(2)热风烘筒联合式:湿浆纱先经热风烘房预烘,然后绕经烘筒继续烘燥。

浆纱出烘燥装置后紧接着进行后上蜡加工,其作用是平滑浆纱表面,降低摩擦系数,减少织造时经纱的摩擦和静电积聚,也有利于降低干分绞阻力。

4. 车头卷绕装置　车头卷绕装置主要由干分绞装置、拖引辊、浆轴恒张力卷绕装置、测长打印装置、压纱辊、浆纱小幅摆动装置以及自动上落轴装置等组成。烘干的浆纱片经干分绞后被卷绕成卷绕密度均匀、卷绕张力恒定的织轴,同时完成测长打印工作。干分绞的作用是减少浆纱的并头和绞头疵点;压纱辊和浆纱小幅摆动装置的作用是保证织轴卷绕成形良好、卷绕密度均匀适当。

(1)干分绞装置:由多根金属圆杆及相应的支架组成。

(2)拖引辊:是表面包覆橡胶的钢质圆辊,由电动机通过传动系统积极驱动。

(3)浆轴恒张力卷绕装置:通过保持拖引辊与浆轴之间浆纱张力,达到恒张力卷绕的目的。典型的装置有:重锤式无级变速器,根据卷绕力矩的变化自动调节卷绕速度,调节重锤的位置可以设定浆纱的卷绕张力;液压式无级变速器,原理与重锤式无级变速器相同,以可调的油缸作用力代替重锤重力进行卷绕张力调节,张力值以油缸压力显示;张力反馈调速的P型链式无级变速器,张力检测机构检测拖引辊与浆轴之间浆纱的张力,控制器依据检测的张力变化发出调节信号,伺服电动机调整无级变速器,调节卷绕速度,维持卷绕张力恒定;PLC(可编程序控制器)控制的恒张力卷绕系统,拖引辊与浆轴分别由变频电动机传动,张力检测机构检测拖引辊与浆轴之间浆纱的张力,PLC依据检测的张力变化向拖引辊变频电动机或浆轴变频电动机发出调节信号,自动调节拖引辊或浆轴的转速,使张力保持恒定。

(4)压纱辊:一般为一对钢质圆辊,采用重锤或液压方法将浆纱紧压在卷绕的织轴表面,以提高织轴的卷绕密度。

(5)测长打印装置:根据所测得的浆纱长度,以浆纱墨印长度为长度周期,间隔地在浆纱上打上或喷上墨印,作为度量标记。早期的浆纱机都使用差微式机械测长打印装置。新型浆纱机一般采用电子式测长装置,在测长辊回转时,通过对接近开关产生的脉冲信号进行计数,从而测量测长辊的回转数,即浆纱长度。

(6)浆纱小幅摆动装置:在传统浆纱机中该装置由可作小幅轴向往复移动的布纱辊和两根偏心平纱辊组成,在新型浆纱机中为可使伸缩筘作周期性空间运动的装置。

(7)自动上落轴装置:有液压式和机械式两种。液压式自动上落轴装置由液压泵驱动液压缸带动织轴托臂抬起或放下,并松开或夹住织轴。机械式自动上落轴装置则由电动机通过传动机构驱动织轴托臂抬起或放下,并松开或夹住织轴。

5. 传动系统 浆纱机传动系统分为主传动系统和辅助传动系统。

传统的浆纱机主传动系统由主电动机通过边轴传递动力,边轴再通过多个无级变速器驱动全机各区域的机械装置,调节各区域的纱线张力,进而控制各区纱线伸长。

新型浆纱机采用7单元控制系统,即使用7台变频电动机,在PLC的控制下分别驱动浆槽的引纱辊、上浆辊、烘房的烘筒、车头的拖引辊和浆轴,使传动的可靠性和伸长、张力控制的精确性大为提高。

辅助传动系统包括排气风机传动、湿分绞棒传动、上落轴传动、循环浆泵传动等,通常采用单独电动机传动。这些独立的辅助传动系统应与主传动系统存在电气联动关系。

6. 自动控制系统 浆纱过程的自动控制主要包括浆纱伸长率、浆纱回潮率、上浆率等浆纱质量指标以及压浆辊压力、浆液温度、浆液液面高度、烘筒及热风温度等工艺参数的自动控制。

(1)浆纱伸长率控制:通过张力传感器、轴编码器、交流变频电动机、可编程序控制器和现场通讯总线技术对浆纱伸长率实行分区控制,通常分为5个控制区。5区控制时,控制的对象实际是整经轴退绕张力、上浆区伸长率、烘燥湿区伸长率、烘燥干区伸长率和织轴卷绕张力。整经轴退绕张力通过对整经轴的轴端施加摩擦力来控制,施加的方式有人工调节的弹簧夹、弹簧摩擦带等。现代浆纱机上常采用气动带式自动控制装置;上浆区伸长率通过调节引纱辊和上浆辊之间的表面线速度差来控制,一般调节为负伸长状态;烘燥湿区伸长率和烘燥干区伸长率通过调整各积极回转的导辊或烘筒与上浆辊(湿区张力)及拖引辊(干区张力)的表面线速度差来进行控制,湿区伸长率要稍小,减少浆纱的湿态伸长,干区伸长率稍大,从而张力较大,有利于干分绞;卷绕张力则通过织轴恒张力卷绕装置来控制。

(2)浆纱回潮率控制:回潮率的检测有四种方法,电阻法、电容法、微波法和红外线法。其中,采用较多的是电阻法检测,通过改变浆纱速度来进行回潮率自动控制。

(3)上浆率控制:影响浆纱上浆率的因素很多,如浆液总固体率、粘度、温度、浆纱机的速度、压浆辊压力、浸没辊位置等。生产过程中,一般以这些因素为检测和控制对象,通过固定或调整这些影响因素来确保浆纱上浆率的稳定。

(4)压浆辊压力控制:传统浆纱机通过手动调节压浆辊轴端加压弹簧的压缩程度来控制压浆辊压力;新型浆纱机上采用气动或液压方式,依据浆纱速度进行压浆辊压力的自动调节和控制。

(5)浆液温度控制:浆槽中浆液温度的控制常采用两种方式,一种是通过铺设在浆槽底部的鱼鳞管,直接向浆液注入蒸气;另一种是在浆槽底部的夹套内注入蒸气,通过浆槽底部向浆液传导热量。控制系统自动调节加热蒸气量,达到控制浆液温度的目的。

(6)浆液液面高度控制:通常以溢浆方式加以控制。循环浆泵不断地把浆液从预热浆箱输入到浆槽,过多的浆液通过溢流板流回预热浆箱,从而自动维持一定的液面高度。

(7)烘筒及热风温度控制:控制系统根据当前烘筒表面或烘房热风温度与设定温度的差异,调节通往烘筒或散热器的蒸气量,进而控制散热量,使烘筒表面或烘房热风温度维持在一定的数值范围内。

三、实验准备

1. 实验仪器　浆纱机。
2. 实验材料　短纤维纱和长丝。

四、实验内容

1. 观察并记录浆纱机上浆工艺流程
   (1)短纤维纱浆纱机。
   (2)长丝浆丝机。
2. 了解浆纱机的轴架形式和经纱退绕方式
   (1)轴架形式。
   (2)退绕方式。
3. 了解浆纱机的浆槽结构和浸压方式
   (1)浆槽结构。
   (2)浸压方式。
   (3)湿分绞。
4. 了解浆纱机的烘燥方式与烘燥原理
   (1)烘燥方式及烘燥原理。
   (2)烘房结构。
   (3)后上蜡。

5. 了解浆纱机的车头卷绕装置的结构及其工作原理
(1)干分绞装置。
(2)测长打印装置。
(3)拖引辊与伸缩筘。
(4)浆轴恒张力卷绕装置。
(5)自动上落轴装置。
6. 了解浆纱机传动系统
7. 了解浆纱机自动控制系统

思 考 题

1. 绘出浆纱机的上浆工艺流程简图。
2. 下列装置和机构的作用是什么？在实验所用浆纱机上采用的是哪种形式？
(1)轴架。
(2)浸没辊、上浆辊和压浆辊。
(3)湿分绞辊。
(4)烘筒。
(5)后上蜡装置。
(6)干分绞棒。
(7)浆轴卷绕装置。

实验七　穿经、结经、分经设备与主要器材

一、实验目的
(1)了解穿经工艺过程及设备。
(2)了解结经工艺过程及设备。
(3)了解分经工艺过程及设备。
(4)了解钢筘、综丝、综框及经停片的结构与作用。

二、基本知识
(一)穿经、结经、分经的目的与要求
1. 目的
(1)穿经:把织轴上的经纱按织物上机图的规定,依次穿过经停片、综丝和钢筘,控制经纱在织机上的升降,确定经纱在织机上的排列密度。
(2)结经:将了机织轴上的经纱与上机织轴上的经纱逐根打结连接,然后牵动了机织轴的经纱把上机织轴的经纱依次穿过经停片、综丝和钢筘,使上机织轴上的经纱受到与了机织轴上的经纱完全一致的控制。

(3)分经：把片经纱逐根分离成上下层，在两层间穿入分绞线，利于穿经或结经操作，方便织机挡车工正确确定断经位置等，主要用于长丝织轴。

2.要求

(1)经停片、综丝和钢筘不能错穿。

(2)钢筘不能漏穿。

(3)避免出现绞经、错经、漏经。

(4)不得损伤织轴。

(二)穿经、结经和分经设备（穿经、结经、分经设备实物照片见教材所附光盘）

1.穿经机　将织轴上的经纱按织物上机图的规定，用穿综钩依次穿过经停片、综丝，再用插筘刀将经纱插入钢筘。有手工、半自动和全自动三种穿经方式。

(1)手工穿经：在穿经架上，操作工用穿综钩将手工分出的经纱按一定的次序穿过经停片和综丝，然后用插筘刀将经纱插入钢筘。

(2)半自动穿经：用自动分经纱装置、自动分经停片装置和电磁插筘装置替代部分手工操作。

(3)全自动穿经：由传动系统、前进机构、分纱机构、分(经停)片机构、分综(丝)机构、穿引机构、钩纱机构及插筘机构等组成，用机械装置模仿手工穿经动作，自动将经纱依次穿过经停片、综丝和钢筘。

2.结经机　结经机由挑纱机构、聚纱机构、打结机构、前进机构和传动机构五个主要部分组成，将了机织轴上的经纱与上机织轴上的经纱自动逐根打结连接。结经机简图如图2-25所示。

3.分经机　由挑纱机构、分绞机构、前进机构和传动机构组成，把片经纱逐根分离成上

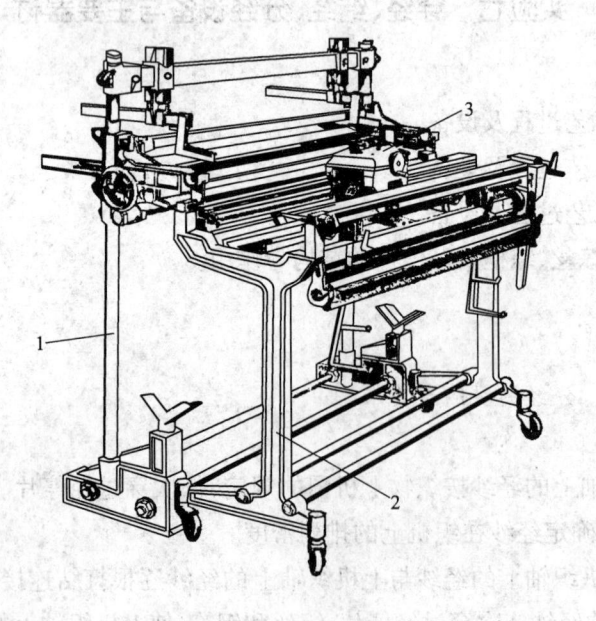

图2-25　结经机简图

1—固定架　2—活动架　3—打结机头

下两层,在两层间穿入分绞线。

(三)钢筘、综丝、综框及经停片

1. 钢筘　由特制的称为筘齿的钢片排列而成,筘齿之间有间隙供经纱通过。其作用是确定经纱的分布密度和织物幅宽,打纬时把梭口里的纬纱打向织口。在有梭织机上,钢筘和走梭板组成了梭子飞行的通道。按筘齿外形分,有普通筘和异形筘(又称槽形筘);按制作方式分,有沥青筘、焊接筘和胶合筘。

(1)普通筘:筘齿为直钢片,用于除喷气织机外的大多数织机。

(2)异形筘:筘齿为带有凹槽的钢片,用于喷气织机,凹槽起到减少气流扩散和纬纱通道的作用。

(3)沥青筘:用扎筘线(一般为棉线)将筘齿和木筘边扎绕,然后用沥青将木筘边等扎合部位粘合后制成的钢筘叫沥青筘。

(4)焊接筘:用扎筘钢丝将筘齿和钢筘边扎绕,然后用铅锡焊料将扎合部位焊在筘梁上制成的钢筘叫焊接筘。

(5)胶合筘:又称树脂筘,用扎筘钢丝将筘片固定在扎筘钢条上,然后用树脂粘合剂将扎合部位和槽形筘梁粘合在一起制成的钢筘。

2. 综丝　综丝挂在综框的综丝杆上,随综框上下运动,带动穿在综眼中的经纱上下运动,形成梭口。有钢丝综和钢片综两种。

(1)钢丝综:由两根细钢丝扭绞后焊合而成,两端呈环形,称为综耳,中间有综眼(综眼形状有椭圆形、六边形等形状),经纱穿在综眼里。

(2)钢片综:由薄钢片制成,综眼形状为四角圆滑过渡的长方形,综耳可以是闭口环形或开口环形。

3. 综框　带动综丝上下运动,有木综框和金属综框两种类型,一般由上综框板、下综框板、综框横头和综丝杆组成。

(1)木综框:上综框板、下综框板和综框横头都是木制品。

(2)金属综框:上综框板和下综框板是金属制品,综框横头为木制品或树脂基复合材料。

4. 经停片　由钢片冲压而成,是织机经停装置的断经感知件。织机上的每一根经纱都穿入一片经停片,当经纱断头时,经停片依靠自重落下,通过机械或电气装置,使织机迅速停车。经停片有闭口式和开口式两种。

(1)闭口式经停片:经纱穿在经停片中部的圆孔内,大批量生产的织物品种一般采用闭口式经停片。

(2)开口式经停片:经停片下部为开口长槽,经停片在经纱上机时插放到经纱上,品种经常翻改的织机多采用开口式经停片。

三、实验准备

1. 实验仪器　穿经机、结经机和分经机,钢筘、综丝、综框和经停片,钢直尺。

2. 实验材料　经纱。

四、实验内容

1. 观察穿经机主要结构及穿经工艺过程
2. 观察结经机主要结构及结经工艺过程
3. 观察分经机主要结构及分经工艺过程
4. 观察钢筘的结构与组成
5. 观察综框的结构与组成
6. 观察综丝的结构
7. 观察经停片的结构

思 考 题

1. 比较穿经和结经的特点。
2. 绘出钢筘、综丝、综框以及经停片的结构简图,并标注尺寸。

实验八 卷纬设备与主要机构

一、实验目的

(1) 了解竖锭式卷纬机的工作原理和工艺流程。
(2) 了解竖锭式卷纬机的结构和主要部件的作用。
(3) 了解卧锭式卷纬机的工作原理和工艺流程。
(4) 了解卧锭式卷纬机的结构和主要部件的作用。

二、基本知识

(一) 卷纬的目的与要求

1. 目的

(1) 将管纱、绞纱或筒子纱卷绕成适合梭子尺寸和便于织造的纡子。
(2) 去除部分纱疵,均匀纱线张力,提高卷装密度,改善退绕性能。

2. 要求

(1) 纡子成形良好,备纱长度合理。
(2) 纡子卷绕张力均匀,大小适当。
(3) 退解顺利,张力波动小。

(二) 卷纬设备 (卷纬设备实物照片见教材所附光盘)

1. **竖锭式卷纬机** 图 2-26 为竖锭式卷纬机卷纬工艺流程图。纱线 1 自筒子 2 上退绕下来,筒子 2 位于筒子插座 3 上,经导纱钩 4、导纱棒 5 和导纱钩 6 后,到达张力器 7 和张力器 8,接着通过导纱杆 9 和位于导纱板 11 上的导纱钩 10,卷绕到插在锭子 12 上的纡管 13 上。

2. **卧锭式卷纬机** 图 2-27 为卧锭式卷纬机卷纬工艺流程图。从筒子 1 上退绕的纬纱

2,经导纱眼3和张力装置4,穿过断头自停探测杆5上的导纱磁眼6和导纱器7上的导纱钩8,然后绕到由主动锭杆10与被动锭杆11夹持的纤管9上。

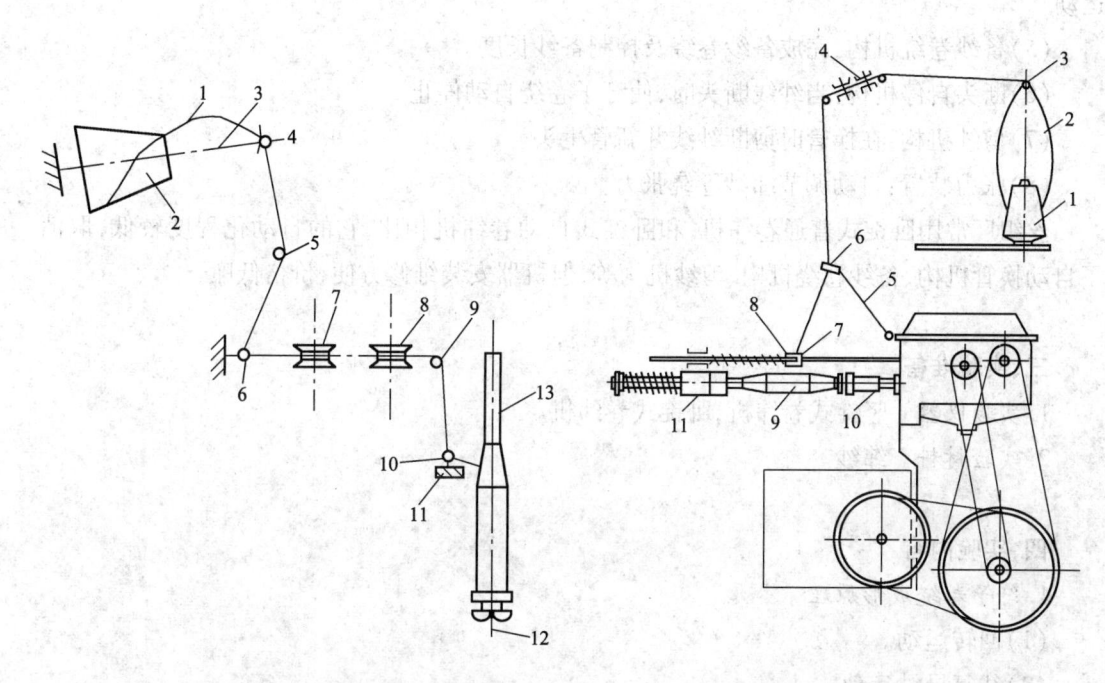

图2-26 竖锭式卷纬机卷纬工艺流程图
1—纱线 2—筒子 3—筒子插座 4,6,10—导纱钩
5—导纱棒 7,8—张力器 9—导纱杆
11—导纱板 12—锭子 13—纤管

图2-27 卧锭式卷纬机卷纬工艺流程图
1—筒子 2—纬纱 3—导纱眼 4—张力装置
5—断头自停探测杆 6—导纱磁眼 7—导纱器
8—导纱钩 9—纤管 10—主动锭杆 11—被动锭杆

(三)主要机构与作用

1. 竖锭式卷纬机的主要机构与作用 其结构与细纱机相似,主要机构有纱架、传动机构和卷绕成形机构。

(1)纱架:存放筒子,控制纱线退绕张力和方向,由多层(一般为三层)交叉横列式锭杆、导纱钩、导纱杆和张力器组成。

(2)传动机构:将动力传递至各运动部件,由电动机、皮带轮、滚筒以及锭带等组成。

(3)卷绕成形机构:包括将纬纱卷绕到纤管上的锭子回转机构;使导纱板(钢领板)上下往复运动,让纱线均匀分布在纱层上的往复导纱机构以及使导纱板作级升运动,令纱层自管底向管顶徐徐移动的级升机构。

2. 卧锭式卷纬机的主要机构与作用 卧锭式自动卷纬机的主要机构有:传动机构、卷绕机构、开关机构、自动换管机构、备纱卷绕机构、断头自停机构、剪纱机构、张力装置。

(1)传动机构:将动力传递至各运动机构。

(2)卷绕机构:完成卷绕、导纱、级升和差微运动。

(3)开关机构:控制主轴的启动和停转。

(4)自动换管机构:完成换管诱导、满管自停、落下满管、送上空管并重新开始卷绕等运动。

(5)备纱卷绕机构:完成备纱卷绕及控制备纱长度。

(6)断头自停机构:当纱线断头时,使纡子卷绕自动停止。

(7)剪纱机构:在换管时剪断纱线并新管生头。

(8)张力装置:自动调节纬纱卷绕张力。

丝织厂常用卧锭式普通卷纬机,和卧锭式自动卷纬机相比,它的自动化程度较低,取消了自动换管机构、备纱卷绕机构、剪纱机构等,但机器安装维修方便、价格低廉。

三、实验准备

1. 实验仪器　竖锭式卷纬机,卧锭式卷纬机。
2. 实验材料　纬纱。

四、实验内容

1. 纡子卷绕成形原理

(1)回转运动。

(2)往复导纱运动。

(3)级升运动。

2. 竖锭式卷纬机主要机构与作用

(1)纱架。

(2)传动机构。

(3)锭子回转机构。

(4)往复导纱机构。

(5)级升机构。

3. 卧锭式卷纬机主要机构与作用

(1)传动机构。

(2)锭子回转机构。

(3)往复导纱机构。

(4)级升机构。

(5)自动换管机构。

(6)断头自停机构。

4. 观察并记录纱线工艺流程

(1)竖锭式卷纬机的卷纬工艺流程。

(2)卧锭式卷纬机的卷纬工艺流程。

思 考 题

1. 绘出卷纬机的卷纬工艺流程简图。
2. 下列装置和机构的作用是什么？实验所用的卷纬机上采用的是哪种形式？
(1) 传动机构。
(2) 锭子回转机构。
(3) 往复导纱机构。
(4) 级升机构。

实验九　定形设备与主要机构

一、实验目的
了解热湿定形设备的结构特征。

二、基本知识
(一) 纱线定形的目的与要求

1. 目的　纱线定形是为了消除纤维大分子的内应力，使加捻纱线捻度稳定，便于后续整经、倒筒、织造等工序顺利进行。

2. 要求　定形时，要求不影响纱线的物理机械性能，特别是不能损伤纱线的强力、伸长、弹性等性能。

(二) 定形的方法

定形的方法有定形箱热湿定形、烘房或蒸箱加热定形和自然定形。

(三) 真空热湿定形箱的结构特征

热湿定形采用蒸气使加捻纱定形。通常采用卧式圆筒形定形箱。

图 2-28 为卧式圆筒形定形箱，纱线卷装放置在定形箱内，首先用真空泵把箱内空气抽出，产生负压，然后向箱内充入高温蒸气。热湿蒸气进入捻纱筒子的里层，并充分渗透到纤维内部，消除内应力。在定形箱内负压条件下，充入热湿蒸气，有利于加快蒸气对纱线卷装的渗透速度。

三、实验准备
1. 实验仪器　热湿定形箱。
2. 实验材料　纱线。

四、实验内容
观察实验热湿定形箱结构以及定形操作方法。

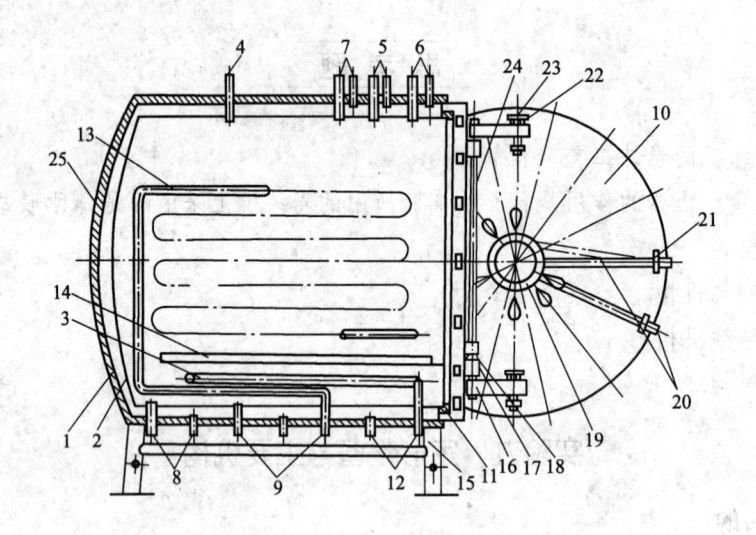

图 2-28 卧式圆筒形定形箱示意图

1,2—箱体的外筒和内筒　3—O 型管　4—接真空泵阀　5—接温度计管口　6—接压力表管口　7—接安全阀管口
8—接排水阀管口　9—接疏水器管口　10—箱盖　11—盘根　12—进汽管　13—加热管　14—导轨
15—座架子　16—回转托架　17—挡卷　18—轴承　19—手轮　20—压紧方钢
21—固定扣　22—轴承　23—回转蜗杆　24—回转轴　25—保温石棉层

思 考 题

叙述热湿定形箱的结构特征及其操作方法。

实验十　织机开口机构

一、实验目的

(1) 了解凸轮开口机构的工作原理和主要机构。
(2) 了解连杆开口机构的工作原理和主要机构。
(3) 了解多臂开口机构的工作原理和主要机构。
(4) 了解提花开口机构的工作原理和主要机构。

二、基本知识

(一) 开口目的与要求

1. 目的

(1) 使经纱上下层分开,形成梭口。
(2) 根据织物组织的要求,控制经纱的升降次序。

2. 要求

(1) 经纱升降的次序准确。

(2)经纱升降运动平稳,适应织机运转速度。
(3)避免经纱受到严重损伤,引起断经。

(二)开口机构(开口机构实物照片见教材所附光盘)

开口机构一般由提综装置、回综装置和综框(综丝)升降次序的控制装置组成。开口机构主要有四种类型:凸轮开口机构、连杆开口机构、多臂开口机构和提花开口机构。

1. 凸轮开口机构 利用凸轮工作轮廓线到轴心距离的变化产生开口运动。主要有一般凸轮开口机构、共轭凸轮开口机构、沟槽凸轮开口机构等。一般凸轮开口机构又分为综框联动式凸轮开口机构和弹簧回综式凸轮开口机构。

将凸轮工作轮廓线分段制成纹链,并按开口规律要求串接,就是现代无梭织带机采用的纹链开口机构。

(1)综框联动式凸轮开口机构:图2-29为传统有梭织机织制平纹织物时的综框联动式凸轮开口机构,它属于一般凸轮开口机构。凸轮1和2以180°相位差联结在一起,并固装在织机的凸轮轴又称中心轴3上。凸轮轴每一回转(织机主轴2转),就通过转子4、5使两根踏综杆6、7按相反的方向上下摆动一次,由吊综辘轳8连在一起的前页综框9、后页综框10作一次升(降)、降(升)运动,形成两次梭口。前、后页综框通过吊综带11分别吊在辘轳的小、大直径的圆周面上,产生联动。

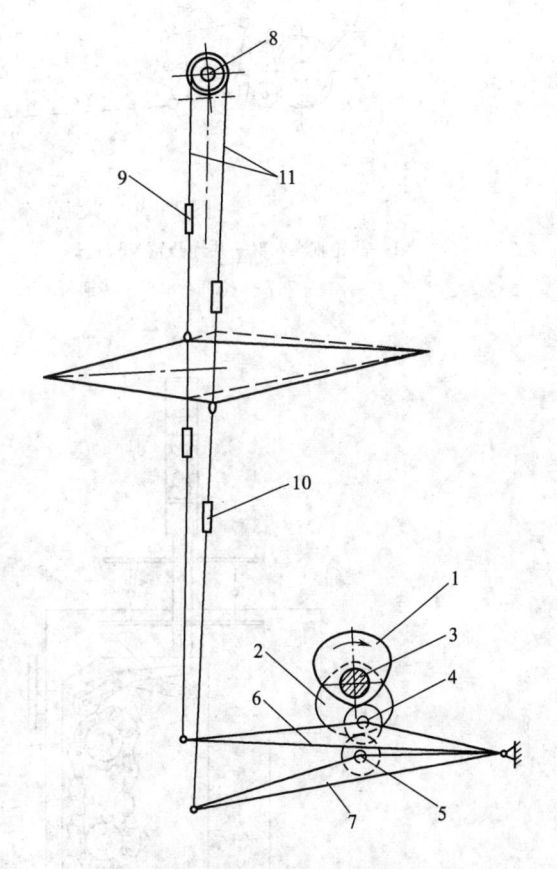

图2-29 综框联动式凸轮开口结构
1,2—凸轮 3—凸轮轴 4,5—转子 6,7—踏综杆
8—吊综辘轳 9,10—前、后页综框 11—吊综带

(2)共轭凸轮开口机构:图2-30为共轭凸轮开口机构简图。共轭凸轮2从小半径转至大半径时(此时共轭凸轮2′从大半径转至小半径)推动综框下降,共轭凸轮2′从小半径转至大半径时(此时共轭凸轮2从大半径转至小半径)推动综框上升,两只共轭凸轮依次轮流工作,综框不断作升降运动。

(3)纹链开口机构:图2-31为纹链开口机构的简图。纹链1由四种不同形状(弧段)的链块按开口规律要求串接而成,套装于齿形滚筒2上,织机主轴每一回转,滚筒转过一块链

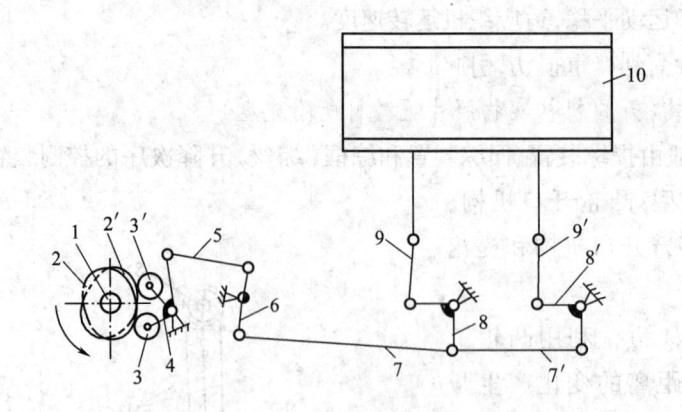

图 2-30 共轭凸轮开口机构
1—凸轮轴 2,2'—共轭凸轮 3,3'—转子 4—摆杆 5—连杆 6—双臂杆
7,7'—拉杆 8,8'—传递杆 9,9'—竖杆 10—综框

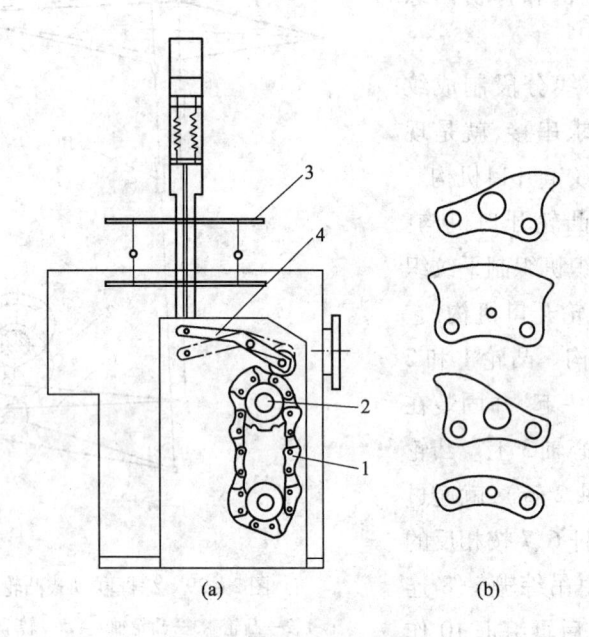

图 2-31 纹链开口机构
1—纹链 2—齿形滚筒 3—综框 4—提综杆

块,驱动综框3完成相应的开口动作。综框动程通过改变提综杆4的支点位置来调节。

2.连杆开口机构 图2-32为连杆开口机构简图。由织机主轴传动的辅助轴1的两端装有相差180°的开口曲柄2和2',通过连杆3和3'与摇杆4和4'连接。摇杆轴5和5'上分别装有提综杆6和6'(错开安装),而提综杆6和6'又通过传递杆7和7'与综框8和8'相连。这样当辅助轴1回转时,提综杆6和6'便绕各自轴心上、下摆动,两者的摆动方向正好相反,因此综框8和8'便获得了平纹组织所需要的一上一下的开口运动。

3.多臂开口机构 多臂开口机构是以多根提综杆按照织物组织提升综框使经纱形成梭

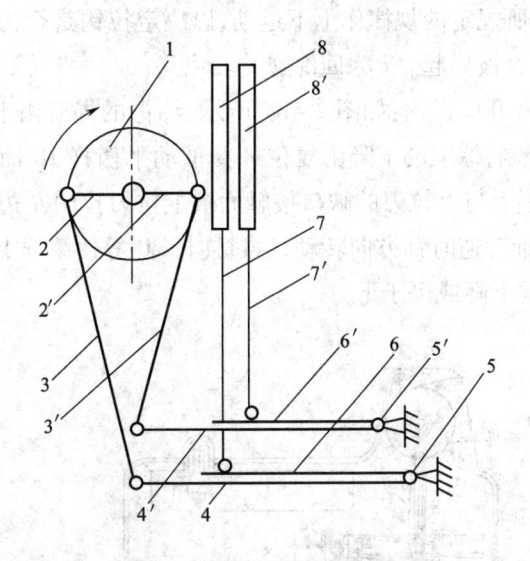

图 2-32 连杆开口机构

1—辅助轴 2,2'—开口曲柄 3,3'—连杆 4,4'—摇杆
5,5'—摇杆轴 6,6'—提综杆 7,7'—传递杆 8,8'—综框

口的机构,由选综装置、提综装置和回综装置组成。选综装置包括信号存储器(纹板、纹纸或存储芯片)和阅读装置,其作用是控制综框升降顺序。提综装置和回综装置则分别执行提综和回综动作。

多臂开口机构按拉刀往复一次所形成的梭口数分为单动式和复动式两种类型;按信号存储器和阅读装置的不同组合,又可分成机械式、机电式和电子式三类。

(1)单动式多臂开口机构:如图 2-33 所示,拉刀 1 由织机主轴上的连杆或凸轮传动,作水平方向的往复运动。拉钩 2 通过提综杆 4、吊综带 5 同综框 6 连接。由纹板 8、重尾杆 9 控

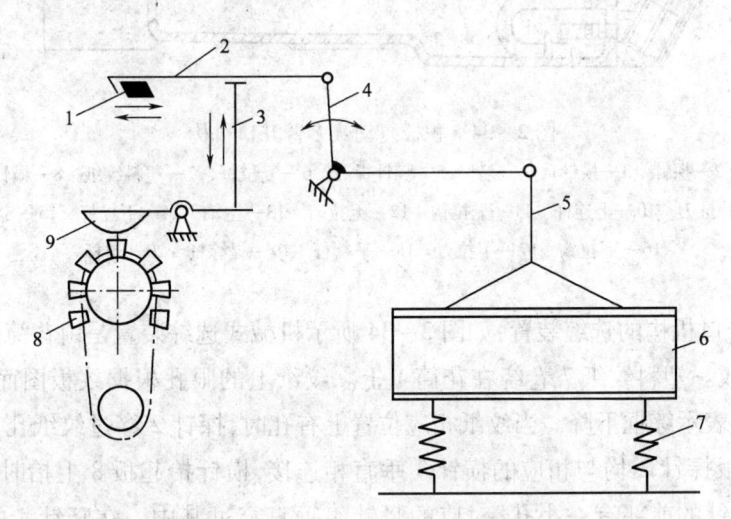

图 2-33 单动式多臂开口机构

1—拉刀 2—拉钩 3—竖针 4—提综杆 5—吊综带 6—综框 7—回综弹簧 8—纹板 9—重尾杆

制的竖针3按照纹板图所规定的规律作上下运动,以决定拉钩是否为拉刀所拉动,从而决定与该拉钩连接的综框是否被提起。7为回综弹簧。

(2)积极复动式多臂开口机构:如图2-34所示,综框的提升由上拉刀12、下拉刀17与上拉钩11、下拉钩16控制,综框的下降由复位杆6推动平衡杆18而获得。当上拉刀12由右向左运动时,上拉钩落下与上拉刀的缺口接触而被上拉刀拉向左边,与拉钩连接的平衡杆18即带动提综杆19绕轴芯逆时针方向转动,通过连杆20等使综框上升。如拉钩未落下,拉钩与拉刀不接触,则综框下降或停于下方。

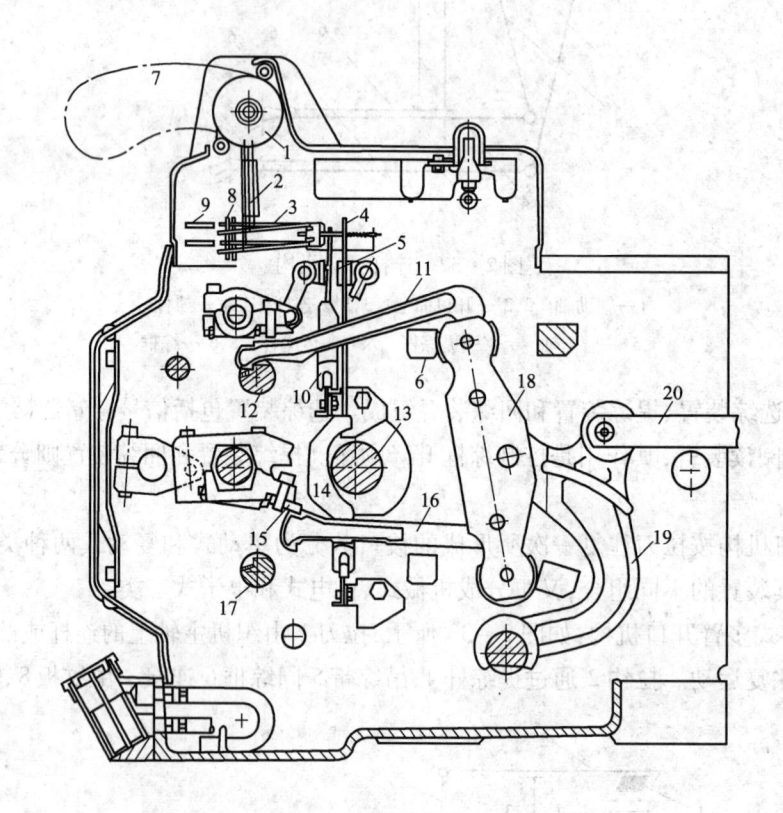

图2-34 积极复动式多臂开口机构
1—花筒 2—探针 3—横针 4—竖针 5—竖针提刀 6—复位杆 7—塑料纹纸 8—横针抬起板
9—横针推刀 10—上连杆 11—上拉钩 12—上拉刀 13—主轴 14—下连杆 15—定位杆
16—下拉钩 17—下拉刀 18—平衡杆 19—提综杆 20—连杆

(3)多臂开口机构的选综装置:如图2-34所示机械式选综装置是由花筒、塑料纹纸、探针和竖针等组成。塑料纹纸7卷绕在花筒1上。纹纸上的眼孔根据纹板图而定,有孔表示综框提升,无孔表示综框下降。当纹纸相应位置上有孔时,探针2穿过纹纸孔伸入花筒1的相应孔内。每根探针2均与相应的横针3垂直相连接,横针抬起板8上抬时相应的横针3随之上抬,在横针的前部有一小孔,对应的竖针4垂直穿过其中。在竖针4的中部有一突钩,钩在竖针提刀5上。当横针推刀9向右作用时就推动相应抬起的横针3向右移动,此时竖针的突钩就与竖针提刀5脱开,同竖针4相连的上连杆10或下连杆14就下落,穿在上连杆 10 与下连杆 14 的中下部长方形孔中的上拉钩 11 或下拉钩 16 即落在上拉刀 12 或下拉刀 17 的作用位置上,上拉钩 11 或下拉钩 16 随上拉刀 12 或下拉刀 17 由右向左运动,就提起综框。反之,纹纸上无孔时,探针 2、横针 3 和竖针 4 随即停止运动,此时竖针的突钩与竖针提刀 5 啮合,于是上拉钩 11 与下拉钩 16 就脱离上下拉刀的作用范围,此时综框停在下方不动。

随着技术进步,在机械式选综装置的基础上发展了机电式和电子式选综装置。机电式选综装置以光电信号装置取代探针,探测纹纸有孔或无孔,进而控制竖针是否被竖针提刀提起。现代电子多臂开口机构则将综框升降信息存储在存储器中,计算机读取存储信息,控制综框的升降。

4. 提花开口机构 提花开口机构对于每一根经纱都可以按照织物组织和色彩要求进行升降控制,形成梭口,它由选综装置、提综装置和回综装置组成。选综装置包括信号存储器(纹板、纹纸或存储芯片)和阅读装置,作用是控制综丝升降顺序。提综装置和回综装置分别执行提综和回综动作。按拉刀往复一次所形成的梭口数分为单动式和复动式两种类型,按信号存储器和阅读装置的不同组合分成机械式、机电式和电子式三类。

(1)单动式提花开口机构:如图 2-35 所示,选综装置由花筒 13、横针 10、横针板 12 等

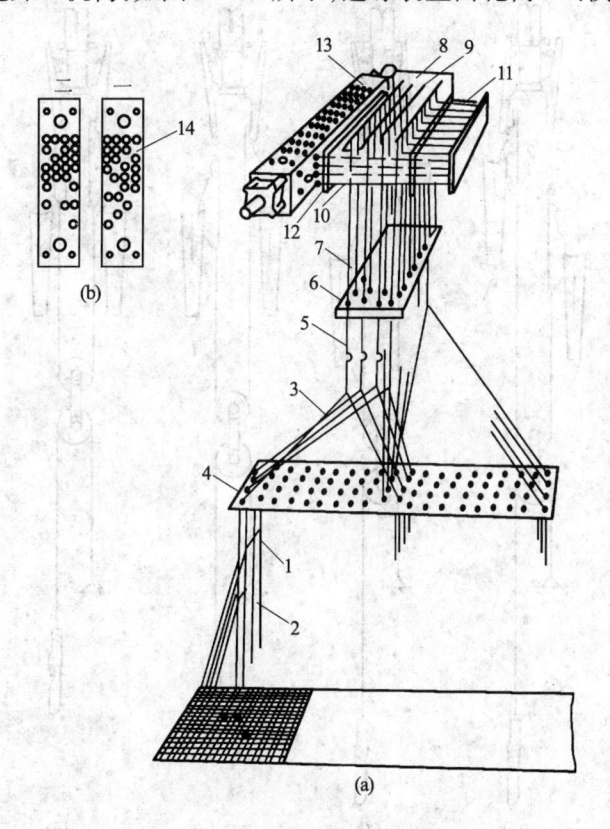

图 2-35 单动式提花开口机构
1—综线 2—重锤 3—通丝 4—目板 5—首线 6—底板 7—竖钩 8—刀箱
9—提刀 10—横针 11—弹簧 12—横针板 13—花筒 14—纹板

组成。横针10同竖钩7呈垂直配置,数目相等,且一一对应,每根竖钩都从对应横针的弯部通过,横针的一端受小弹簧11的作用而穿过横针板12上的小孔伸向花筒13上的小纹孔。花筒同刀箱的运动相配合,作往复运动。纹板14覆在花筒上,每当刀箱下降至最低位置,花筒便摆向横针板,如果纹板上对应于横针的孔位没有纹孔,纹板就推动横针、竖钩向右移动,使竖钩的钩部偏离提刀的作用线,与该竖钩相关联的经纱在提刀上升时不能被提起;反之,若纹板上有纹孔,纹板就不能推动横针和竖钩,因而竖钩将对应的经纱提起。刀箱上升时,花筒摆向左方并顺时针转动90°,翻过一块纹板。每块纹板上的纹孔分布规律实际上就是一根纬纱同全幅经纱交织的规律。

(2)电子提花开口机构:图2-36为以一根首线为提综单元的电子提花开口机构的工作原理示意图。提刀7、6受织机主轴传动作速度相等、方向相反的上下往复运动,并分别带动用绳子通过双滑轮1而连在一起的提综钩2、3作升降运动。如果上一次开口结束时提综钩2在最高位置时被保持钩4钩住,提综钩3在最低位,首线在低位,相应的经纱形成梭口下层。此时,若织物交织规律要求首线维持低位,电磁铁8带电,保持钩4被吸合而脱开提综钩2,提综钩2随提刀6下降,提刀7带着提综钩3上升,相应的经纱仍留在梭口下层,如图

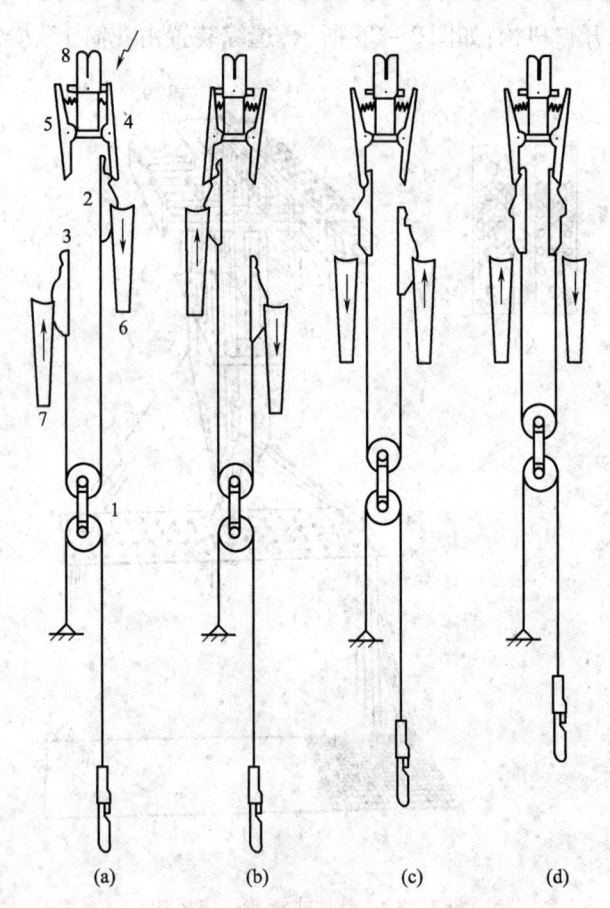

图2-36 电子提花开口机构工作原理示意图

1—双滑轮 2,3—提综钩 4,5—保持钩 6,7—提刀 8—电磁铁

2-36(a)所示;图2-36(b)表示提刀7带着提综钩3上升到最高处,提刀6带着提综钩2下到最低处,首线仍在低位;图2-36(c)表示电磁铁8不带电,提综钩3上升到最高处并被保持钩5钩住,提刀6带着提综钩2上升,首线被提升;图2-36(d)表示提综钩2被升至保持钩4处时,电磁铁8不带电,保持钩4钩住提综钩2,使首线升至高位,相应的经纱移到梭口上层位置。

三、实验准备

1. 实验仪器 凸轮开口装置,多臂开口装置,提花开口装置。
2. 实验材料 经纱和纬纱。

四、实验内容

1. 凸轮开口机构的工作原理
(1)一般凸轮开口机构。
(2)共轭凸轮开口机构。
2. 连杆开口机构的工作原理
3. 多臂开口机构的工作原理
(1)单动式多臂开口机构。
(2)积极复动式多臂开口机构。
4. 提花开口机构的工作原理
(1)单动式提花开口机构。
(2)电子提花开口机构。

思 考 题

1. 试述一般凸轮开口机构的优缺点。
2. 为什么选综与提、回综装置要相对独立?
3. 试述多臂开口机构的工作原理。
4. 试述提花开口机构的工作原理。

实验十一 有梭与片梭引纬及其主要机构

一、实验目的

(1)了解有梭引纬机构的工作原理。
(2)了解有梭引纬装置的主要机构与作用。
(3)了解片梭引纬机构的工作原理。
(4)了解片梭引纬装置的主要机构与作用。

二、基本知识

(一)引纬的目的与要求

1.目的 将纬纱引入到由经纱开口所形成的梭口中,纬纱得以和经纱交织,形成织物。

2.要求

(1)必须与开口时间准确配合。

(2)避免引纬器对经纱的损伤。

(3)引入的纬纱张力应适宜,避免出现断纬和纬缩疵点。

(二)有梭与片梭引纬机构(有梭与片梭引纬机构实物照片见教材所附光盘)

1.有梭引纬机构

(1)引纬工作原理:携带纬纱卷装的梭子在梭口中往复穿越,引入纬纱。

(2)引纬过程:携带纬纱卷装的梭子在一侧梭箱内由投梭机构加速并射出梭箱,穿过梭口,同时纬纱从梭子中退绕出来并纳入梭口中;梭子到达对侧梭箱后受到制梭机构作用而停在对侧梭箱内,完成一次引纬;下次引纬时对侧梭箱的投梭机构加速并射出梭子,梭子穿越梭口,放出纬纱,然后制动停止在本侧梭箱;循环执行上述过程,纬纱即可不断引入。

2.片梭引纬机构

(1)引纬工作原理:用片状夹纱器——片梭将一段固定长度的纬纱引入梭口。

(2)引纬过程:片梭织机在织机的一侧设有投梭机构和储纬器,进行引纬的片梭在投梭侧夹持纬纱后,由扭轴投梭机构投出,片梭高速通过分布于筘座上的导梭片组成的通道,将储纬器上退解的纬纱引入梭口,片梭在对侧被制梭装置制停,释放掉纬纱纱端,然后移动到梭口外的空片梭输送链上,返回到投梭侧,等待再次进入投梭位置,进行下一轮引纬。

(三)主要装置与作用

1.有梭引纬机构的主要装置与作用

(1)梭子:图2-37为棉型自动换梭织机的梭子。纡子插在梭芯1上,梭芯根部的纡子座2上设有角销和底板弹簧。梭子前壁装有导纱磁眼4,导纱磁眼在梭子前壁上的位置有左右侧之分,磁眼在右侧的适应左手织机(即织机的开关车装置在左侧),磁眼在左侧的适应右手织机(织机的开关车装置在右侧)。梭子前壁有护纱槽,梭子底部开有凹槽。棉型织机梭子的底面与背面夹角为86.5°。为使纬纱引出时具有工艺所需的张力,在梭腔内装有张力装置。张力装置的形式很多,有张力钢丝或张力钢丝配合鬃毛刷的,也有在梭子内腔壁上贴毛皮、长毛绒或加装尼龙环等方法。

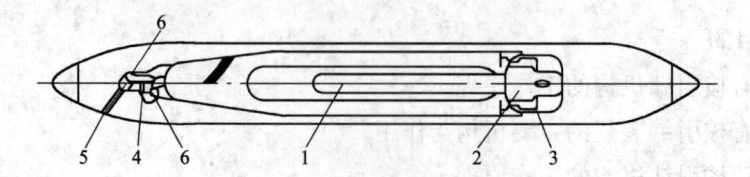

图2-37 棉型自动换梭织机的梭子

1—梭芯 2—纡子座 3—梭尖 4—导纱磁眼 5—导纱槽 6—导纱钢丝

(2) 投梭装置：如图 2-38 所示，在织机的中心轴 1 上固定了装有投梭转子 3 的投梭盘 2。中心轴回转时，投梭转子在投梭盘的带动下，打击投梭侧板 5 上的投梭鼻 4，使投梭侧板头端绕侧板轴突然下压，通过投梭棒脚帽 6 的突嘴使固结在其上的投梭棒 7 绕十字炮脚 10 的轴心做快速的击梭运动。投梭棒旋转，借助活套在其上部的皮结 8 将梭子 9 射出梭箱，飞往对侧。击梭过程结束之后，投梭棒在投梭棒扭簧 11 的作用下回退到梭箱外侧。

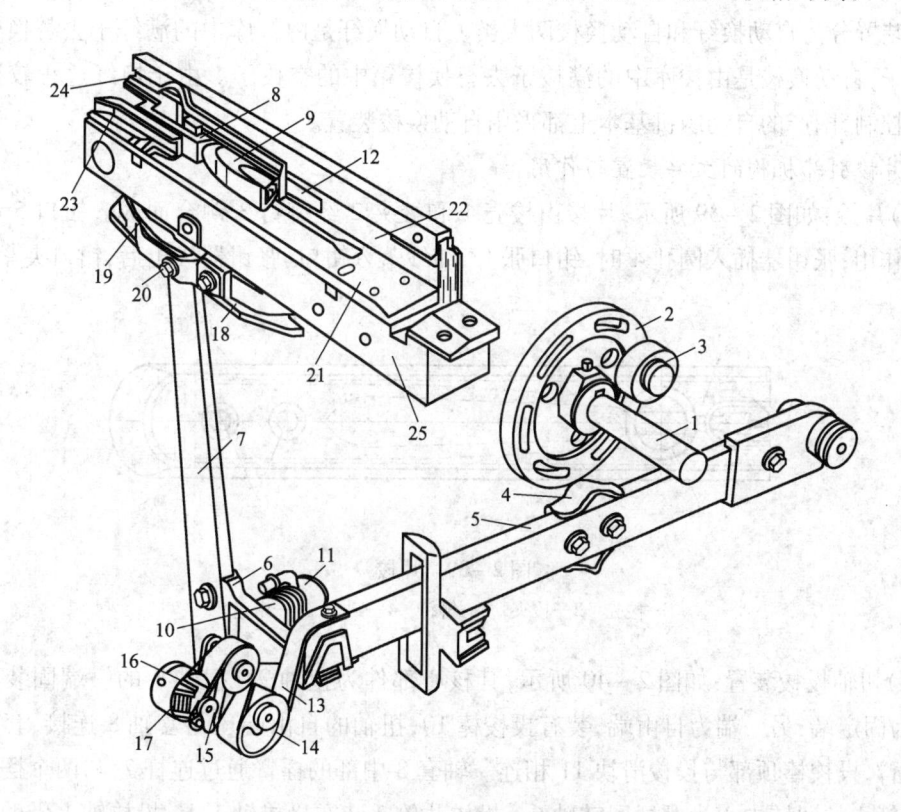

图 2-38 有梭引纬的投梭机构和制梭装置

1—中心轴 2—投梭盘 3—投梭转子 4—投梭鼻 5—侧板 6—投梭棒脚帽 7—投梭棒 8—皮结
9—梭子 10—十字炮角 11—投梭棒扭簧 12—制梭板 13—缓冲带 14—偏心轮 15—固定轮
16—弹簧轮 17—缓冲弹簧 18—皮圈 19—皮圈弹簧 20—调节螺母 21—梭箱底板
22—梭箱后板 23—梭箱前板 24—梭箱盖板 25—筘座

(3) 制梭装置：如图 2-38 所示，包括梭箱前板、梭箱后板和梭箱盖板、梭箱底板。梭子进入梭箱后的制梭过程可分为三个阶段，第一阶段为梭子与制梭铁斜碰撞制梭：制梭板 12 嵌入在梭箱后板的长槽中，在制梭板后面压以制梭弹簧钢板。第二阶段为制梭铁及梭箱前板对梭子摩擦制梭：梭子碰撞制梭铁使其向外转动后，制梭弹簧钢板使之复位并重新压紧在梭子上，梭子向前移动时受到制梭铁和梭箱前板的摩擦制动作用，从而吸收梭子动能。第三阶段为皮圈在皮圈架上滑行的摩擦制梭及三轮缓冲装置制梭：梭子在梭箱内运动到一定位置后，便与皮结撞击，此后将推动投梭棒向机外侧运动，一方面通过投梭棒把皮圈 18 推向机外侧，靠皮圈弹簧 19 的压力所产生的摩擦阻力和皮圈的弹性伸长吸收梭子的部分动能（皮圈摩擦阻力的大小可由调节螺母20进行调节);另一方面使投梭棒上的脚帽6把侧板5抬起,拉动缓冲带13,再通过偏心轮14和固定轮15,使装有缓冲弹簧17的弹簧轮16略作转动,靠缓冲带对偏心轮、固定轮的摩擦和缓冲弹簧的扭转,对梭子起缓冲作用,最终使梭子制停在规定的位置上。

(4)自动补纬装置:在纬纱即将用完时,自动补纬装置能及时地对纬纱卷装进行补充,自动补纬装置分为自动换纡和自动换梭两大类。自动换纡是由纡库中的满纡子去替换梭子中的空纡子,自动换梭是由梭库中的满梭子去替换梭箱中的空梭子。由于换纡过程较换梭过程难以控制,国产的自动织机基本上都采用自动换梭装置。

2. 片梭引纬机构的主要装置与作用

(1)片梭:如图2-39所示,片梭由梭壳1和梭夹2经铆钉3铆合而成。钳口5起夹持纬纱的作用,张钳器插入圆孔4时,钳口张开,纬纱落入钳口,张钳器拔出后,钳口夹紧纬纱。

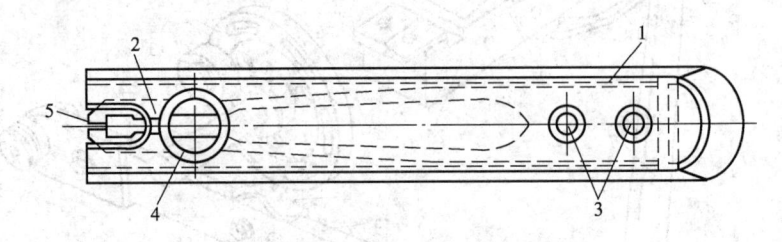

图2-39 片梭
1—梭壳 2—梭夹 3—铆钉 4—圆孔 5—钳口

(2)扭轴投梭装置:如图2-40所示,其核心部件为扭轴9。扭轴9的一端固装在机架上,成为固定端,另一端为自由端,装有投梭棒10,扭轴的自由端还与套轴8连接,套轴中部装有摇臂,投梭棒顶部与投梭滑块11相连。轴套8中部的摇臂通过连杆7,与两个摆杆4连接。摆杆4的回转中心为摆杆回转轴6。投梭凸轮2装在投梭轴1上,投梭轴1借助于一对圆锥形齿轮由织机主轴以1:1的速比传动,在两个摆杆4的中部还装有转子5。织机主轴回转时,通过投梭轴、投梭凸轮和转子带动摆杆绕摆杆回转轴旋转,经连杆、摇臂使扭轴作扭转变形,积聚能量。当投梭动作发生时,扭轴变形恢复、释放能量,驱动投梭棒高速旋转,通过投梭滑块将片梭投向对侧。这时,摆杆逆时针方向摆动,推动与其下端相连的液压缓冲器14,使缓冲器内的油受压缩,从而产生缓冲作用。

(3)片梭制梭装置:如图2-41所示,在片梭进入制梭箱之前,连杆5向左推进,制梭脚3下降,直至下铰链板4和上铰链板6位于一条直线,即进入死点状态。下制梭板2和制梭脚3之间构成了制梭通道。片梭飞入制梭箱后,进入制梭通道,下制梭板和制梭脚的制梭部分采用合成橡胶材料,对片梭产生很大的摩擦阻力,使片梭制停在一定位置上。制梭脚的前侧装有接近开关组合1,上面有接近开关a、b、c。接近开关b用于检测片梭的飞行到达时间,接近开关a、c则用于检测片梭的制停位置。

(4)储纬器:见实验十七"储纬器和布边加固装置"。

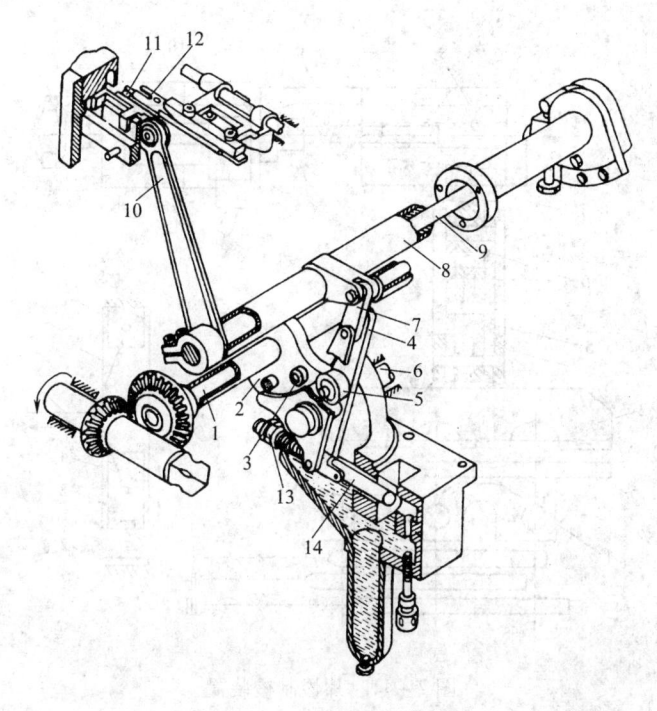

图 2-40 扭轴投梭机构
1—投梭轴　2—投梭凸轮　3—解锁转子　4—摆杆　5—转子　6—摆杆回转轴　7—连杆
8—轴套　9—扭轴　10—投梭棒　11—投梭滑块　12—片梭　13—定位螺钉　14—液压缓冲器

三、实验准备

1. 实验仪器　有梭织机，片梭织机。
2. 实验材料　纬纱。

四、实验内容

1. 有梭引纬原理
2. 有梭引纬主要装置和部件的结构和工作原理
(1)梭子。
(2)投梭装置。
(3)制梭装置。
(4)自动补纬装置。
3. 片梭引纬原理
4. 片梭引纬主要装置和部件的结构和工作原理
(1)片梭。
(2)扭轴投梭装置。
(3)片梭制梭装置。

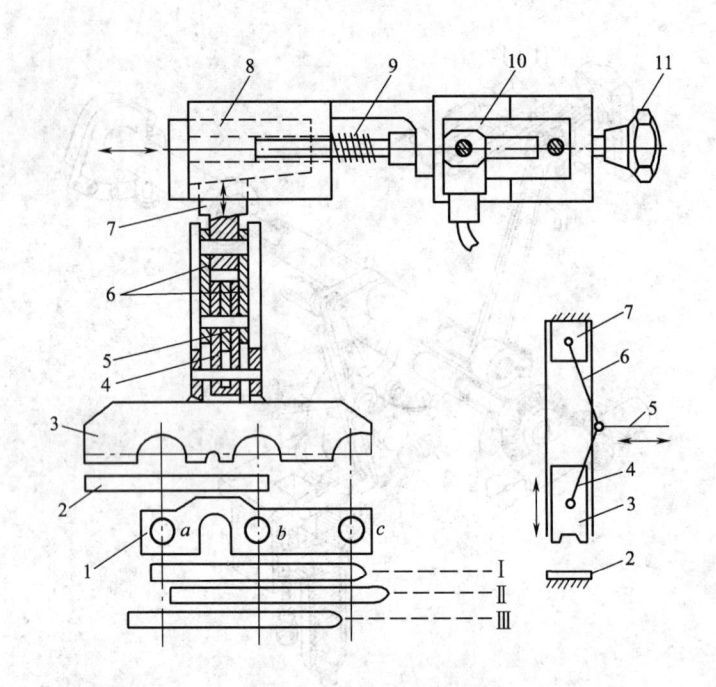

图 2-41 片梭制梭装置

1—接近开关组合　2—下制梭板　3—制梭脚　4—下铰链板　5—连杆　6—上铰链板
7—升降块　8—滑块　9—调节螺杆　10—步进电动机　11—手柄

思 考 题

1. 绘出三轮缓冲装置结构简图。
2. 有梭引纬投梭装置中哪些部位会产生较大的噪声和振动?
3. 分析有梭引纬和片梭引纬的工作原理有何相似点及不同点。为什么片梭引纬在入纬率远高于有梭引纬的前提下,可以降低织机的噪声和振动?

实验十二　剑杆引纬及其主要机构

一、实验目的

(1) 了解剑杆引纬的工作原理和主要机构。
(2) 了解剑杆选纬的工作原理和主要机构。

二、基本知识

(一) 剑杆引纬的形式和特点

剑杆引纬按剑杆数量分为单剑杆引纬和双剑杆引纬,按剑杆形式分为挠性剑杆引纬、刚性剑杆引纬和伸缩剑杆引纬,按剑杆夹持方式分为叉入式剑杆引纬和夹持式剑杆引纬等,夹持式剑杆引纬又分积极式和消极式两种。

剑杆引纬的剑头通用性较强,能适应棉、麻、丝、毛、化纤原料和不同线密度以及不同截面的原料引纬。剑杆引纬的纬丝选色功能强,能方便地进行8色任意选纬,最多可达16色。为此,剑杆引纬特别适用于家纺、领带等多色纬的织造。

(二)剑杆引纬机构(剑杆引纬机构实物照片见教材所附光盘)

(1)引纬工作原理:利用作往复运动的轻质剑杆把纬纱引过梭口。

(2)引纬过程:剑杆织机常用双剑杆引纬,在织机的一侧设储纬器、送纬剑及传剑机构,另一侧有接纬剑及传剑机构。引纬开始时,送纬剑夹持选纬指运送来的纬纱向梭口中移动,将纬纱从储纬器上退解下来引入梭口,送纬剑在梭口中部与接纬剑相遇,两剑进行纬纱交接,然后两剑各自回退,接纬剑夹持纬纱纱端并将其引出梭口,引纬结束时接纬剑释放纬纱纱端。

(3)纬丝交接:送纬剑和接纬剑必须具有一定的交接冲程和交接角,纬丝才能顺利交接成功。

(4)交接方式:双剑杆引纬交接分别由对称交接和跟踪(接力)交接,对称交接是送纬剑和接纬剑基本同时进梭口、同时到达中央和同时回退出梭口,而跟踪(接力)交接是接纬剑进足回退的同时送纬剑继续送剑运动至纬丝交接完成,这种理想交接被广泛用于新一代剑杆织机上。

(三)主要机构及作用

剑杆由剑杆头和挠性剑带或轻质管状或方形刚性杆组成,前者称挠性剑杆,后者为刚性剑杆。大多数挠性剑杆在梭口中穿行时需要由导剑片组成的运行轨道,以便剑头穿行正确、稳定。运行轨道对剑杆和经纱都会产生磨损,尤其不利于无捻长丝织造,为此新一代挠性剑杆织机取消了导剑片,以加大剑轮直径、增加剑带宽度、使用新型剑带材质等其他技术措施保证剑头的穿行稳定。剑杆在梭口中的往复运动由引纬机构驱动,剑杆引纬机构又称传剑机构。剑杆织机的型号不同,相应的传剑机构也形式各异。

剑杆引纬的选纬动作由选纬装置完成。

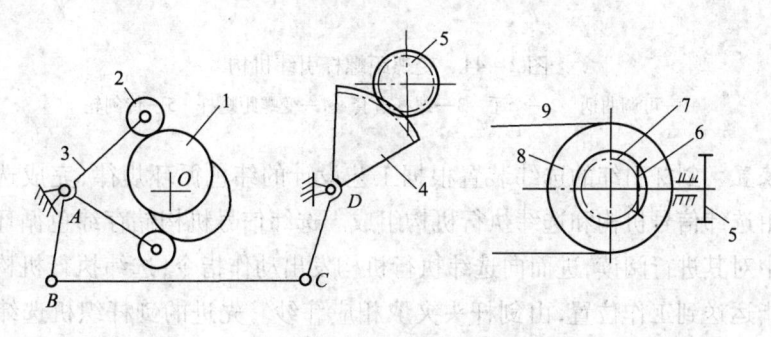

1.共轭凸轮引纬机构 共轭凸轮引纬机构控制剑杆在梭口内的往复运动,它通过共轭凸轮外形轮廓设计,能精确地实现符合引纬工艺要求的剑杆运动规律,有利于提高织机速度、减少引纬断头和纬纱交接失误。共轭凸轮引纬机构常用于双侧挠性剑杆的驱动,图2-42为共轭凸轮引纬机构。

图2-42 共轭凸轮引纬机构
1—共轭凸轮 2—转子 3—角状杆 4—扇形齿轮 5—齿轮 6,7—伞形齿轮 8—传剑轮 9—剑带

2. 空间球面四连杆引纬机构 使用空间球面四连杆引纬机构能使剑杆在运动起始和终了阶段有较大的缓冲，并使剑杆在夹取纬纱和交接纬纱时速度较低。因此，这种引纬机构能减小对剑带和纬纱的冲击，并使纬纱交接顺利。空间球面四连杆引纬机构如图2-43所示。

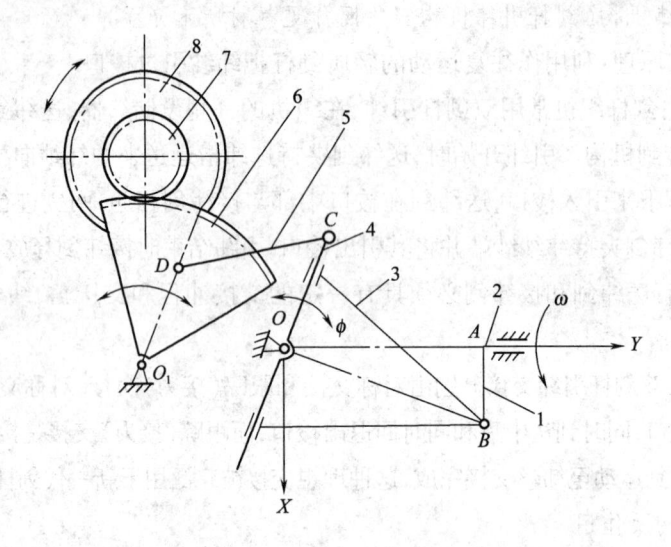

图2-43 空间球面四连杆引纬机构
1—曲柄 2—曲柄轴 3—叉状连杆 4—摆杆 5—连杆 6—扇形齿轮 7—齿轮 8—传剑轮

3. 变螺距螺杆引纬机构 变螺距螺杆引纬机构是一种螺旋推进式引纬机构，体积小、结构紧凑。该机构采用不等螺距的螺杆，能使剑杆运动速度发生变化，满足剑杆引纬工艺的要求。图2-44为变螺距螺杆引纬机构的实物照片。

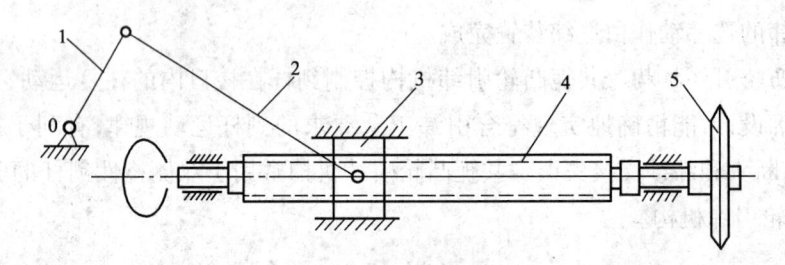

图2-44 变螺距螺杆引纬机构
1—可调曲柄 2—牵手 3—螺杆滑套 4—变螺距螺杆 5—传剑轮

4. 选纬装置 剑杆引纬的选纬装置根据工艺设计的纬色循环规律，完成选纬动作。剑杆选纬装置由选纬信号机构和选纬执行机构组成。选纬信号机构储存纬色循环规律并在织机运转过程中对其进行阅读，进而向选纬执行机构发出动作指令；选纬执行机构将选纬工艺规定的选纬指运送到工作位置，由剑杆头夹取相应纬纱。先进的剑杆织机选纬装置的执行机构以步进电动机或直线电动机驱动选纬指，提高选纬的高速适应性。

在各种无梭引纬中，剑杆引纬选纬装置的工作原理最为合理，工作性能最为优越，结合剑杆头良好的通用性,使得剑杆引纬对于多色、多种纤维和多种形式纬纱织造具有独特的适应性。

5. 储纬器　见实验十七"储纬器和布边加固装置"。

三、实验准备
实验仪器　剑杆织机。

四、实验内容
1. 剑杆引纬机构的工作原理
2. 剑杆选纬装置的工作原理

思 考 题

1. 叙述剑杆引纬机构的工作原理及剑杆运动周期特征。
2. 叙述剑杆选纬装置的工作原理。

实验十三　喷气、喷水引纬及其主要机构

一、实验目的
(1) 了解喷气引纬的工作原理和主要机构。
(2) 了解喷水引纬的工作原理和主要机构。

二、基本知识
(一) 喷射引纬

喷气和喷水引纬通过空气或水的高速射流将纬纱引入到由经纱开口所形成的梭口中,这种引纬方式通称为喷射引纬。

(二) 喷射引纬机构(喷射引纬机构实物照片见教材所附光盘)

1. 喷气引纬机构

(1) 工作原理:利用空气作为引纬介质,通过喷射压缩空气对纬纱产生摩擦牵引力,将储纬器释放的一定长度的纬纱引入梭口。

(2) 引纬过程:从固定筒子上退绕的纬纱被卷绕在定长储纬装置上。引纬时,定长储纬装置释放一定长度的纬纱,通过导纱孔进入主喷嘴内,主喷嘴与压缩空气管相通,经主喷嘴射出的空气射流将纬纱喷入梭口。梭口中沿程设置的多个辅助喷嘴接力补充高速空气射流,保持气流对纬纱的牵引作用,直至纬纱穿越梭口,完成引纬。喷气引纬使用的压缩空气应当无水、无油、无杂。

2. 喷水引纬机构

(1) 工作原理:利用水作为引纬介质,通过喷射水流对纬纱产生摩擦牵引力,将储纬器释放的一定长度的纬纱引入梭口。

(2)引纬过程:从固定筒子上退绕的纬纱被卷绕在定长储纬装置上。引纬时,定长储纬装置释放一定长度的纬纱通过进纱孔进入喷嘴内,喷嘴通过高压水管与喷射泵相通,经喷嘴射出的水射流将纬纱喷入并穿越梭口,完成引纬。

(三)主要装置及作用

1. 喷气引纬主要装置及作用　喷气引纬主要装置包括主喷嘴、辅助喷嘴、防气流扩散装置、压缩空气供气系统和定长储纬装置。

(1)主喷嘴:图2-45所示为一种组合式主喷嘴,由喷嘴壳体1和喷嘴芯子2组成。压缩空气由进气孔4进到环形气室6中,形成强旋流,然后经过喷嘴壳体和喷嘴芯子之间环状栅形缝隙7所构成的整流室5,在B处汇集,此后空气射流将导纱孔3处吸入的纬纱带出喷口C。

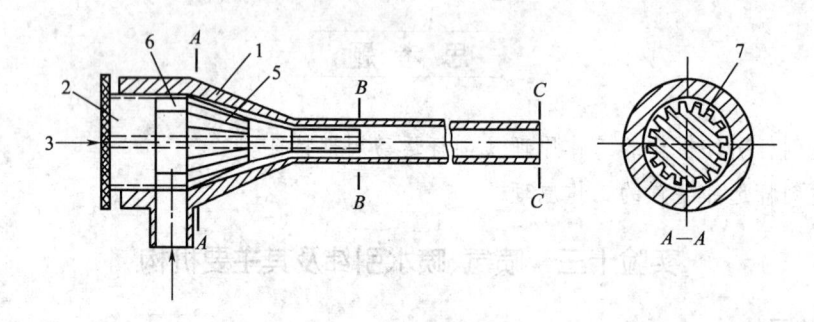

图2-45　组合式主喷嘴结构示意图
1—喷嘴壳体　2—喷嘴芯子　3—导纱孔　4—进气孔　5—整流室　6—环形气室　7—环状栅形缝隙

(2)防气流扩散装置:防气流扩散装置有两种,一种是管道片,另一种是异形筘。异形筘也称槽形筘,其筘片上具有特殊的凹槽,这些凹槽在梭口中形成纬纱通道,并可防止部分气流扩散。管道片头部开有近似圆形的孔,沿梭口排列时孔与孔靠近组成梳形管道,管道片之间留有间隙以容纳经纱。在管道片的径向开有脱纱槽,以便引纬后纬纱从管道中脱出,留在梭口中,这种方式目前很少使用。

(3)辅助喷嘴:安装在异形筘筘槽前方的金属细管,朝引纬方向开有一个或多个小孔。引纬控制电磁阀开启后,压缩空气经调节阀输出,通过电磁阀气室,由软管进入辅助喷嘴内腔,最后从小孔喷出,对纬纱进行接力牵引。

(4)压缩空气供气系统:制备高质量压缩空气,由空气压缩机、储气罐、干燥器、主过滤器、辅助微粒过滤器、微粉雾过滤器等装置组成。

(5)定长储纬装置:见实验十七"储纬器和布边加固装置"。

2. 喷水引纬主要装置及作用　喷水引纬主要装置包括喷射泵、喷嘴、水处理系统和定长储纬装置。

(1)喷射泵:一般采用定速喷射方式,由稳压水箱、进出水阀、引纬水泵三个部分组成。凸轮驱动水泵柱塞将水吸入缸体,同时实现对弹簧的压缩。引纬时,利用弹簧的恢复力驱使柱塞运动,实现吸入到缸体内的水的加压喷射,射流的出流速度通过弹簧刚度和压缩长度来调节。为延长水射流的引纬射程,新型喷水织机采用双喷射泵。

(2)喷嘴:图2-46为一种典型的喷嘴结构,它由喷嘴体3、导纬管1、喷嘴座2和衬管4等组成。压力水流进入喷嘴后,通过环状通道7和六个沿圆周方向均布的小孔6、环状缝隙5,以自由沉没射流的形式射出喷嘴。

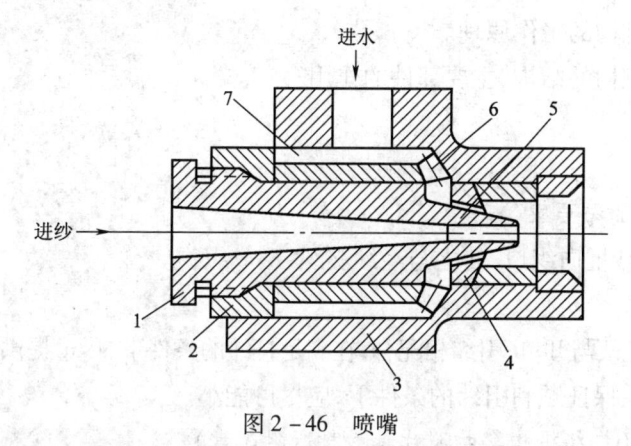

图2-46 喷嘴

1—导纬管 2—喷嘴座 3—喷嘴体 4—衬管 5—环状缝隙 6—小孔 7—环状通道

(3)定长储纬装置:见实验十七"储纬器和布边加固装置"。

三、实验准备

实验仪器　喷气织机,喷水织机。

四、实验内容

1. 喷气引纬原理
2. 喷气引纬过程和喷气引纬的主要装置及作用
(1)主喷嘴。
(2)防气流扩散装置。
(3)辅助喷嘴。
(4)压缩空气供气系统。
3. 喷水引纬原理
4. 喷水引纬过程和喷水引纬的主要装置及作用
(1)喷射泵。
(2)主喷嘴。

思 考 题

1. 简述喷气和喷水引纬原理。
2. 简述喷气和喷水引纬过程。
3. 简述喷气和喷水引纬原理的异同点。

实验十四 织机打纬机构

一、实验目的
(1) 了解打纬机构的工作原理。
(2) 了解打纬机构的结构、主要部件的作用。

二、基本知识
(一) 打纬的目的与要求
1. 目的　将纬纱推向织口,使之与经纱交织,形成织物。
2. 要求
(1) 打纬运动必须与开口、引纬相配合,在满足打纬的条件下,尽量提供较长的引纬时间。
(2) 打纬动程在保证顺利引纬的条件下,应尽可能小。
(二) 打纬机构(打纬机构实物照片见教材所附光盘)

1. 四连杆打纬机构　如图2-47所示,织机主轴1为一根曲轴,其上有两只曲柄2。连杆(也称牵手)3一端通过剖分式结构的轴瓦与曲柄2连接,另一端通过牵手栓4与筘座脚5相连接,筘座脚固定在摇轴9上,筘座8固装在两只筘座脚上。钢筘7通过筘帽6安装在筘座8上。织机主轴和摇轴均安装于墙板上。随着织机主轴回转,筘座脚5以摇轴9为中心作前后方向的往复摆动,当筘座脚5向机前摆动时,由钢筘7将纬纱打向织口,完成打纬运动。

2. 变动程打纬机构　图2-48所示为钢筘前倾式毛巾打纬机构,又称小筘座脚式毛巾打纬机构,是一种打纬动程作长、短变化的打纬机构。织机主轴1回转时,曲柄2通过牵手3带动筘座脚4以摇轴5为中心往复摆动,并用钢筘8推动纬纱,这与普通的四连杆打纬机构相同。当起毛曲柄转子9抬起摆杆10时,摆杆轴11将起毛撞嘴12抬起,撞击小筘座脚13的下端,使小筘座脚除了随筘座脚一起摆动外,同时以转轴14为中心,克服弹簧15的作用,相对于筘座7转过一个角度。此时,装在小筘座脚顶部

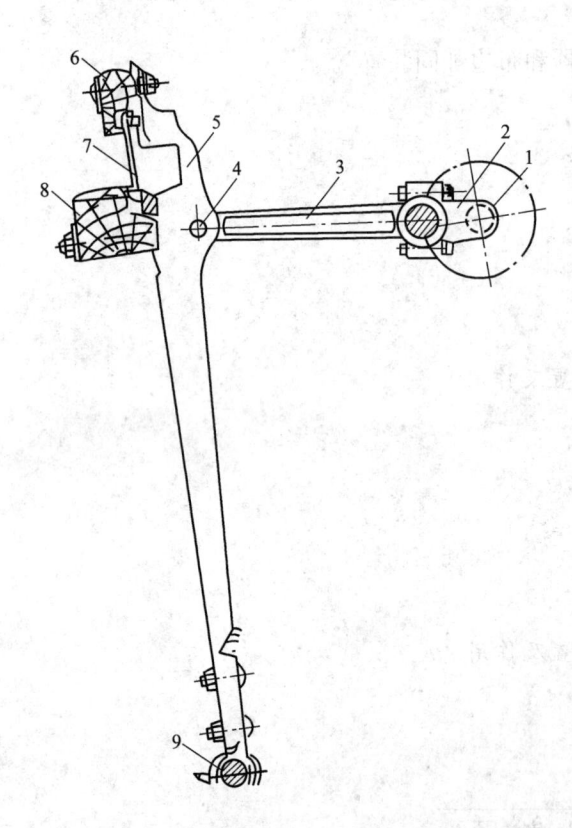

图2-47　有梭织机的四连杆打纬机构
1—织机主轴　2—曲柄　3—连杆　4—牵手栓　5—筘座脚
6—筘帽　7—钢筘　8—筘座　9—摇轴

的筘帽 6 使筘的上端向机前倾斜,增加了一段打纬行程,这样的打纬称为长动程打纬。相反,起毛曲柄转子不抬起摆杆,打纬行程得不到增加,这样的打纬称为短动程打纬。

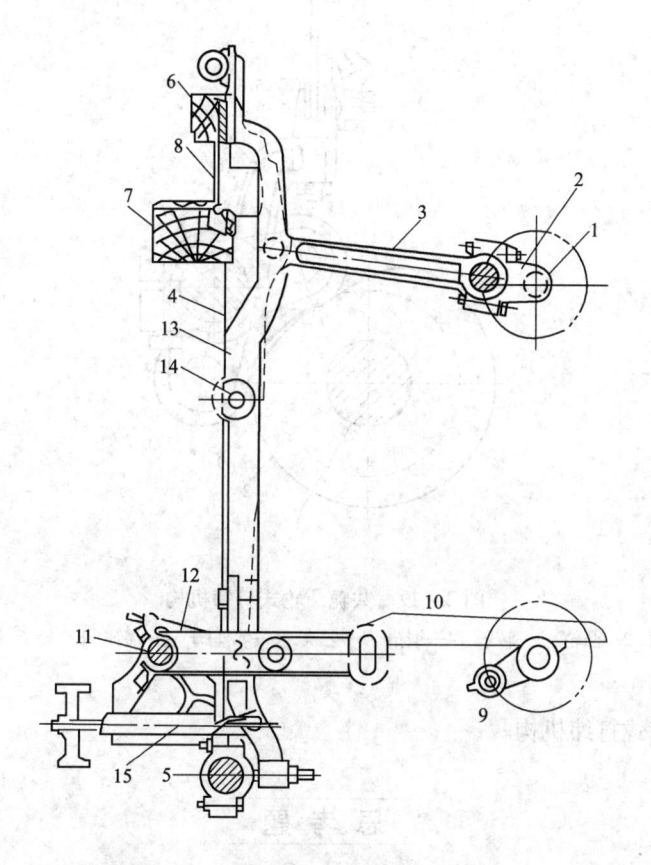

图 2-48 小筘座脚式毛巾织机打纬机构

1—主轴　2—曲柄　3—牵手　4—筘座脚　5—摇轴　6—筘帽　7—筘座　8—钢筘
9—起毛曲柄转子　10—摆杆　11—摆杆轴　12—起毛撞嘴　13—小筘座脚　14—转轴　15—弹簧

3. 共轭凸轮式打纬机构　如图 2-49 所示,在织机主轴 1 上装有一副共轭凸轮 2 和 9。凸轮 2 为主凸轮,驱动转子 3,实现筘座由后向前的摆动;凸轮 9 为副凸轮,驱动转子 8,实现筘座由前向后的摆动。共轭凸轮回转一周,筘座脚 6 绕摇轴 7 往复摆动一次,通过筘夹 5 上固装的钢筘 4 向织口打入一根纬纱。

三、实验准备

实验仪器　各种织机打纬机构。

四、实验内容

打纬机构的结构和工作原理
(1) 四连杆打纬机构。
(2) 变动程打纬机构。

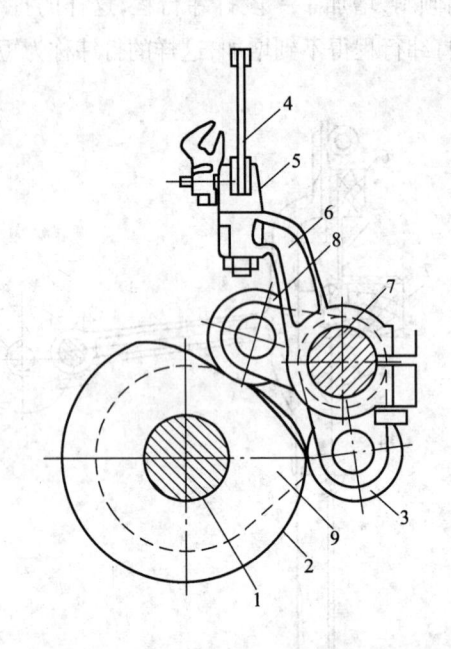

图 2-49 共轭凸轮式打纬机构
1—主轴 2—凸轮 3—转子 4—钢筘 5—筘夹 6—筘座脚 7—摇轴 8—转子 9—凸轮

(3) 共轭凸轮式打纬机构。

思 考 题

1. 打纬机构的主要作用有哪些?
2. 三种典型的打纬机构各有什么特点,常用于哪种织机?

实验十五 织机卷取和送经机构

一、实验目的
(1) 了解卷取机构的工作原理。
(2) 了解卷取机构的结构、主要部件的作用。
(3) 了解送经机构的工作原理。
(4) 了解送经机构的结构、主要部件的作用。

二、基本知识
(一) 卷取机构的作用

将在织口处初步形成的织物引离织口,卷绕在卷布辊上,同时与织机上其他机构相配合,确定织物的纬纱排列密度和纬纱在织物内的排列特征。

(二)卷取机构(卷取机构实物照片见教材所附光盘)

1. 积极式间歇卷取机构

(1)七齿轮积极式间歇卷取机构:图2-50所示为七齿轮积极式间歇卷取机构,用于有梭织机。织机主轴回转一周,织入一根纬纱,卷取杆1往复摆动一次,通过卷取钩2带动棘轮Z_1转过一定齿数(1齿),然后再经轮系$Z_2,Z_3,Z_4\cdots Z_7$,驱使卷取辊3转动,卷取一定长度的织物。

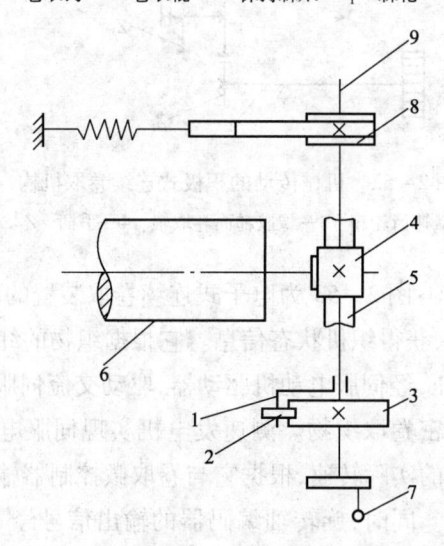

(2)蜗轮蜗杆积极式间歇卷取机构:图2-51所示为蜗轮蜗杆积极式间歇卷取机构,用

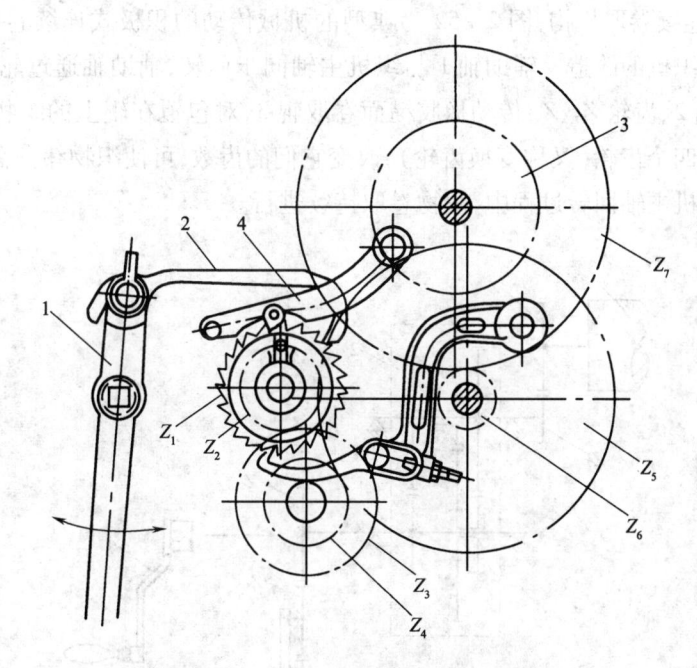

图2-50 七齿轮积极式间歇卷取机构
1—卷取杆 2—卷取钩 3—卷取辊 4—保持棘爪 Z_1—棘轮 $Z_2,Z_3\cdots Z_7$—齿轮

图2-51 蜗轮蜗杆积极式间歇卷取机构
1—推杆 2—棘爪 3—变换棘轮 4—单线蜗杆 5—蜗轮 6—卷取辊 7—手轮 8—制动轮 9—传动轴

于有梭织机。卷取机构的动力来自筘座运动,当筘座由后方向前方运动时,连杆传动推杆1,经棘爪2推动变换棘轮3转过m个齿,再通过单线蜗杆4、蜗轮5带动卷取辊6回转,卷取一定长度的织物。安装在传动轴9一端的制动轮8起到握持传动轴作用,防止传动过程中由惯性而引起的传动轴冲击现象,保证卷取量准确、恒定。当棘爪2受控抬起、脱离变换棘轮3时,可以实现停卷目的,是一种卷取量可变的卷取机构。

2. 积极式连续卷取机构

(1)机械式连续卷取机构:图2－52为典型的机械传动的积极式连续卷取机构,常用于无梭织机和有梭织机的改造。辅助轴1与织机主轴同步回转,辅助轴通过轮系Z_1,Z_2,Z_3…Z_6和减速齿轮箱2、齿轮Z_7、Z_8传动橡胶糙面卷取辊3,对包覆在辊上的织物进行卷取。更换Z_1、Z_2、Z_3、Z_6四个齿轮(又称变换齿轮),改变它们的齿数,可使织物纬密在一个很大的范围内变化。在织机主轴回转过程中,织物卷取持续进行。

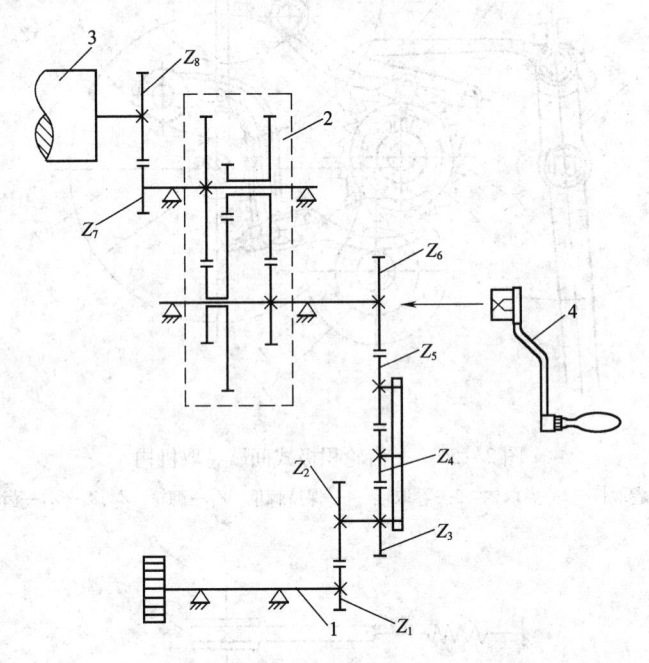

图2－52 机械传动的积极式连续卷取机构
1—辅助轴 2—减速齿轮箱 3—橡胶糙面卷取辊 4—手柄 Z_1,Z_2…Z_8—齿轮

(2)电子式连续卷取机构:图2－53为电子式连续卷取装置的原理框图。卷取微控制器与织机主控计算机双向通讯,获得织机状态信息。它根据织物的纬密(织机主轴一转所得的织物卷取量)输出一定的电压,经伺服电动机驱动器,驱动交流伺服电动机转动,再通过变速机构,传动卷取辊,按预定纬密卷取织物。测速发电机实现伺服电动机转速的负反馈控制,其输出电压代表伺服电动机的实际转速,根据它与卷取微控制器输出的转速给定值的偏差,反馈调节伺服电动机的转速。同时,旋转轴编码器的输出信号经卷取量换算后可得到实际的卷取长度,与由织物纬密换算出的卷取量设定值进行比较,根据其偏差控制伺服电动机的启动和停止。

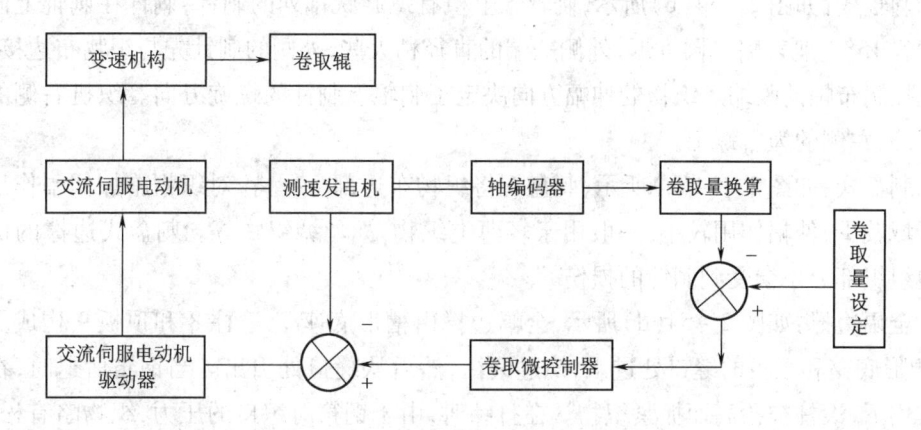

图 2-53 电子式连续卷取装置的原理框图

3. 边撑

(1) 边撑的作用：在织物卷取过程中对织物产生握持伸幅作用，保持织口处织物幅宽基本等于经纱穿筘幅度，防止边经纱断头和钢筘两侧筘齿的过度磨损，使织造正常进行。

(2) 边撑的形式：边撑的形式主要有刺环式、刺辊式、刺盘式和全幅边撑等几种，其中以刺环式应用最多。

① 刺环式：如图 2-54(a) 所示，在边撑轴 1 上依次套入若干对偏心颈圈 2 和刺环 3。偏心颈圈在边撑轴上固定不动，刺环套在偏心颈圈的颈部可以自由转动，其回转轴线与边撑轴线夹角为 α，向织机外侧倾斜。织物依靠边撑盖 4 包覆在刺环上，随着织物的逐步卷取，带动刺环旋转，对织物产生伸幅作用。

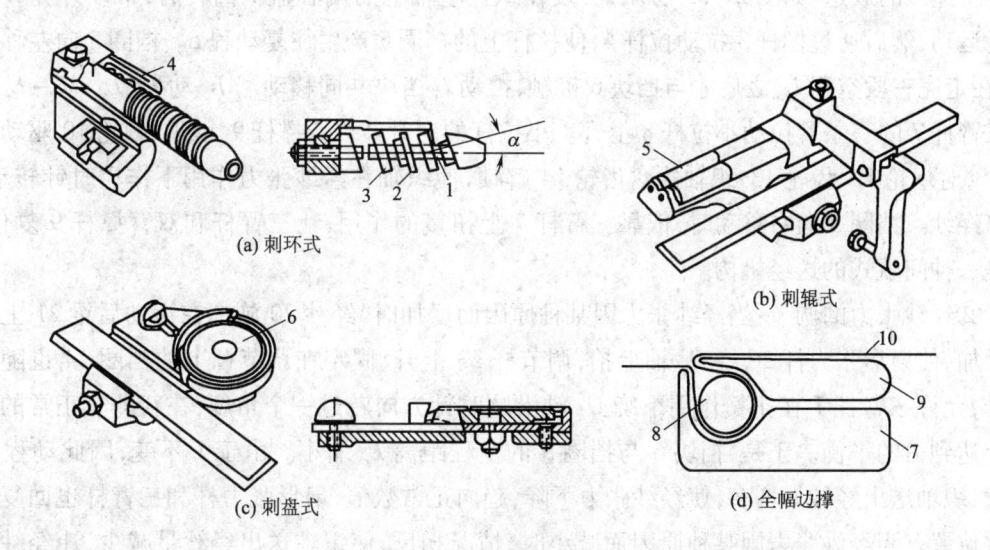

图 2-54 几种常用的边撑
1—边撑轴 2—偏心颈圈 3—刺环 4—边撑盖 5—刺辊 6—刺盘
7—槽形底座 8—滚柱 9—顶板 10—织物

②刺辊式:如图2-54(b)所示,刺辊5上植有螺旋状排列的刺针,刺针在刺辊上向织机外侧倾斜15°。刺辊略呈圆锥形,外侧一端的直径稍大些,外侧的刺针先与织物布边接触,能有效地控制布幅的收缩。织物的伸幅方向决定了刺辊上刺针的螺旋方向。织机右侧的刺辊为左螺旋,左侧的为右螺旋。

③刺盘式:如图2-54(c)所示,刺盘6将织物布边部分握持,对织物施加伸幅作用。其握持区域较少,伸幅作用较小,一般用于轻薄类织物,如丝绸织物等。刺盘式边撑的优点是织物地组织部分不会受到刺针的损伤。

④全幅边撑:如图2-54(d)所示,全幅边撑由槽形底座7、滚柱8和顶板9构成。织物10从槽形底座和顶板的缝口处进入,绕过滚柱,然后从缝口处引出。当钢筘后退时,在经纱张力作用下,滚柱被抬高而抓紧织物。在打纬时,由于钢筘对织口的压力,织物略有松弛,在重力作用下滚柱下落,并在织物重新被抓紧以前进行卷取。在滚柱两端常设有螺纹,左端用右旋螺纹,右端用左旋螺纹,以便增加对织物的伸幅作用。全幅边撑对织物具有良好的握持作用,常用于高经纱张力的厚重织物的织造。

(三)送经机构的作用

送经机构持续从织轴放送出适当长度的经纱,平衡织物不断被卷离而引起的经纱张力上升倾向,使织机上的经纱张力严格地控制在一定范围之内。送经机构分为机械式和电子式两类,都是由经纱放送传动部分和送出量自动调节部分组成。

(四)送经机构简介(送经机构实物照片见教材所附光盘)

1. 机械式送经机构

(1)外侧式送经机构:这种送经机构常用于有梭织机。

①经纱的放送:如图2-55所示,安装在织机主轴上的偏心盘1回转时,带动外壳2作往复运动,然后通过摆杆3拉动拉杆4,使拉杆上的挡圈5产生往复动程L。挡圈5向左移动时,在走完一段空程L_c之后才与挡块6接触,推动着挡块共同移动了L_x动程($L_x = L - L_c$),使三臂杆7的一条臂拉动小拉杆8上升。小拉杆的上升经双臂撑杆9、棘爪、棘轮10驱动蜗杆11,对蜗轮12、齿轮13、织轴边盘齿轮14解锁,使织轴在经纱张力作用下作逆时针转动,放出经纱。挡圈5向右移动时,依靠三臂杆7上扭簧的作用,让三臂杆和双臂撑杆9复位。这是一种间歇式的送经机构。

②经纱张力的调节:当经纱张力因某种原因而增加时,经纱20施加在活动后梁21上的力增加,使扇形张力杆26绕O_4轴上抬,调节杆23上升,固定在调节杆上的挡圈24也随之上升,允许三臂杆7在扭簧作用下绕O_3轴沿顺时针方向转过一个角度,在新的非正常的位置上达到力的平衡。于是,挡块6与挡圈5的空程距离L_c缩小。由于L不变,因此动程L_x增大,织轴送出经纱量增多,使经纱张力下降,趋向正常数值,扇形张力杆和三臂杆也回复到正常位置。当经纱张力因某种原因而减小时,情况相反,使织轴送出经纱量减少,让经纱张力朝着正常数值方向增长,张力调节机构也逐渐恢复正常位置。在织轴由满轴到空轴的变化过程中,作为织轴直径感触部件的转臂15沿顺时针方向转动,转子16在双曲线凸轮板17的弧面上移动,使双曲线凸轮板和调节转臂18以某种规律沿逆时针方向转动,通过连杆19,

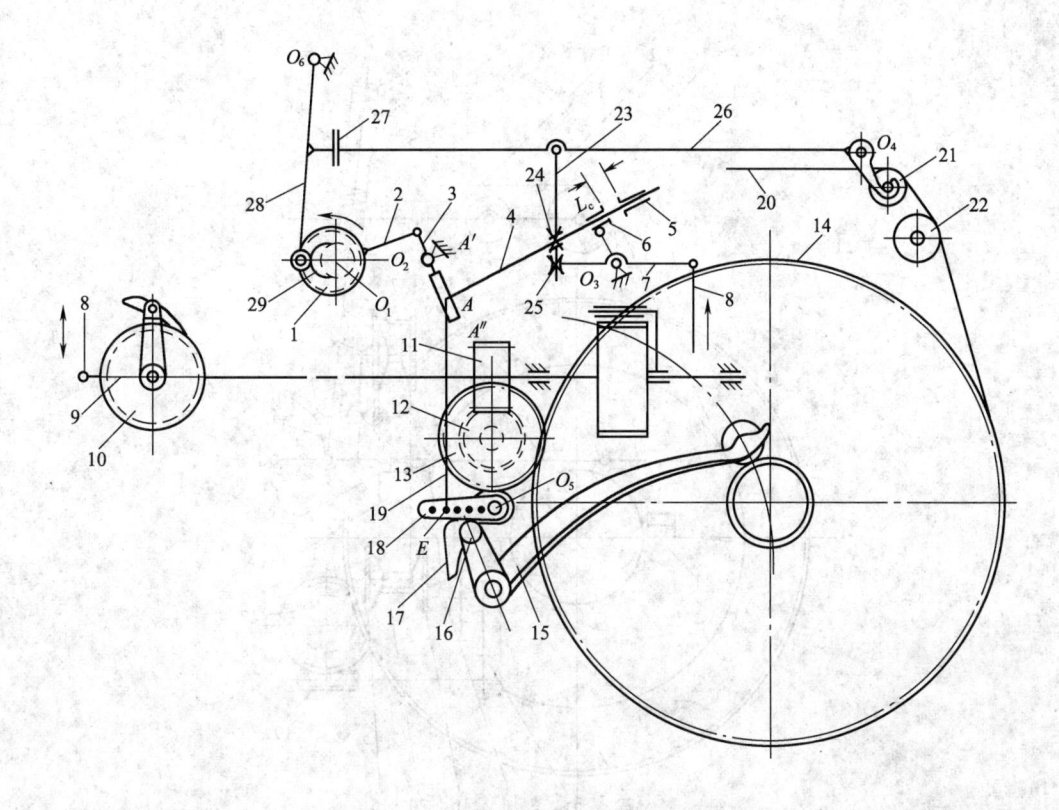

图 2-55 典型的外侧式送经机构

1—偏心盘 2—外壳 3—摆杆 4—拉杆 5—挡圈 6—挡块 7—三臂杆 8—小拉杆 9—双臂撑杆 10—棘轮
11—蜗杆 12—蜗轮 13—齿轮 14—织轴边盘齿轮 15—转臂 16—转子 17—双曲线凸轮板 18—调节转臂
19—连杆 20—经纱 21—活动后梁 22—固定后梁 23—调节杆 24—挡圈 25—挡块
26—扇形张力杆 27—制动器 28—制动杆 29—开放凸轮

使铰链点 A 由 A′ 位置逐步下移到 A″。A 的位置下移使挡圈 5 动程 L 增加,同时空程 L_c 也有所减少,从而 Lx 增大,棘轮 10 的转动齿数 m 增加,使织轴直径逐步减小过程中棘轮转动齿数 m 逐步增加,而每纬送经量维持不变。

(2)带有无级变速器的送经机构:这种送经机构常见于早期的无梭织机。

①经纱送出装置:如图 2-56 所示,主轴转动时,通过传动轮系(图中未画出)带动无级变速器的输入轴 9,然后经锥形盘无级变速器的输出轴 20、变速轮系 21、蜗杆 19、蜗轮 18、送经齿轮 17,使织轴边盘齿轮 22 转动,允许织轴在经纱张力作用下放出经纱。这是一种连续式的送经机构,在织机主轴回转过程中始终发生送经动作。

②经纱张力调节装置:当经纱张力增大时,经纱 2 使活动后梁 1 下移,通过张力感应杆 3、弹簧连杆 4、角形杆 10,克服张力重锤 24 的重力矩和角形杆的阻力矩,使双臂杆 11 作逆时针转动,于是可动锥形轮 8 向固定锥形轮 7 靠近,输入轴 9 上锥形盘的传动半径 D_1 增加,同时,双臂杠杆 14 作顺时针转动,在皮带张力作用下,可动锥形轮 16 远离固定锥形轮 15,输出轴 20 上锥形盘的传动半径 D_2 减小。其结果为每纬送经量增大,经纱张力下降,回复到正常

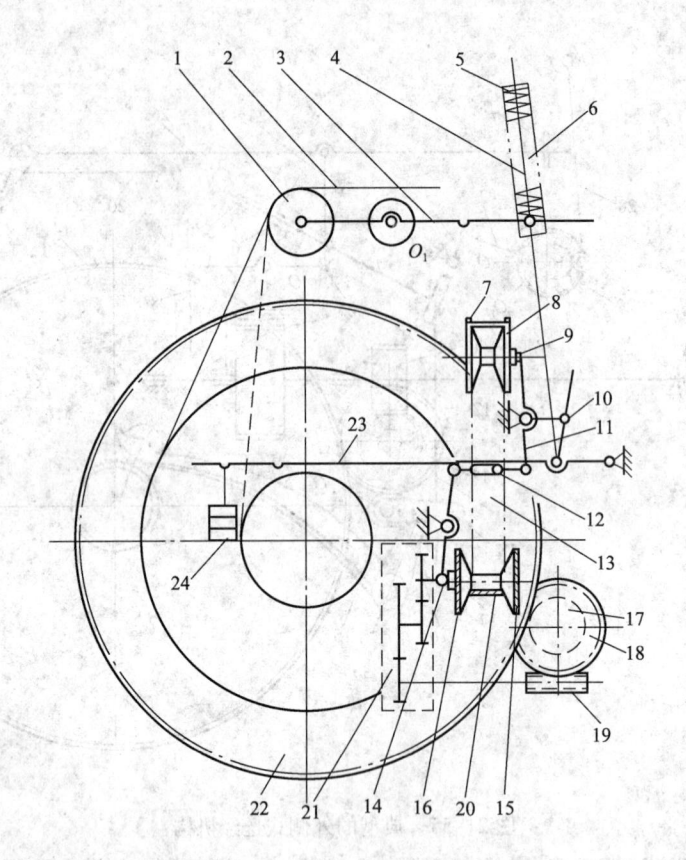

图 2-56 带有无级变速器的送经机构简图

1—活动后梁 2—经纱 3—张力感应杆 4—弹簧连杆 5—螺母 6—弹簧 7,8,15,16—锥形轮
9—输入轴 10—角形杆 11—双臂杆 12—连杆 13—橡胶带 14—双臂杠杆
17—送经齿轮 18—蜗轮 19—蜗杆 20—输出轴 21—变速轮系
22—织轴边盘齿轮 23—重锤杆 24—重锤

数值。相反,当经纱张力减小时,则 D_1 减小,D_2 增大,每纬送经量减小,从而使经纱张力增大,回复到正常数值。

2. 电子式送经机构 电子式送经机构常用于现代无梭织机。

电子式送经机构通过监测后梁位置或通过后梁采集经纱张力变化的全部信息,来控制送经动作。前者的工作原理相对落后,新型无梭织机中已经不再采用。后梁系统输出的张力信号经过处理后,控制系统输出指令,使送经电动机转动,最后由齿轮、蜗轮、蜗杆和制动阻尼器构成的送经传动轮系放出适量经纱。电子式送经机构对经纱张力波动的反应迅速,对张力补偿也比较理想,与电子式连续卷取机构配合,可以有效地抑制织物横档疵点的形成。

三、实验准备

实验仪器 多种织机卷取机构和送经机构,各种形式的边撑。

四、实验内容

1. 不同卷取机构的构造及作用原理

(1)七齿轮积极式间歇卷取机构。

(2)蜗轮蜗杆积极式间歇卷取机构。

(3)机械式连续卷取机构。

(4)电子式连续卷取机构。

2. 不同送经机构的构造及作用原理

(1)外侧式送经机构。

(2)带有无级变速器的送经机构。

(3)电子式积极送经机构。

3. 边撑的结构和作用

(1)刺环式。

(2)刺辊式。

(3)刺盘式。

(4)全幅边撑。

思 考 题

1. 试比较不同卷取机构的特点,归纳卷取技术进步的历程。
2. 试比较不同送经机构的特点,归纳送经技术进步的历程。
3. 为什么要使用边撑?

实验十六 织机经停和纬停装置

一、实验目的

(1)了解经停和纬停装置的工作原理。

(2)了解经停和纬停装置的构造。

二、基本知识

(一)经停和纬停的目的与要求

1. 目的

(1)当经纱或纬纱处于不正常的工作状况时,立即停车,以免在织物上形成织疵,影响织物的质量。

(2)织布工不需要经常注视着经纱或纬纱,从而可以减轻劳动强度,增加看台能力,并使织机的生产效率有所提高。

2. 要求

(1)对处于不正常工作状况的经纱或纬纱能执行及时准确的停车动作。

(2)经停或纬停启动后织机应停在主轴的一定位置上。

(二)经停装置(经停装置实物照片见教材所附光盘)

经停装置又名经纱断头自停装置。每一根经纱穿入一片经停片,当经纱断头或过分松弛时经停片落下能使织机自动停车。常见的经纱断头自停装置有电气式和机械式两类,电气式自停装置又有接触式和光电式两种。目前,以计算机控制的接触式经纱断头电气自停装置在无梭织机上使用较为普遍。

1. 经纱断头电气式自停装置

(1)接触式经纱断头电气自停装置:由经停架、经停片、相互绝缘的正负电极以及执行机构组成。当经纱断头或过度松弛时,经停片下落,使正负电极导通,产生经停信号,执行机构发动织机停车。

(2)光电式经纱断头电气自停装置:以经停架、经停片、成对设置的红外发光管、光电二极管以及执行机构组成。经停片下落,使红外发光管通往光电二极管的光路被阻隔,光电二极管不再受光,于是产生经停信号,执行机构发动织机停车。

2. 经纱断头机械式自停装置　如图2-57所示,中心轴1回转时,经停凸轮2推动联合杆3和回复杆4共同绕轴O_1作上、下摆动,通过连杆15带动摆动齿杆11绕轴O_2进行摆动。当经纱断头或过度松弛时,经停片下落,阻碍了摆动齿杆在两侧极限位置附近的运动。于是,回复杆终止与联合杆的共同运动并且A点上抬,使装在经停杆5上的经停

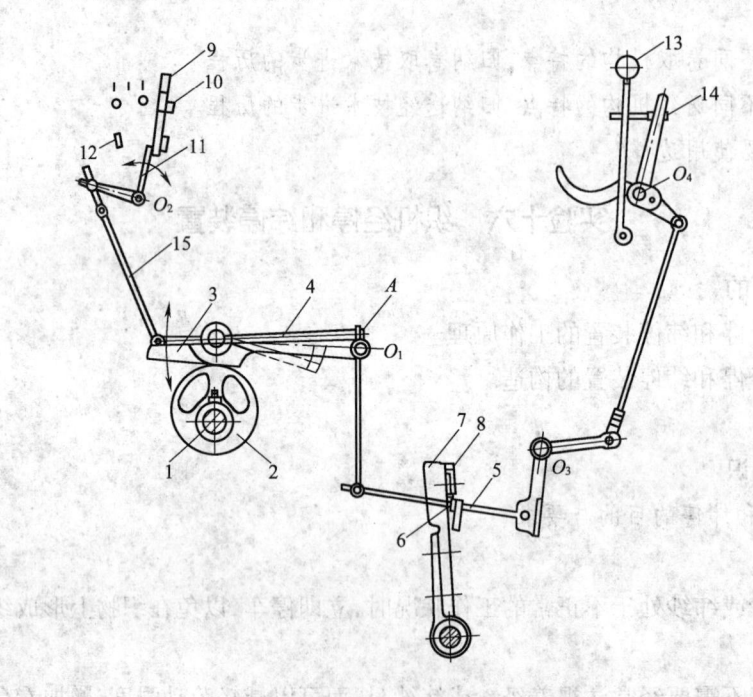

图2-57　经纱断头机械式自停装置

1—中心轴　2—经停凸轮　3—联合杆　4—回复杆　5—经停杆　6—经停杆箍
7—筘座脚　8—卷取指挂脚　9—经停片　10—经停棒　11—摆动齿杆
12—刻齿杆　13—开关柄　14—停机杠杆　15—连杆

杆簧 6 上升到卷取指挂脚 8 的运动轨迹上来。当筘座脚 7 向机后运动时,通过卷取指挂脚、经停杆簧,将经停杆拉向机后,并进一步通过后续机构拉动开关柄 13,实施关车动作。

(三)纬停装置(纬停装置实物照片见教材所附光盘)

纬停装置又名纬纱断头自停装置。纬停装置是引纬不正常或纬纱用完时,使织机停车的装置,无梭织机上通常采用纬纱断头电气式自停装置,有梭织机则采用纬纱断头机械式自停装置。

1. 纬纱断头电气式自停装置　依据纬纱检测形式可分为压电陶瓷传感器式、光电传感器式和电阻传感器式三种形式。

(1)压电陶瓷传感器式:纬纱从储纬器引出后,经过压电陶瓷传感器的导纱孔,张紧状态的纱线以包围角 α 压在传感器的导纱孔壁上。当纱线快速通过导纱孔时,孔壁带动压电陶瓷晶体发生受迫振动,产生交变的电压信号;当引纬不正常时,交变的电压信号停止或异常。织机主控系统对传感器输出的交变电压信号进行判别,发出自停指令,发动关车。这种形式常用于剑杆织机和片梭织机。

(2)光电传感器式:纬纱飞行通道上安装光电探头,探头上装有光源和光电元件,纬纱飞过探头时,对光源发出的光线进行反射,光电元件接受反射光后输出一个纬纱到达信号。织机主控系统对信号的有无以及发出时间进行判别后,发出自停或其他指令。这种形式常用于喷气织机。

(3)电阻传感器式:传感器的两个电极位于纬纱到达侧的钢筘附近,引纬工作正常时,湿润纬纱将电极导通;引纬工作不正常时,电极相互绝缘或导通时间不正确,主控系统依据导通状况发出自停或其他指令。这种形式主要用于喷水织机。

2. 纬纱断头机械式自停装置　有梭织机使用效果较好的是点啄式纬纱断头自停装置,如图 2-58 所示,摆杆 1 绕轴 O_1 作上下摆动,摆杆下降到最低位置时,钢针 2 在织口 5 附近穿过经纱纱层。当纬纱引入梭口并被打入织口之后,钢针 2 被交织到织口之中。然后,摆杆向上摆动,撑头 3 因织口握持钢针而上抬,摆杆上升到最高位置时,钢针从织口中拔出。如果点啄式纬纱断头自停装置所在区域无纬纱引入,则钢针不被织入织口,撑头因自重而下落到碰头 4 的缺口之中。摆杆上摆时,撑头推动碰头转动,并通过后续机构搬动开关手柄关车。

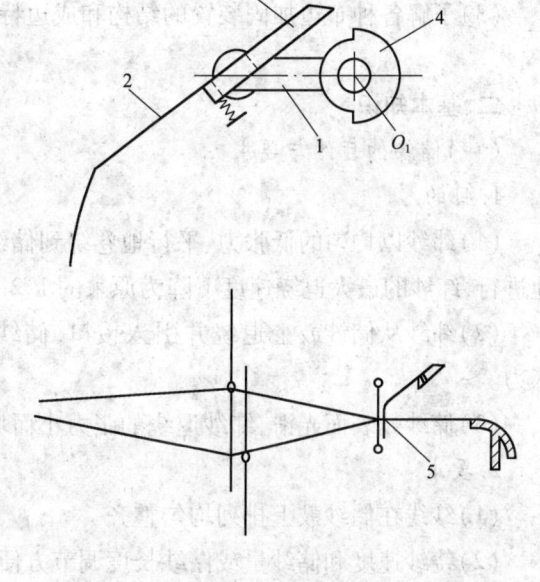

图 2-58　点啄式纬纱断头自停装置
1—摆杆　2—钢针　3—撑头　4—碰头　5—织口

三、实验准备

1. 实验仪器　各种经停装置和纬停装置。
2. 实验材料　经纱和纬纱等。

四、实验内容

1. 经停装置的构造与作用原理

(1)经纱断头电气式自停装置。

(2)经纱断头机械式自停装置。

2. 纬停装置的构造与作用原理

(1)纬纱断头电气式自停装置。

(2)纬纱断头机械式自停装置。

思 考 题

1. 分析不同形式经停装置的特点及其使用场合。
2. 分析不同形式纬停装置的特点及其使用场合。

实验十七　储纬器和布边加固装置

一、实验目的

(1)了解储纬器的工作原理。

(2)了解储纬器的结构。

(3)了解各种布边加固装置的结构和成边特点。

二、基本知识

(一)储纬的目的与要求

1. 目的

(1)纬纱以均匀的低张力、平行地卷绕到储纱鼓表面,使纱线从筒子上退绕的过程连续地进行,纬纱的最大退绕速度下降为原来的 1/2~1/3,退绕张力大大降低。

(2)纬纱从储纱鼓上退绕并引入梭口,储纱鼓直径不会发生变化,可获得均衡的纬纱张力。

(3)储纱鼓表面光滑,纬纱退绕的张力小而均匀,降低纬纱断头率、减少织物纬向疵点。

2. 要求

(1)纱线在储纱鼓上排列均匀整齐。

(2)绕纱速度和储纱量或储纱长度调节方便、准确。

(二)储纬器(储纬器实物照片见教材所附光盘)

储纬器按其用途可分为一般储纬器和定长储纬器;按其绕纱方式又可分为动鼓式和定

鼓式储纬器。动鼓式储纬器由于技术落后,现已基本不用。

1. 一般储纬器　一般储纬器又称储纬器,常用于剑杆和片梭的积极式引纬。图2-59所示为一种典型的一般储纬器结构简图,纬纱从筒子上高速退绕,通过进纱张力器1、电动机的空心轴2,从绕纱盘6的空心管中引出。电动机转动时,空心轴带动绕纱盘旋转,将纱线绕到储纬鼓11上。在圆柱形储纬鼓11的表面上均匀地凸出着十二个锥度导指8,绕在鼓上的纱线受这些锥度导指所构成的锥度影响,自动沿鼓面向前滑移,形成规则整齐的纱圈排列。根据纱线的弹性、特数、纱线与鼓面的摩擦阻力等条件,借助锥度调节旋钮10,可改变锥度导指形成的锥角,以适应不同纱线的排纱要求。在绕纱盘两侧的储纬鼓和机架上,分别安装了强有力的前磁铁盘7、后磁铁盘5,起到将储纬鼓"固定"在机架上的作用。反射式光电传感元件9实现最大储纬量检测。

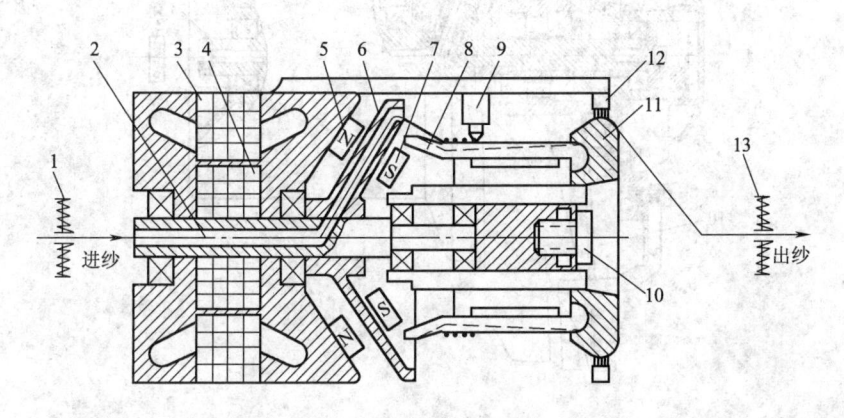

图2-59　一般储纬器结构简图

1—进纱张力器　2—空心轴　3—定子　4—转子　5—后磁铁盘　6—绕纱盘　7—前磁铁盘　8—锥度导指
9—反射式光电传感元件　10—锥度调节旋钮　11—储纬鼓　12—阻尼环　13—出纱张力器

先进的储纬器上锥度导指8作快速微幅移动,进行积极排纱,使储纬鼓11上纱圈排列均匀整齐。同时,光电反射式检测装置对储纬鼓上最小储纬量实施检测,保证引纬的持续进行。

2. 定长储纬器　定长储纬器常用于喷气织机和喷水织机的消极式引纬。与一般储纬器相比,它的结构比较复杂,除储纬外,还起到定长的作用。

典型的定长储纬器结构如图2-60所示。纬纱1通过进纱张力器2穿入到电动机4的空心轴3中,然后经导纱管6绕在由12只指形爪8构成的固定储纱鼓上。摆动盘10通过斜轴套9装在电动机轴上,电动机转动时摆动盘不断摆动,将绕到指形爪上的纱圈向前推移,使储存的纱圈规则整齐地紧密排列。在储纱过程中,磁针体7的磁针落在上方指形爪的孔眼之中(图上以虚线表示),使具有微弱张力的纬纱在该点被磁针"握持",阻止纬纱的退绕,并保证储纱卷绕正常进行。定长储纬器控制箱在收到织机控制系统发来的"织机运行"和"供纬"信号后,使电动机转速升到预置最大值,充分储存纬纱。同时,触发供纬磁针体吸起磁针,释放纬纱,纱圈从储纱鼓上退绕时,磁针一侧的退绕传感器检测并发送退绕圈数信号,

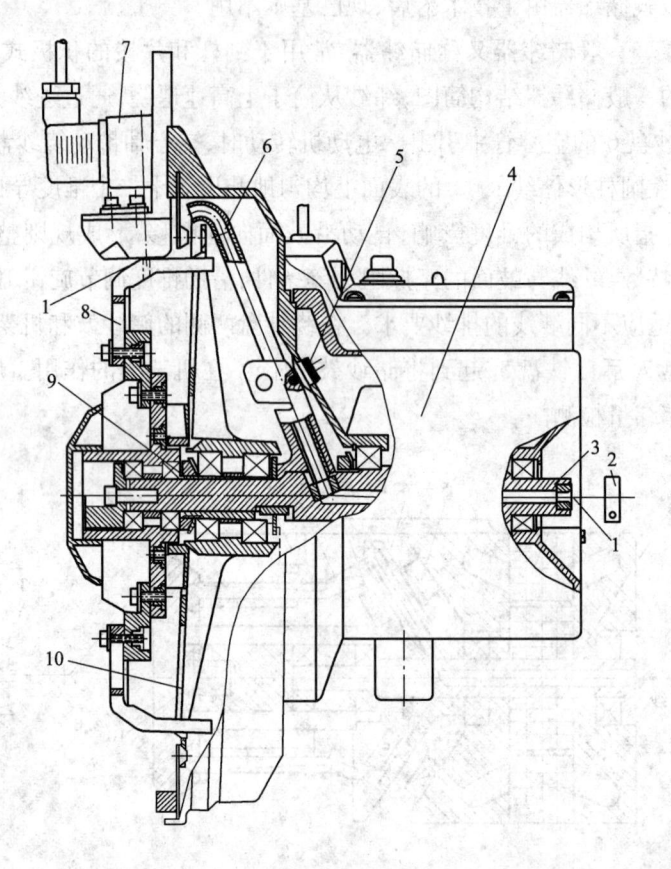

图 2-60 定长储纬器
1—纬纱 2—进纱张力器 3—空心轴 4—电动机 5—测速传感器
6—导纱管 7—磁针体 8—指形爪 9—斜轴套 10—摆动盘

当达到预设定的退绕圈数时,磁针放下,停止纱线的退绕,满足纬纱定长释放的要求。

(三)布边加固的目的与要求

1. 目的　无梭引纬时,纬纱在布边处不连续,形成所谓的毛边,这种毛边的经、纬纱之间没有形成有效的束缚,非常容易脱散。需要通过专门的布边加固装置对毛边进行加固,以形成加固边。

2. 要求　加固方式简单、可靠,不影响织物形成过程,不降低织造效率,不明显增加织造成本。

(四)布边种类及其加固装置

在无梭织机上,布边加固的种类及装置主要有以下几种。

1. 折入边及其装置　折入边装置将上一个梭口内纬纱留在梭口外的部分(一般为10~15mm长),折到下一个梭口内,从而在布边处形成与有梭织机上相类似的光边。在片梭织机采用的折入边装置中,与纬纱接触的部件有边纱钳和钩纱针,两侧各有一组,通过边纱钳和钩纱针的运动配合,形成折入边。其工作过程如图2-61所示。图2-61(a)中,边纱钳1在引纬过程中已夹持住处于一定张力状态下的上一纬纬纱的两端,钩纱针2在打纬后穿过下一纬梭口的下层经纱后,向机外侧方向移动,接近边纱钳上的纬纱。在图2-61(b)中,钩纱针在返回时勾住纬纱端,边纱钳将纬纱释放。在图2-61(c)中,纬纱已被钩纱针勾入到下一纬的梭口中。

2. **纱罗绞边及其装置** 利用一组或几组绞经纱和地经纱在布边处与纬纱构成纱罗组织,纱罗绞边装置的综片结构如图2-62所示。绞边综1、2通过其上部的综耳挂在一对作平纹运动的综框上,U形综3的两臂分别穿过绞边综的导孔,它上部的综耳固定在可作升降运动的吊综挂板(图中未画出)上,吊综挂板的上端与一回综弹簧连接,吊综挂板始终保持将U形综上提。绞经纱穿在U形综的综眼里,地经纱则穿在两片绞边综之间。随着平纹运动的综框升降,绞经纱轮流在地经纱两侧形成梭口并与纬纱交织,形成纱罗组织。

3. **绳状边及其装置** 利用两根边纱相互盘旋构成与纬纱的抱合而形成布边。绳状边的形成机构如图2-63所示,主要由周转轮系组成,壳体齿轮Z受织机主轴的传动,一对对称安装的行星轮Z_1、Z_2装在壳体齿轮上,中心轮Z_3固定不动。行星轮Z_1、Z_2的齿数只是中心轮Z_3的一半。边纱筒子装在行星轮Z_1、Z_2上,并附有张力装置,因此,织造过程中整个系统运动使两根边纱以摆线规律运动,如图中的P_1aP_2、$P_1a'P_2$所示,aa'的距离可调,一般控制在10~14mm,以避免两套装置的碰撞。织机主轴每转一转,壳体齿轮转1/2转,行星轮转过1转,完成一次开口和与纬纱交织成边运动。

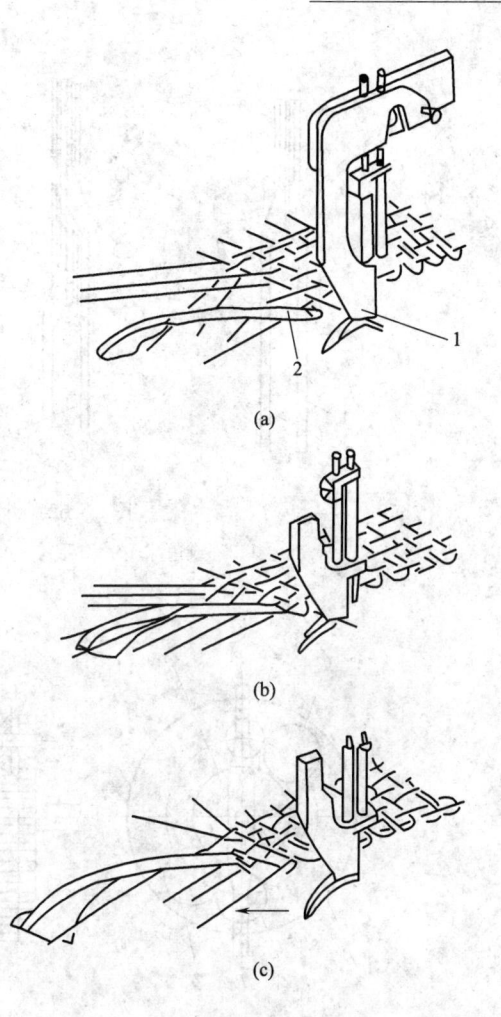

图2-61 片梭织机上折入边的形成
1—边纱钳 2—钩纱针

三、实验准备

1. **实验仪器** 各种储纬器和布边加固装置。
2. **实验材料** 纬纱。

四、实验内容

1. 不同储纬器的结构与工作原理

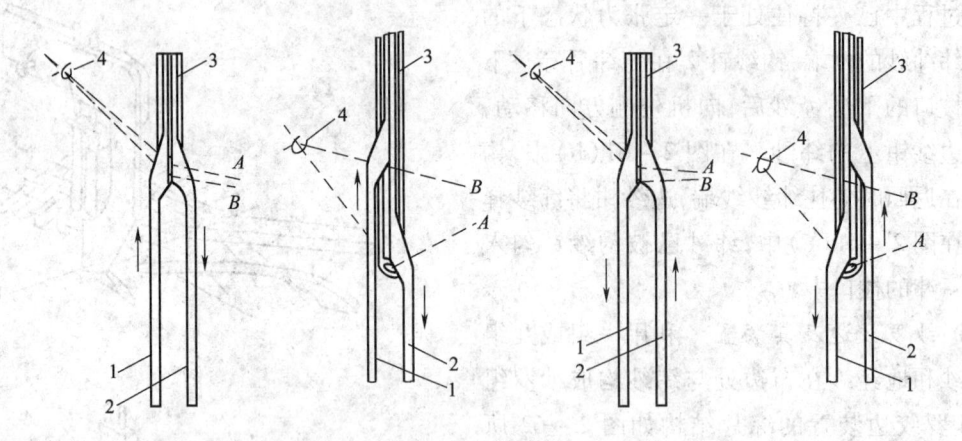

图 2-62 纱罗绞边装置的综片

1,2—绞边综 3—U 形综 4—导纱杆 A—绞经纱 B—地经纱

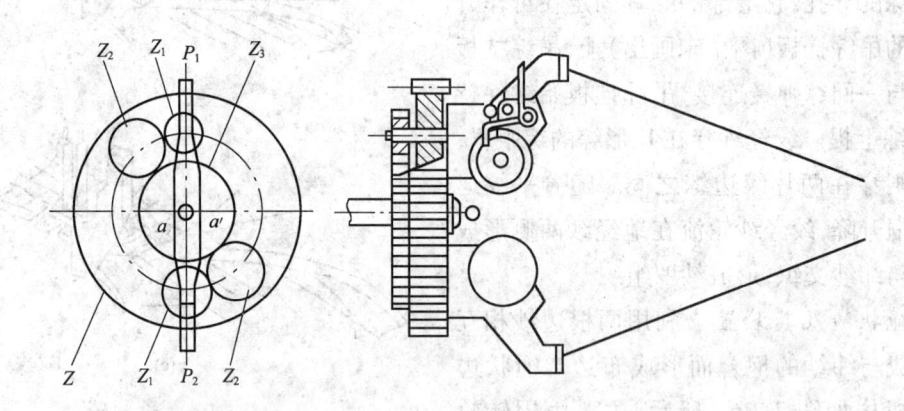

图 2-63 绳状边的成边机构

(1) 一般储纬器。
(2) 定长储纬器。

2. 了解不同布边加固方式及相应装置

(1) 折入边及其装置。
(2) 纱罗绞边及其装置。
(3) 绳状边及其装置。

思 考 题

1. 试述各种储纬器的工作原理与结构。
2. 为什么无梭织造需要进行布边加固?
3. 试述不同布边加固方式及相应装置。

第二节 织物组织的认识性实验

实验十八 平纹及其变化组织的认识

一、实验目的

(1)了解平纹及其常见变化组织的交织规律。
(2)熟悉平纹及其变化组织的基本分析方法。
(3)掌握在织样机上试织平纹及其变化组织的操作方法。

二、基本知识

平纹是三原组织之一,其组织特征是:构成平纹的组织循环经纱数 R_j 和组织循环纬纱数 R_w 符合 $R_j = R_w = 2$,经向飞数 S_j 和纬向飞数 S_w,满足 $S_j = S_w = \pm 1$,见图2-64(a)。

平纹织物的特点是表面平坦,质地坚牢。

通过延长平纹组织的组织点而获得的组织称为平纹变化组织。若沿经向均匀延长平纹组织的经组织点(经浮长线长短相同),将获得经重平组织,如图2-64(b)所示;若沿经向非均匀延长平纹组织的经组织点(经浮长线长短不同),将获得变化经重平组织,如图2-64(c)、(d)所示;若沿纬向均匀延长平纹组织的纬组织点,将获得纬重平组织,如图2-64(e)所示;若沿纬向非均匀延长平纹组织的纬组织点,将获得变化纬重平组织,如图2-64(f)所示;若沿经纬两个方向均匀延长平纹组织的经、纬组织点,将获得方平组织,如图2-64(g)所示;若沿经纬两个方向非均匀延长平纹组织的经、纬组织点,将获得变化方平组织,如图2-64(h)所示。

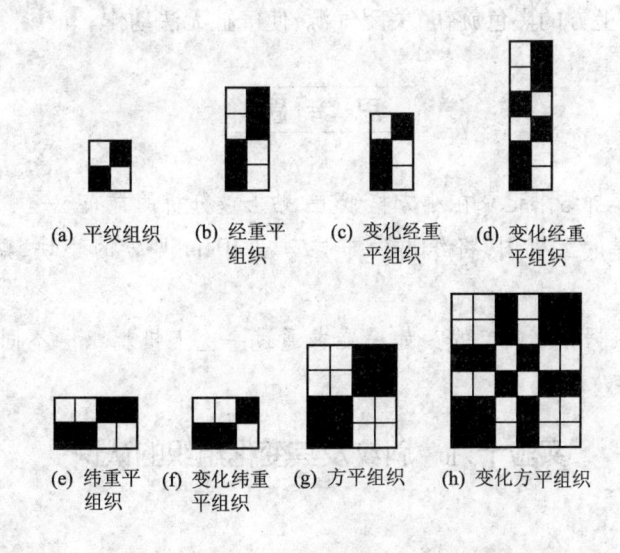

(a) 平纹组织　(b) 经重平组织　(c) 变化经重平组织　(d) 变化经重平组织

(e) 纬重平组织　(f) 变化纬重平组织　(g) 方平组织　(h) 变化方平组织

图2-64 平纹及其变化组织

三、实验准备

1. 实验仪器　剑杆织样机及其配套装置(穿综架、综框、钢筘等);插筘刀,穿综钩,照布镜,分析针,小方格记录纸。

2. 实验材料

(1)经、纬纱线:各种股线、网络丝等。

(2)样布:平纹及其变化组织样布多种,各剪成3cm见方的小块。

四、实验内容和实验步骤

1. 实验内容

(1)确定织物样布的正、反面和经、纬向。

(2)用照布镜和分析针分析样布的组织,在小方格记录纸上记录分析结果,绘制上机图。

(3)在剑杆织样机上试织平纹及其变化组织布样。

2. 试织实验步骤　实验前,预先调整好上机工艺参数,按下述步骤进行试织。

(1)按照上机图进行穿综、穿筘,然后将穿好的经纱与卷布辊连接并绑好。

(2)打开剑杆织样机配用的空气压缩机、计算机控制台。

(3)启动计算机中的"纹板图设计软件",按上机图绘制纹板图,并保存纹板图。

(4)启动计算机中的"剑杆织样机控制系统",调用设计好的纹板图,必要时修改纬纱密度、织造纬纱数目或长度等织造参数。

(5)织造一段织物。

(6)继续织造其他组织的织物,根据上机图重新设计纹板图,必要时需重新穿综、穿筘和设置织造参数。

3. 实验注意事项　使用全自动剑杆织样机时,遇到紧急事故立刻做如下处理。

(1)将位于控制台的紧急停止按钮压下,织样机立刻停止工作。

(2)旋转机器右上方的黑色旋钮,关闭气源,使气缸无法动作。

思 考 题

1. 将织物组织分析结果记录在小方格纸上,贴上被分析的样布。

2. 绘出试织布样的上机图,将织出的布样剪出10cm见方的小块,贴在相应上机图的下方。

3. 穿综规律是根据什么确定的?如果要求通过一次上机就织出不同的平纹变化组织,则穿综方法如何确定?

实验十九　斜纹及其变化组织的认识

一、实验目的

(1)了解斜纹及其常见变化组织的交织规律。

(2)熟悉斜纹及其变化组织的基本分析方法。
(3)掌握在织样机上试织斜纹及其变化组织的操作方法。

二、基本知识

斜纹及其变化组织的特点是在组织图上有经组织点或纬组织点构成的斜线,斜纹组织的织物表面上有经(或纬)浮长线构成的向左或向右的斜向织纹。

斜纹是三原组织之一,其组织特征是:$R_j = R_w \geq 3, S_j = S_w = \pm 1$。

斜纹组织根据斜纹斜向分左斜纹(↖)和右斜纹(↗),根据组织中经组织点的多少分经面斜纹和纬面斜纹,前者经组织点占多数,后者正好相反。图2-65(a)、(b)是斜纹组织的典型示例。

常见斜纹变化组织有加强斜纹、复合斜纹、角度斜纹、山形斜纹、破斜纹等,它们由斜纹组织通过简单变化获得:例如,以斜纹组织为基础,在其组织点旁(经向或纬向)均匀延长组织点,将获得加强斜纹,如图2-65(c)所示;若非均匀延长组织点,将获得由两条或两条以上粗细不同的、同方向的斜纹线构成的复合斜纹,如图2-65(d)所示;若以斜纹、加强斜纹或复合斜纹为基础,增加经向或纬向飞数值,将获得斜纹线倾斜角度 β 不等于45°的角度斜纹,增加经向飞数将获得 $\beta > 45°$ 的急斜纹,如图2-65(e)所示;增加纬向飞数将获得 $\beta < 45°$ 的缓斜纹,如图2-65(f)所示;以斜纹、加强斜纹或复合斜纹为基础,改变组织点飞数的正负号,也即改变斜纹线的方向,可获得山形斜纹,其特点是斜纹线的方向一半向右斜,一半向左斜,如图2-65(g)所示;破斜纹与山形斜纹类似,不同点在于左右斜纹的交界处有一条明显的分界线,分界线两边的经纬组织点恰好相反,如图2-65(h)所示。

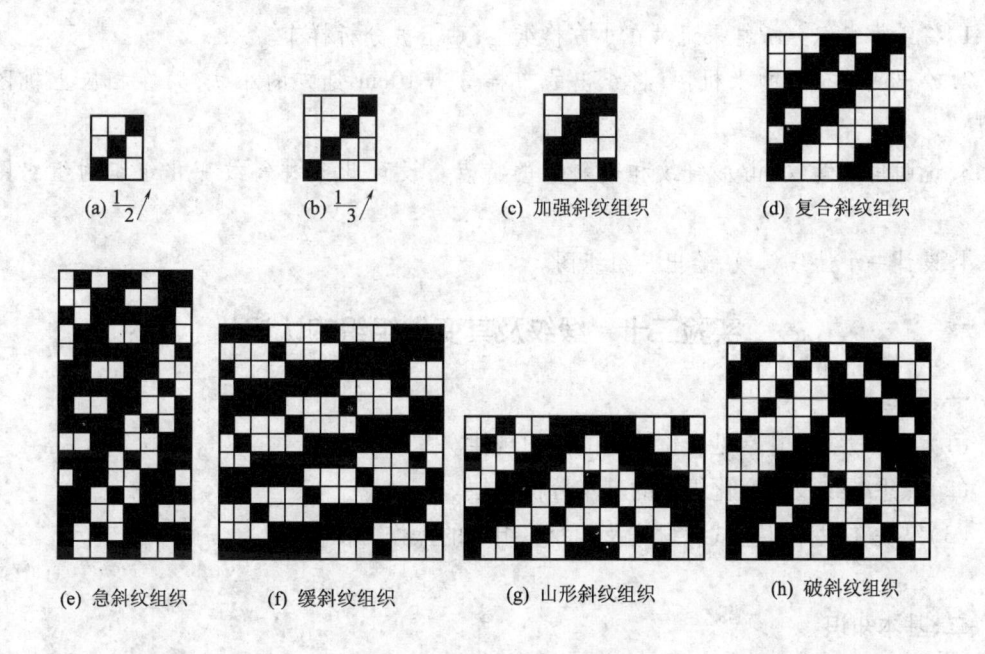

(a) $\frac{1}{2}$ ↗ (b) $\frac{1}{3}$ ↗ (c) 加强斜纹组织 (d) 复合斜纹组织

(e) 急斜纹组织 (f) 缓斜纹组织 (g) 山形斜纹组织 (h) 破斜纹组织

图2-65 斜纹及其变化组织

若同时采用多种变化手段,可获得使斜纹线呈现各种花纹的斜纹变化组织,如曲线斜纹、菱形斜纹、锯齿形斜纹、芦席斜纹、螺旋斜纹、阴影斜纹、夹花斜纹等。例如,曲线斜纹常以复合斜纹或角度斜纹为基础,变化经(或纬)向飞数(改变飞数数值或同时改变数值和正负号),从而获得斜纹线呈现曲线的外观。

三、实验准备

1. 实验仪器 剑杆织样机及其配套装置(穿综架、综框、钢筘等),插筘刀,穿综钩,照布镜,分析针,小方格记录纸。

2. 实验材料

(1)经、纬纱线:各种股线、网络丝等。

(2)样布:斜纹及其变化组织样布多种,各剪成3cm见方的小块。

四、实验内容和实验步骤

1. 实验内容

(1)确定织物样布的正、反面和经、纬向。

(2)用照布镜和分析针分析样布的组织,在小方格记录纸上记录分析结果,并绘制上机图。

(3)在剑杆织样机上试织斜纹及其变化组织布样。

2. 试织实验步骤和实验注意事项 参见实验十八"平纹及其变化组织的认识"。

思 考 题

1. 将织物组织分析结果记录在小方格纸上,贴上被分析样布。

2. 绘出试织布样的上机图,将织出的布样剪出10cm见方的小块,贴在相应上机图的下方。

3. 说明角度斜纹、山形斜纹和破斜纹的特点。设计此三种斜纹变化组织的组织图各一个。

4. 设计一个曲线斜纹,绘出其组织图。

实验二十 缎纹及其变化组织的认识

一、实验目的

(1)了解缎纹及其常见变化组织的交织规律。

(2)熟悉缎纹及其变化组织的基本分析方法。

(3)掌握在织样机上试织缎纹及其变化组织的操作方法。

二、基本知识

缎纹组织是三原组织的一种,其特点是:$R_j = R_w \geq 5$(6除外),$1 < S_j$、$S_w < R - 1$,R 和 S 互

为质数。缎纹组织的任何一根经纱或纬纱上仅有一个经组织点或纬组织点,这些单独组织点彼此相隔较远,均匀分布。由于这些单独组织点在织物上被其两侧的经(或纬)浮长线所遮盖,在织物表面都呈现经(或纬)浮长线,因此布面平滑匀整、富有光泽、质地柔软。缎纹组织的经、纬向飞数保持不变,因此又名正则缎纹,缎纹组织也有经面缎纹和纬面缎纹之分,如图2-66(a)、(b)所示。

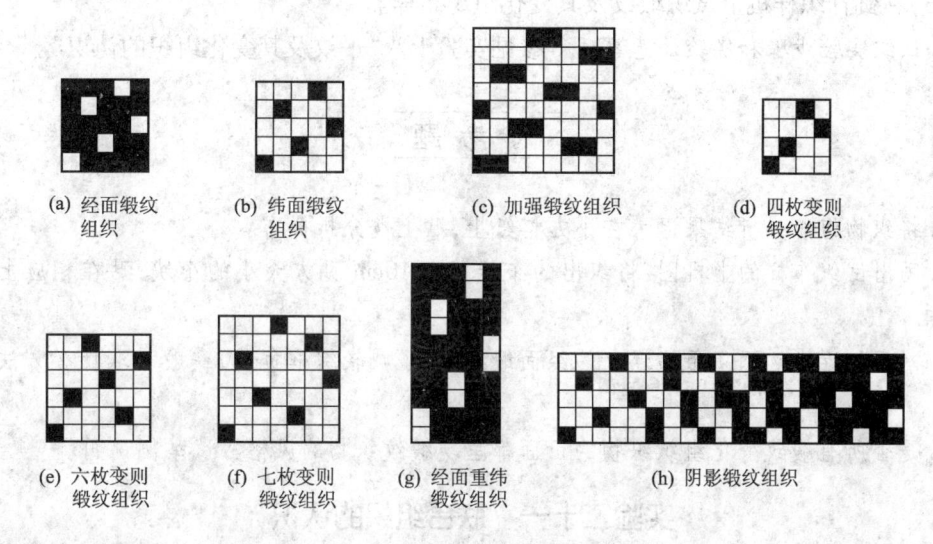

(a) 经面缎纹组织　(b) 纬面缎纹组织　(c) 加强缎纹组织　(d) 四枚变则缎纹组织

(e) 六枚变则缎纹组织　(f) 七枚变则缎纹组织　(g) 经面重纬缎纹组织　(h) 阴影缎纹组织

图2-66　缎纹及其变化组织

缎纹变化组织多数采用增加经(或纬)组织点、变化组织点飞数或延长组织点的方法构成。例如,当缎纹的浮长线很长时,在其单个经(或纬)组织点四周添加单个或多个经(或纬)组织点将形成加强缎纹,如图2-66(c)所示;某些组织循环数(如6)无法构成正则缎纹,而另一些组织循环数(如7)的正则缎纹的组织点无法分布均匀,采用变化飞数的方法,则可获得组织点分布较为均匀的缎纹,称为变则缎纹,如图2-66(d)、(e)、(f)所示;若延长缎纹组织的纬(或经)向组织循环根数,也即延长组织点的经向(或纬向)浮长,可获得重缎纹,如图2-66(g)所示;加强缎纹、变则缎纹和重缎纹是比较常见的缎纹变化组织。

此外,连续采用或组合采用上述变化方法,亦可获得多种风格的缎纹变化组织,如阴影缎纹组织,如图2-66(h)所示。

三、实验准备

1. 实验仪器　剑杆织样机及其配套装置(穿综架、综框、钢筘等),插筘刀,穿综钩,照布镜,分析针,小方格记录纸。

2. 实验材料

(1)经、纬纱线:各种股线、网络丝等。

(2)样布:缎纹及其变化组织样布多种,各剪成3cm见方的小块。

四、实验内容和实验步骤

1. 实验内容

(1)确定织物样布的正、反面和经、纬向。

(2)用照布镜和分析针分析样布的组织,在小方格记录纸上记录分析结果,并绘制上机图。

(3)在剑杆织样机上试织缎纹及其变化组织布样。

2. 试织实验步骤和实验注意事项　参见实验十八"平纹及其变化组织的认识"。

思 考 题

1. 将织物组织分析结果记录在小方格纸上,贴上被分析样布。

2. 画出试织布样的上机图,将织出的布样剪出 10cm 见方大小的小块,贴在相应上机图的下方。

3. 对于经浮点远远多于纬浮点的经面缎纹,为了减轻综框负载,一般采取什么方法进行织造?

4. 是否所有缎纹变化组织织物的正面都呈现缎纹织物的风格?试举例说明。

实验二十一　联合组织的认识

一、实验目的

(1)了解联合组织的联合方法、交织规律及其常见组织。

(2)熟悉联合组织的基本分析方法。

(3)掌握在织样机上试织联合组织的操作方法。

二、基本知识

联合组织是将两种或两种以上的组织(原组织或其变化组织)按不同方法联合形成的新组织。联合方法多种多样,可以是两种组织的简单合并,也可以是两种组织纱线的交互排列,或者在某一组织上按另一组织的规律增加或减少组织点等。联合组织利用不同纹理的组织,使织物获得特殊的外观效应,如条格、起绉、透孔、蜂巢、凸条等,各种联合组织也由其外观效应而得名。

例如,条格组织是由两种或两种以上的组织并列配置而获得的。由于不同组织的外观效应不同,因此在其织物表面呈现清晰的条或格的外观。常见条格组织有纵条纹组织[不同组织左右并列配置,如图 2—67(a)]、方格组织[经面组织和纬面组织成格形间跳配置,如图 2—67(b)]和格子组织(纵条纹组织和横条纹组织联合构成)。

绉组织是利用织物组织中不同长度的经、纬浮长线在纵横方向错综排列,从而使织物表面形成分散且规律不明显的细小颗粒状外观,即绉效应。构成绉组织的方法有多种,图 2—67(c)是调整 $\frac{2}{1}\frac{1}{2}$ 斜纹变化组织的纱线次序获得的绉组织。

透孔组织是平纹和重平组织交互排列,借助重平组织的长浮线使其两侧交织规律相同的平纹组织纱线向其靠拢,从而在并列的、沉浮相反的浮长线之间形成缝隙,纵向缝隙和横向缝隙相交处即为孔眼。简单透孔组织的孔眼呈满地规则排列,如图2-67(d)所示。若利用其他组织与透孔组织联合,则可形成孔眼呈各式花型的花式透孔组织。

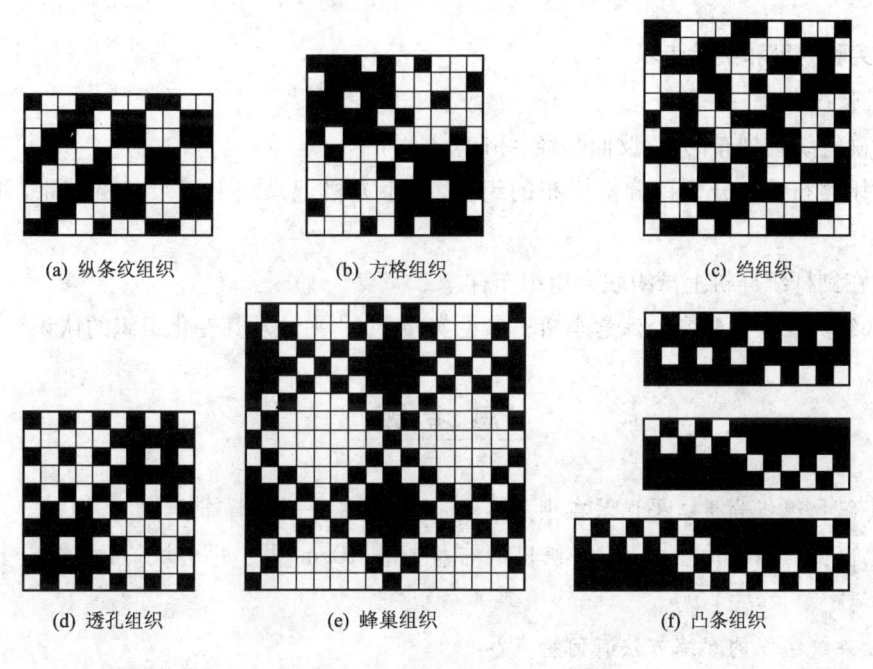

(a) 纵条纹组织　　(b) 方格组织　　(c) 绉组织

(d) 透孔组织　　(e) 蜂巢组织　　(f) 凸条组织

图2-67　联合组织

蜂巢组织是由平纹组织(交织点多)和浮长线组织(交织点少)逐渐过渡、相间配置,在织物表面形成规则的、边高中低的四边形凹凸花纹,形如蜂巢。图2-67(e)是一个简单蜂巢组织,稍加变换亦可获得不同形状的变化蜂巢组织。

凸条组织是由浮线较长的重平组织和另一种简单组织联合而成,重平组织以浮长线构成织物反面,简单组织固结浮长线并形成织物正面,两组织协同产生了织物正面凸条的外观。若以简单组织固结纬重平的纬浮长线,则获得纵凸条组织,若以简单组织固结经重平的经浮长线,则获得横凸条组织。图2-67(f)(上)是以平纹组织固结$\frac{6}{6}$纬重平组织获得的纵凸条组织。在实际生产中,为增加凸条效应,常将两根纬浮长线靠拢在一起[图2-67(f)(中)],有时还在两凸条之间加入两根平纹组织的经纱[图2-67(f)(下)],甚至在凸条中间衬垫较粗的芯线,以增加凸条的隆起程度。改变重平组织和简单组织的联合方式,亦可获得各种花式凸条组织。

此外,还有网目组织、平纹地小提花组织等。

三、实验准备

1. **实验仪器**　剑杆织样机及其配套装置(穿综架、综框、钢筘等),插筘刀,穿综钩,照布镜,分析针,小方格记录纸。

2. 实验材料

(1)经、纬纱线:各种股线、网络丝等。

(2)样布:联合组织样布多种,各剪成3cm见方的小块。

四、实验内容和实验步骤

1. 实验内容

(1)确定织物样布的正、反面和经、纬向。

(2)用照布镜和分析针分析样布的组织,在小方格记录纸上记录分析结果,并绘制上机图。

(3)在剑杆织样机上试织联合组织布样。

2. 试织实验步骤和实验注意事项　参见实验十八"平纹及其变化组织的认识"。

思 考 题

1. 将织物组织分析结果记录在小方格纸上,贴上被分析的样布。

2. 绘出试织布样的上机图,将织出的布样剪出10cm见方的小块,贴在相应上机图的下方。

3. 纵条纹组织的穿综方法有何特点?

4. 深入理解浮长线在各种联合组织中的作用。

实验二十二　复杂组织的认识

一、实验目的和要求

(1)了解复杂组织的交织规律及其常见组织。

(2)熟悉复杂组织的基本分析方法。

(3)掌握在织样机上试织复杂组织的操作方法。

二、基本知识

所谓复杂组织,是指在其经、纬纱中,至少有一种是由两个或两个以上系统的纱线组成。采用这种组织可增加织物的厚度而表面细致,或改善织物的透气性而结构稳定,或提高织物的耐磨性而质地柔软,或能得到一些简单织物无法得到的性能和结构等。

例如,利用多系统经纱和单系统的纬纱,或单系统经纱和多系统纬纱,可构成经重组织或纬重组织,如常见的经二重组织[图2-68(a)]、纬二重组织[图2-68(b)],经(纬)起花组织和表里换纬纬二重组织等。

利用多系统经纱和多系统纬纱可构成多层织物,常用的有双层的管状组织[图2-68(c)]、双幅织物组织、表里换层双层组织和接结双层组织等。图2-68(d)是牙签条织物常

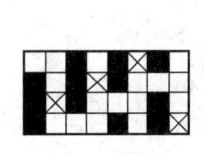

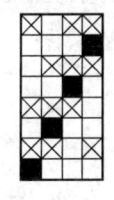

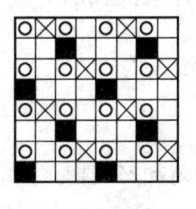

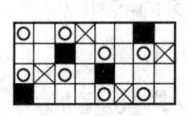

(a) 经二重组织　　(b) 纬二重组织　　(c) 管状组织　　(d) 牙签条织物组织图

注："■"代表表层的经组织点，"☒"代表里层的经组织点，"⊙"代表表经位于里纬上方；织造时"■"、"☒"和"⊙"组织点均随综框提起，形成梭口上层经纱。

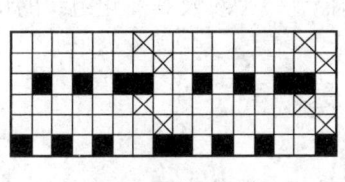

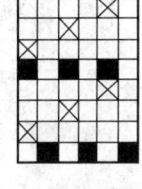

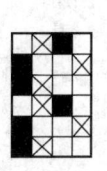

(e) 灯芯绒组织图　　(f) 纬平绒组织图　　(g) 三纬双面毛巾组织图

注：(e)、(f)中，"■"组织点所在纬为"地纬"，"☒"组织点所在纬为"绒纬"；(g)中，"■"组织点所在经为"地经"，"☒"组织点所在经为"毛经"。

图2-68　复杂组织

用的表里换层双层组织。

利用一个系统的经纱和一个系统的纬纱构成地组织，另有一个系统的经纱或纬纱参与地组织的交织并被固结，其浮长部分在织造或整理过程中被割开，割开的纱头在织物表面形成竖立的毛绒，则形成起毛组织。若纬纱（或经纱）被割断，则形成纬（或经）起毛组织。纬起毛织物有灯芯绒、纬平绒等，经起毛织物有经平绒、长毛绒和经灯芯绒等。图2-68(e)是一种灯芯绒组织，图2-68(f)是一种纬平绒组织。

利用两个系统的经纱和一个系统的纬纱，结合两个系统经纱张力差异和送经量大小的不同，配合特殊打纬方法，可制成织物表面具有毛圈的毛巾组织。图2-68(g)为一种三纬毛巾组织。

利用两个系统的经纱（绞经和地经）相互扭绞，与平行排列的纬纱交织，可构成纱罗组织。

巧妙设计复杂组织，可形成丰富多样的织物结构和各种花型的织纹，还可织造三维织物。

三、实验准备

1. **实验仪器**　剑杆织样机及其配套装置（穿综架、综框、钢筘等），插筘刀，穿综钩，照布镜，分析针，小方格记录纸。

2. **实验材料**

(1) 经、纬纱线：各种股线、网络丝等。

(2)样布:复杂组织样布多种,各剪成3cm见方的小块。

四、实验内容和实验步骤

1. 实验内容

(1)确定织物样布的正、反面和经、纬向。

(2)用照布镜和分析针分析样布的组织,在小方格记录纸上记录分析结果,并绘制上机图。

(3)在剑杆织样机上试织复杂组织布样(选择单织轴织造的织物组织)。

2. 试织实验步骤和实验注意事项　参见实验十八"平纹及其变化组织的认识"。

思 考 题

1. 将织物组织分析结果记录在小方格纸上,并贴上被分析样布。

2. 绘出试织布样的上机图,将织出的布样剪出10cm见方的小块,贴在相应上机图的下方。

3. 比较纱罗组织和透孔组织的异同点。

4. 哪些复杂组织需要采用多织轴织造? 为什么?

实验二十三　色纱与组织配合的认识

一、实验目的

(1)了解色纱和组织形成配色模纹的规律及常见配色模纹图案。

(2)熟悉配色模纹的基本分析方法。

(3)掌握在织样机上试织配色模纹色织物的操作方法。

二、基本知识

利用不同颜色的纱线与织物组织相配合,可在织物表面构成各种不同的花型图案,这种图案称为配色模纹。配色模纹的大小等于色纱循环和组织循环的最小公倍数,其中色纱循环即色纱排列顺序重复一次的纱线根数。

绘作配色模纹时,把意匠纸分为四个区域,左上方为组织图,左下方为色纬排列顺序,右上方为色经排列顺序,右下方为配色模纹图。配色模纹图上的色点只表示某种颜色的经浮点或纬浮点所显示的效应,并非组织图中所表示的经纬纱交织情况。

配色模纹的组织图和色纱排列顺序决定了配色模纹图,其规律是,经组织点呈现色经的颜色,纬组织点呈现色纬的颜色。相反,已知配色模纹图和色纱排列顺序,也可以推算组织图,但通常会有多个组织满足条件,根据织物的具体要求和上机条件选择其一。如果仅有配色模纹图,也可设计色纱排列顺序和组织图,此时色纱排列顺序和组织图的选择方案更多。

常见的配色模纹图案主要有条形花纹、格子花纹、梯形花纹、小花点花纹、犬牙花纹等。

条形花纹是由两种或两种以上的色纱在织物中排列成纵向或横向的条纹。例如,利用平纹与不同色纱排列顺序配置,既可获得纵条纹,又可获得横条纹,如图2-69(a)、(b)所示。纵条纹和横条纹成格形间跳配置,可形成格子花纹。纵条纹与横条纹交错联合,则构成梯形花纹。图2-69(c)是采用$\frac{2}{1}\nearrow$斜纹组织与色纱配合获得的梯形花纹。

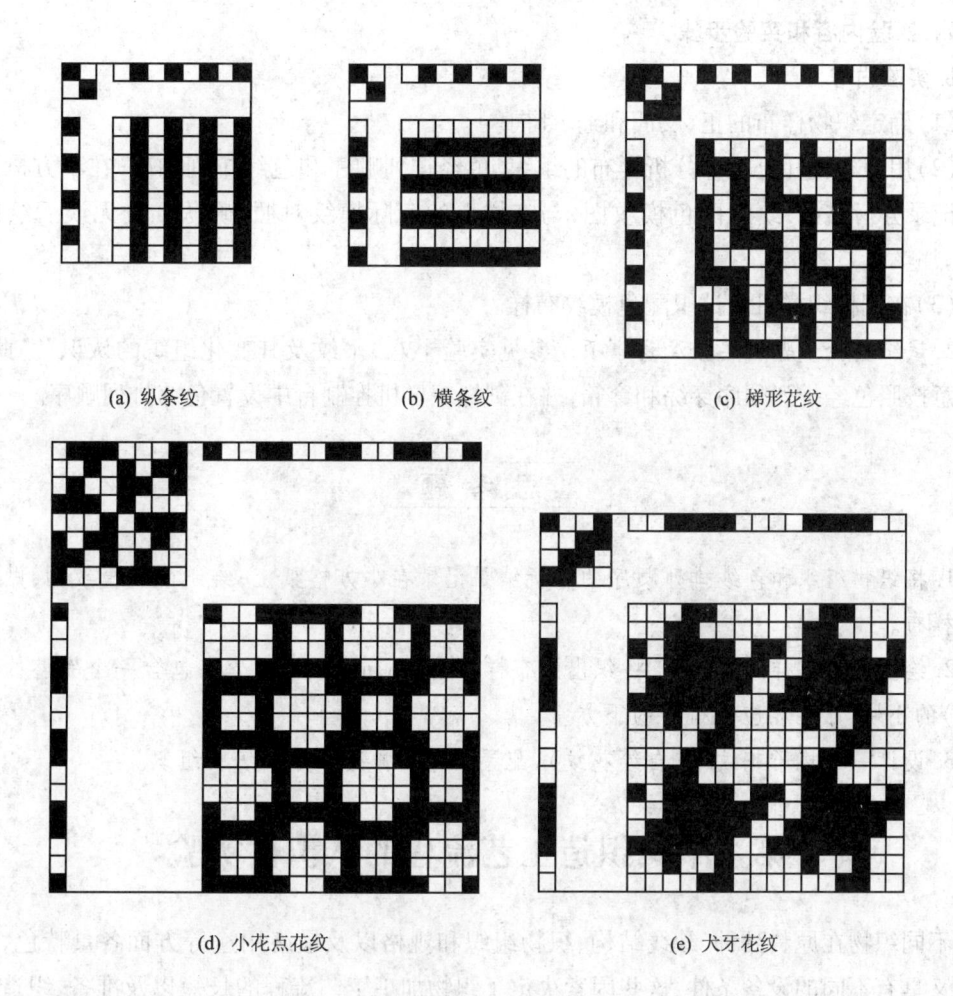

(a) 纵条纹　　　　(b) 横条纹　　　　(c) 梯形花纹

(d) 小花点花纹　　　　(e) 犬牙花纹

图2-69　配色模纹

小花点花纹是在织物表面形成明显的有色小花点花纹效果。图2-69(d)是采用绉组织与色纱配合得到的,由于其花型外观近似小鸟眼睛的形状,故又名鸟眼花纹。

犬牙花纹因其图案近似犬牙而得名,图2-69(e)是采用$\frac{2}{2}\nearrow$组织与色纱配合所得。

色纱与组织配合的方式多种多样,可以形成丰富多彩的配色模纹图案。

三、实验准备

1. **实验仪器**　剑杆织样机及其配套装置(穿综架、综框、钢筘等),插筘刀,穿综钩,照布镜,分析针,小方格记录纸。

2. 实验材料

(1)经、纬纱线:多种颜色的股线、网络丝等。

(2)样布:配色模纹色织布,剪成至少包含一个色纱循环的小块样布。

四、实验内容和实验步骤

1. 实验内容

(1)确定织物样布的正、反面和经、纬向。

(2)用照布镜和分析针分析样布的组织、色经排列顺序和色纬排列顺序,在小方格记录纸上记录分析结果,绘制配色模纹图,与布样上的实际模纹对照,确认准确无误后绘制上机图。

(3)在剑杆织样机上试织配色模纹布样。

2. 试织实验步骤和实验注意事项　参见实验十八"平纹及其变化组织的认识"。此外,应注意按照色经排列顺序穿综和穿筘,并在剑杆织样机控制台中设置色纬排列顺序。

思 考 题

1. 将织物组织和色纱排列顺序的分析结果记录在小方格纸上,绘制配色模纹图,贴上被分析样布。

2. 绘出试织布样的上机图,将织出的布样剪出10cm见方(至少应包含一个完整的配色模纹)的小块,贴在相应上机图的下方。

3. 设计一个格子花纹(或自绘花纹),配置其色纱排列顺序和织物组织。

第三节　织造工艺流程的认识性实验

不同织物在原料品种、纱线结构、织物组织和规格以及最终用途等方面各具特色,不同企业又具有不同的设备条件,这些因素决定了织物加工工艺流程的长短以及准备、织造设备的类型。

因此,在织造加工中应针对具体的织物品种和企业的实际条件合理选择加工工艺流程和加工设备。

织造工艺流程的选配原则是,在保证半成品及织物质量的前提下,尽量缩短生产工艺流程,尽量采用新工艺、新技术,充分使用并发挥新型设备的优良性能。

实验二十四　棉、麻织物织造工艺流程

一、实验目的

(1)认识棉型织物和麻类织物的织造工艺流程。

(2)了解各工序的目的、设备概貌以及输入和输出制品的卷装形式。
(3)学会制定不同棉、麻织物品种的织造工艺流程。

二、基本知识

棉型织物的生产通常分为本色坯织物(白坯织物)生产和色织物生产两大类,每种类型又依织物特征、设备状况等的不同而形成不同的工艺流程。白坯织物是以本色棉纱线或棉型纱线为原料织成的本色织物,在织造加工后通常还需要经煮漂、染色或印花等染整加工。色织物由经过漂练、丝光或染色后的色纱按一定花纹织造而成,常以色纱和织物组织结构相结合的手法来体现花纹效果。色织物织成后不进行或进行简单后整理加工,如轧光整理、树脂整理等,具体视织物种类而定。

麻类织物的织造加工与棉型织物类似。苎麻和亚麻也分白织和色织,黄麻通常是原色坯织造。

(一)棉型、麻类白坯织物的工艺流程

此类织物的经纱准备加工有上浆工艺和上轻浆、过水工艺,前者适用于经纱为纱和10tex以下股线的纱织物、线织物;后者主要用于经纱为10tex以上股线的无需上浆的半线织物和线织物,以及经纱较粗的废纺纱织物。

有梭织机加工此类织物,纬纱准备分直接纬工艺和间接纬工艺;无梭织机采用筒子供纬。在有梭织机中,对质量要求较高或需要蒸纱定捻的纬纱,如高档棉织物的纬纱、涤/棉织物的纬纱等,常采用间接纬,对无此要求的一般织物,如普通棉织物,则可采用低成本的直接纬工艺。

白坯织物的设备配置视原纱条件、织物组织、幅宽、紧度和具体设备条件而定。

几类典型棉型织物和麻类织物的加工工艺流程如下。

1. 纯棉、苎麻白坯纱织物

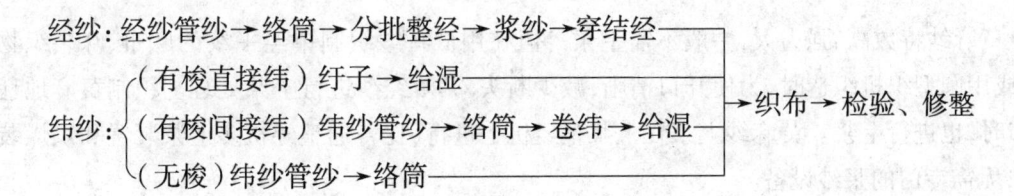

经纱:经纱管纱→络筒→分批整经→浆纱→穿结经─┐
纬纱: (有梭直接纬)纡子→给湿─────────┤
　　　(有梭间接纬)纬纱管纱→络筒→卷纬→给湿─┼→织布→检验、修整
　　　(无梭)纬纱管纱→络筒──────────┘

2. 涤/棉白坯纱织物

经纱:经纱管纱→络筒→分批整经→浆纱→穿结经────────┐
纬纱: (有梭间接纬)纬纱管纱→络筒→蒸纱定捻→卷纬─┼→织布→检验、修整
　　　(无梭)纬纱管纱→络筒→蒸纱定捻─────────┘

3. 白坯(半)线织物

经纱：经纱股线→络筒→分批整经→并轴上轻浆或过水→穿结经┐
纬纱：{（有梭直接纬）股线纡子─────────────────├→织布→检验、修整
　　　{（无梭）股线筒子──────────────────┘

需要注意的是，检验和修整包括，验布→（刷布→烘布→）折布（又称码布）→分等→修布→复验、拼件→打包。其中，刷布清除布面棉结杂质和回丝，烘布将织物烘干到规定回潮率以下，以防止霉变。刷布和烘布为非必须工艺过程，视具体情况取舍。

4. 亚麻织物

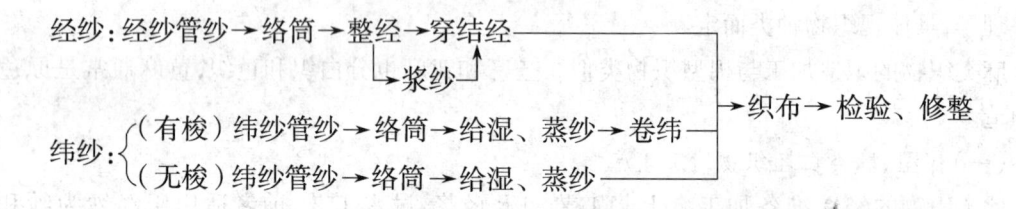

经纱：经纱管纱→络筒→整经→穿结经─────────┐
　　　　　　　　　　└→浆纱─┘　　　　　　　　　├→织布→检验、修整
纬纱：{（有梭）纬纱管纱→络筒→给湿、蒸纱→卷纬──┤
　　　{（无梭）纬纱管纱→络筒→给湿、蒸纱─────┘

纯亚麻织物的纱线较粗，不上浆，采用分条整经工艺。亚麻混纺纱，考虑其混纺纤维的性能，如棉、粘胶纤维等，则需要上浆，可采用分批整经、上浆工艺。亚麻纬纱织造前需要给湿或蒸纱，以稳定捻度、降低纱的硬度。

5. 黄麻织物

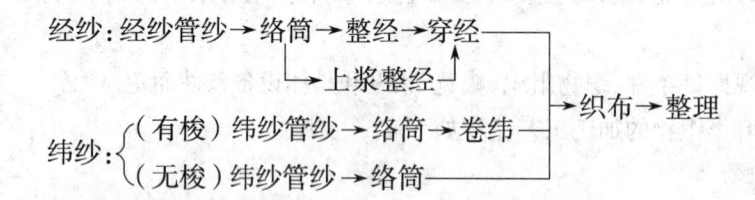

经纱：经纱管纱→络筒→整经→穿经─────┐
　　　　　　　　　└→上浆整经─┘　　　├→织布→整理
纬纱：{（有梭）纬纱管纱→络筒→卷纬───┤
　　　{（无梭）纬纱管纱→络筒──────┘

黄麻纱特数高，强力大，一般不需上浆。但在用低特纱织制单经平纹的麻布、麻袋织物时，或用圆型织机织造时，为使开口清晰，减少断头，亦对经纱进行上浆处理。织制黄麻地毯底布时，也进行上浆。黄麻纱上浆在上浆整经机上进行（比普通整经机多上浆装置和烘燥装置），无需专门的浆纱设备。

（二）棉型和麻类色织物的工艺流程

棉型色织物的织造生产视经纱是否需要上浆分两大类，即上浆工艺和分条整经免浆工艺，后者主要用于股线、花式线织物等。

纱线染色可采用绞纱染色和筒子染色，经纱还可采用经轴染色。

有梭织造采用间接纬，既利于染色，又利于提高产品质量。无梭织造采用筒子供纬。

在设备配置方面，色织物一般选用选色功能较强的剑杆织机和多梭箱织机，织机配备多臂开口机构或提花开口机构，有利于复杂花型的织制。此外，由于不同染料、不同颜色的纱线对导纱部件、张力装置的摩擦系数不同，致使整经张力工艺管理复杂化，采用具有间接法

张力装置的新型分条整经机,可在整经中排除此项不利影响。

苎麻、亚麻色织物的工艺流程与棉色织物类似。

1. 单纱色织物上浆工艺　以绞纱、筒子纱染色为例。

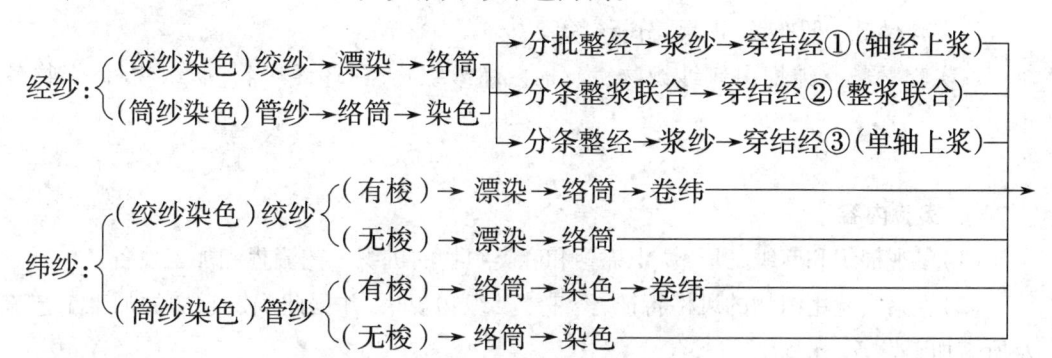

$$经纱:\begin{cases}(绞纱染色)绞纱\to漂染\to络筒\\(筒纱染色)管纱\to络筒\to染色\end{cases}\begin{cases}分批整经\to浆纱\to穿结经①(轴经上浆)\\分条整浆联合\to穿结经②(整浆联合)\\分条整经\to浆纱\to穿结经③(单轴上浆)\end{cases}$$

$$纬纱:\begin{cases}(绞纱染色)绞纱\begin{cases}(有梭)\to漂染\to络筒\to卷纬\\(无梭)\to漂染\to络筒\end{cases}\\(筒纱染色)管纱\begin{cases}(有梭)\to络筒\to染色\to卷纬\\(无梭)\to络筒\to染色\end{cases}\end{cases}$$

织布→检验、修整→成包→后整理→检验→成包→出厂

色织物上浆方式主要有三种。

(1)轴经上浆,同本色坯布的分批整经—上浆工艺,生产效率高,浆纱质量稳定,适合大批量、组织结构简单的色织布上浆。

(2)分条整浆联合法,即在整浆联合机上先浆后整,适应小批量、多品种、组织复杂、色泽繁多的色织物生产。对于某些特殊品种分条整浆联合法具有独特的优越性,如色纱繁多、排列复杂、色泽近似难以区分的色织物;双轴织物的花经副轴,经纱根数在600根以下乃至数十根,不易轴浆的产品;新品种或先锋试样的小量试制。

(3)单轴上浆,即在浆纱机上采用轴对轴上浆,其工艺比较简单,但浆纱覆盖系数高,上浆效果稍差。此外还有一种绞纱上浆,即采用染色的绞纱上浆,因色纱的浆膜在后续络筒、整经时遭受较大破坏,可织性不好,故批量生产较少采用,有时会在小样试织时使用。

2. 股线色织物分条整经免浆工艺

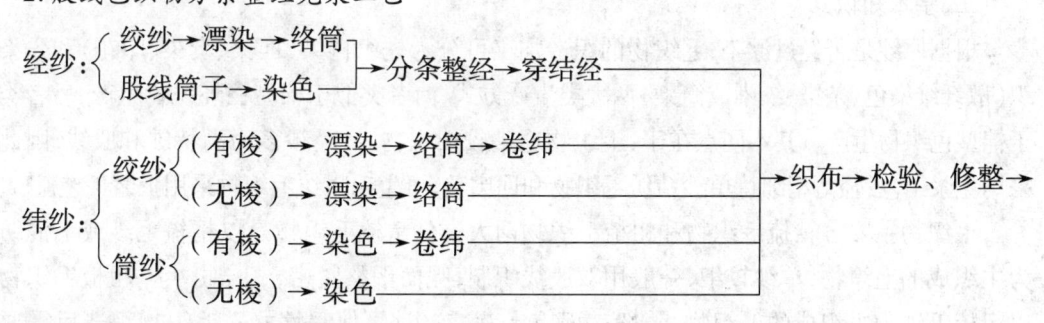

$$经纱:\begin{cases}绞纱\to漂染\to络筒\\股线筒子\to染色\end{cases}\to分条整经\to穿结经$$

$$纬纱:\begin{cases}绞纱\begin{cases}(有梭)\to漂染\to络筒\to卷纬\\(无梭)\to漂染\to络筒\end{cases}\\筒纱\begin{cases}(有梭)\to染色\to卷纬\\(无梭)\to染色\end{cases}\end{cases}\to织布\to检验、修整\to$$

成包→后整理→检验→成包→出厂

从织布机上落下来的色织布,经过检验、修整工程,包括:验布→折布→分等→修布→开剪理零→复验→拼件→打包,对于一般品种即可成为成品出厂。对一些高档产品,还进行不同的加工整理,经过后整理的色织物为成品布。棉色织物后整理种类有:轧光整理、上浆整理、预缩整理、漂白整理、漂练整理、套色整理以及树脂整理等;涤/棉色织物整理有树脂整

理、氯漂整理、练漂整理、耐久压烫整理等。

三、实验准备
1. **实验仪器** 照布镜、钢尺、分析针等。
2. **实验材料** 纯棉白坯纱织物、涤/棉白坯纱织物、白坯线织物、麻织物、色织物各若干块。

四、实验内容
(1) 参观棉织和麻织工厂,认识棉型和麻类织物的机织工艺流程和加工设备。
(2) 观察实验用织物的风格特征、经纬纱及织物规格,并据此确定它们的加工工艺流程及所需加工设备。

思 考 题
---

1. 写出所参观的机织产品的工艺流程和设备型号。
2. 制定2~4个典型棉、麻产品的工艺流程。

实验二十五　毛织物织造工艺流程

一、实验目的
(1) 认识毛织物的织造工艺流程。
(2) 了解各工序的目的、设备概貌以及输入和输出制品的卷装形式。
(3) 学会制定不同毛织物品种的织造工艺流程。

二、基本知识
根据原纱是否经过漂染,毛织物的织造加工可分为先织再染(匹染、套染、印花)和先染后织(散纤维染色、条染、绞染或筒染)两大类生产方式,前者类似于棉型白坯织物生产,后者类似于棉型色织物生产。其不同点在于:毛织物通常较棉织物厚,经纱多为高特纱和股线,因此常采用免浆工艺;轻薄型细特单纱精纺毛织物和回废毛、再生毛粗纺毛织物采用上浆工艺。

毛织物主要分精梳毛织物和粗梳毛织物两大类。精梳毛织物是以精梳毛纱或毛混纺纱为主织成的毛织物,单纱较细,一般用双股线织制,呢面平整紧密,光洁挺爽。粗梳毛织物是以粗梳毛纱为主织成的毛织物,一般表面有毛茸,较丰厚,保暖性好。毛织物织造后需要经过染整加工,毛织物经印染加工后服用性能大幅提高,其中粗梳毛织物的外观也发生较大变化。

有梭织机加工毛织物时,纬纱采用间接纬工艺。

在设备配置上,毛织物多采用积极引纬、具有多色选纬功能的剑杆织机和片梭织机,以及多色纬织造的双侧升降式多梭箱毛织机。织机通常配多臂开口机构。

1. 精梳毛织物的织造工艺流程　大多数精梳毛织物采用股线织制,通常不上浆。为防止高速整经时产生静电,并适应无梭织机高速、高张力的织造,可在分条整经加工时对经纱上蜡或上乳化液。

(1)精纺毛股线织物的加工流程:

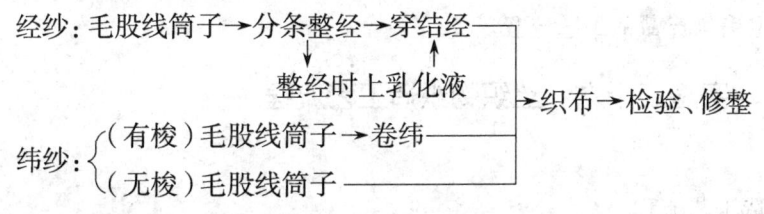

经纱:毛股线筒子→分条整经→穿结经┐
　　　　　　　整经时上乳化液　　　　├→织布→检验、修整
纬纱:{(有梭)毛股线筒子→卷纬————┘
　　　{(无梭)毛股线筒子—————————┘

(2)毛股线筒子工艺流程:

精梳毛纱{(先络后并)络筒→并线→倍捻→蒸纱┐
　　　　{(先络后并)并线→捻线→蒸纱→络筒├→织布→检验、修整→整理

毛股线加工的先络后并工艺的生产效率高、纱线质量好,适于大批量生产;先并后络工艺流程较适合小批量、多品种生产。

开发轻薄的细特精梳毛纱织物时需对经纱上浆,可采用分条整浆联合工艺,或采用单纱上浆再进行分条整经加工。前者生产效率稍高,适用于中、小批量的织物品种生产,后者生产效率较低,但上浆质量很好,且能符合小批量、多品种的市场需求。

目前,小批量毛织物生产中常使用高效单纱整经机加工织轴。

2. 粗梳毛织物的织造工艺流程　粗梳毛织物的纱线较粗,采用免浆分条整经工艺,其工艺流程通常为:

经纱:毛纱→络筒→分条整经→穿结经┐
纬纱:{(有梭)毛筒子→卷纬————├→织布→检验、修整→整理
　　　{(无梭)毛筒子——————————┘

毛织物坯布(又叫呢坯)的检验、修整包括:量呢→验呢→分等→修补→复验、拼件→打包等。

三、实验准备

1. 实验仪器　照布镜、钢尺、分析针等。
2. 实验材料　精梳毛织物、粗梳毛织物各若干块。

四、实验内容

(1)参观毛织工厂,认识毛织物的机织工艺流程和加工设备。

(2)观察实验用织物的风格特征、经纬纱及织物规格,并据此确定它们的加工工艺流程及所需加工设备。

思 考 题

1. 写出所参观的机织产品的工艺流程和设备型号。
2. 制定 2~3 个典型毛织产品的工艺流程。

实验二十六　丝织物织造工艺流程

一、实验目的

(1) 了解丝织物织造工艺流程。
(2) 学习制定丝织物合理的织造工艺流程。

二、基本知识

1. 桑蚕丝织物的工艺流程

(1) 利用剑杆、片梭织机织制桑蚕丝织物的工艺流程：

经丝：原料检验→浸渍→络丝→并丝→捻丝→定形→倒筒→整经(分条)→穿结经→织造→检验、整理

纬丝：原料检验→浸渍→络丝→并丝→捻丝→定形→倒筒→织造→检验、整理

(2) 喷气(水)织机上织制桑蚕丝织物的工艺流程：

经丝工艺1：原料检验→浸渍→络丝→无捻并丝→捻丝→定形→倒筒→整经(分条、包括上油)→穿结经→织造→检验、整理

经丝工艺2：原料检验→浸渍→络丝→无捻并丝→捻丝→定形→倒筒→整经(分批、包括上油)→上浆→并轴→分绞→穿结经→织造→检验、整理

经丝工艺3：原料检验→浸渍→络丝→整经(分批)→上浆→并轴→分绞→穿结经→织造→检验、整理

纬丝工艺：原料检验→浸渍→络丝→无捻并丝→捻丝→定形→倒筒→给湿→织造→检验、整理

无梭织机织制桑蚕丝平经平纬织物，经纬向采用并合加捻工序，是区别于有梭织机加工的工艺流程。其捻度的多少是以不影响织物风格为前提(一般 100~250 捻/m 为宜)，经向加捻的目的是为了提高丝线的强力、抱合力，减少准备、织造各工序中丝线的起毛、分裂与断头，并可适当降低对原料的品质要求，同时丝线经并合后，所需的经停片减少，经停片的密度减少，织造过程中的误停和断头不停的现象随之减少，大大提高了整经、穿结经和织造工序的效率与质量，而且扩大了品种适应性。平纬织物纬向加捻的目的是为避免绢类织物的多根无捻组合纬丝在引纬时(剑杆头钳纬、交接纬)的失误。此外，若按有梭织造的工艺要求，低捻丝可不必用定形机定形，然而由于高速整经与高速织造，致使整经中丝线扭缩多，织造中滚绞严重，为此对低捻丝必须经过定形，消除因加捻而产生的丝线内部不平衡力偶和伸长不匀现象，并对桑蚕丝有预缩作用，从而减少真丝绸上的宽急经和经柳织疵。

2. 粘胶丝织物的工艺流程

(1)无捻粘胶丝织物的工艺流程：

经丝:原料检验→整经→浆丝→并轴→分绞→穿结经→织造→检验、整理

纬丝:原料检验→防潮保燥→织造→检验、整理

(2)有捻粘胶丝织物的工艺流程：

经丝:原料检验→络丝→并丝→捻丝→定形→倒筒→整经→穿结经→织造→检验、整理

纬丝:原料检验→络丝→并丝→捻丝→定形→倒筒→防潮保燥→织造→检验、整理

3. 合纤丝织物的工艺流程

(1)无捻合纤丝织物的工艺流程：

经丝:原料检验→整经→浆丝→并轴→分绞→穿结经→织造→检验、整理

纬丝:原料检验→织造→检验、整理

(2)有捻合纤丝织物的工艺流程：

经丝:原料检验→络丝→并丝→捻丝→定形→整经→穿结经→织造→检验、整理

纬丝:原料检验→络丝→并丝→捻丝→定形→倒筒→织造→检验、整理

在剑杆织机、片梭织机、喷射织机上织制化纤绸类织物时,经纬丝要经过倍捻来完成强捻定形或并丝、捻丝、定形的加工。部分倍捻机上装有电热定形设备,可将捻丝和定形加工合并为一道工序,缩短了工艺流程,称一步法工艺(该机称一步法倍捻机),但这种定形方式的定形时间短,效果不如捻丝和定形分为两道工序的二步法工艺路线,故多数工厂采用后者。

三、实验准备

1. 实验仪器　钢尺、照布镜等。

2. 实验材料　纯桑蚕丝织物、纯粘胶丝织物、纯合纤丝织物各若干块;色织物、交织物各若干块。

四、实验内容

(1)参观丝织工厂的工艺流程。

(2)观察实验丝织物的风格特征、经纬丝及织物规格,并据此确定它们的加工工艺流程及所需加工设备。

思 考 题

制订2～3个典型丝织产品的工艺流程。

第三章　工艺分析研究性实验

> **● 本章知识点 ●**
>
> 1. 影响络筒张力的主要因素及络筒时纱线张力的变化规律,络筒张力测定装置和测定方法。掌握测定操作技能。
> 2. 电子清纱器的工作原理及其参数设定方法,乌斯特纱疵分级仪的使用方法,络筒清除效率的计算。掌握清除效率的测定操作技能。
> 3. 影响倍捻滞后角的主要因素及滞后角的变化规律,最佳滞后角的范围。掌握倍捻滞后角的目测操作技能。
> 4. 影响整经张力的主要因素及整经时纱线张力的变化规律,整经张力的测定装置和测定方法。掌握测定操作技能。
> 5. 分条整经机定幅筘移距的计算方法、调节方法,定幅筘移距对条带成形的影响。掌握定幅筘移距调节操作技能。
> 6. 实验室中浆液的调制方法,浆液粘度和温度、浓度之间的关系,浆液粘度的测定装置和测定方法。掌握测定操作技能。
> 7. 浆液总固体率的含义,浆液总固体率的测定方法。掌握测定操作技能。
> 8. 影响浆液粘着力的主要因素,浆液粘着力的测定方法。掌握测定操作技能。
> 9. 织造工艺中打纬阻力的大小对织物形成和外观质量的重要性,经纱上机张力、后梁高度、开口时间等工艺参数的改变对打纬阻力和经纱动态张力的影响,非电量电测的一般方法,打纬阻力和经纱动态张力的测定装置和测定方法。掌握测定操作技能。
> 10. 织机开口运动的基本理论,综框的动态位移、速度和加速度变化规律,综框位移、速度、加速度的测定装置和测定方法。掌握测定操作技能。
> 11. 织机各部件的动作对噪声的影响,目前织机的噪声水平,声级计的基本结构、工作原理和使用方法。掌握织机噪声测定操作技能。
>   织机主要机构产生的冲击、振动情况,织机振动与噪声的关系,织机振动的测定装置和测定方法。掌握测定操作技能。
> 12. 梭子进出梭口时的挤压度及其测定装置、测定方法,梭子通过梭口的平均速度。掌握挤压度测定操作技能。
> 13. 喷气、喷水织机纬纱飞行状态及其观察装置、观察方法,纬纱进出梭口的时间,纬纱通过梭口的平均速度。掌握测定操作技能。

14. 喷气织机引纬气流的速度衰减规律及其测定装置、测定方法,异形筘对喷气织机引纬气流的防扩散作用。掌握测定操作技能。

15. 剑杆头运动轨迹与织机主轴回转角度的对应关系,剑杆头的运动规律及其测定装置、测定方法。掌握测定操作技能。

16. 上机工艺参数(上机张力、后梁高度等),上机工艺参数对织物外观风格的影响。掌握织机上机工艺参数调节方法。

第一节 络、并、捻工序的工艺参数测定及分析

实验二十七 络筒张力的测定及分析

一、实验目的
(1)对影响络筒张力的主要因素建立感性认识。
(2)了解络筒时纱线张力的变化规律。
(3)了解络筒张力测定装置、测定方法,掌握测定操作技能。

二、基本知识
1. 络筒张力定义　络筒过程中,张力装置与槽筒导纱点之间纱线的张力。
2. 络筒张力要求　络筒时,为了使筒子具有一定的卷绕密度且成形良好,纱线必须有一定的张力,张力大小应符合工艺要求。
(1)张力过大,纱线弹性损失,不利于织造。
(2)张力过小,筒子卷绕密度小,容量减少,成形不良。
3. 张力波动的要求　络筒张力要求均匀,管纱在管顶部和管底部退绕时络筒张力差异不能太大,整个管纱退绕过程中络筒张力波动要小。
(1)张力的波动对后道工序的正常进行及半成品卷绕质量影响较大。
(2)张力的波动甚至会影响织物的外观。

三、实验准备
1. 实验仪器　1332MD型络筒机或自动络筒机,机械式单纱张力仪,便携式单纱电子张力仪,光电转速表。
2. 实验材料　纱线。

四、实验内容和实验步骤
1. 实验内容

(1)使用或不使用气圈破裂器条件下,测定不同张力垫圈重量时络筒张力的变化。

(2)使用或不使用气圈破裂器条件下,测定不同纱线线密度时络筒张力的变化。

(3)使用或不使用气圈破裂器条件下,测定不同导纱距离条件下,管顶部和管底部纱线退绕时络筒张力的变化。

(4)测定使用和不使用气圈破裂器条件下,管顶部和管底部纱线退绕时络筒张力的变化。

2. 实验步骤

(1)测量 1332MD 型络筒机的槽筒转速或记录自动络筒机的络筒速度。

(2)测量槽筒的直径和导纱动程、沟槽圈数。

(3)测量导纱距离,即管纱顶端到导纱板之间距离。

(4)放置好单纱张力仪,单纱张力仪应放在张力装置与槽筒导纱点之间。

(5)按照实验内容依次进行,各测两个管纱。对于实验内容(1)、(2)分别测定在管顶部和管底部退绕时的张力,然后求张力平均值。

3. 实验注意事项 络筒过程中,络筒张力始终是一个波动值。建议使用具有一定机械惯性的机械式张力仪,读出指针摆动区的中点数值,即为检测时段内张力的平均值。

五、实验记录

1. 实验条件

络筒机型号:_____;导纱动程:_____ mm;槽筒圈数:_____ 圈;

槽筒直径:_____ mm;络筒机的槽筒转速:_____ r/min;

自动络筒机的络筒速度:_____ m/min。

2. 测试数据记录及计算 将实验测试的络筒张力记录在表 3-1~表 3-4 中。

表 3-1 不同张力垫圈重量时络筒张力的变化

张力垫圈重量(g)	$G_1 =$			$G_2 =$		
管 纱	管顶张力	管底张力	平均张力	管顶张力	管底张力	平均张力
1						
2						

络筒条件:导纱距离 $H =$ _____ mm,纱线线密度 = _____ tex;气圈破裂器:_____(有,无)。

表 3-2 不同纱线线密度时络筒张力的变化

纱线线密度(tex)	纱线线密度 1 =			纱线线密度 2 =		
管 纱	管顶	管底	平均	管顶	管底	平均
1						
2						

络筒条件:张力垫圈重量 $G =$ _____ g,导纱距离 $H =$ _____ mm;气圈破裂器:_____(有,无)。

表3-3　不同导纱距离时管顶部和管底部退绕时络筒张力的变化

导纱距离(mm)	$H_1 =$		$H_2 =$	
管纱	管顶	管底	管顶	管底
1				
2				
平均				

络筒条件:张力垫圈重量 $G =$ _____ g,纱线线密度 = _____ tex;气圈破裂器:_____(有,无)。

表3-4　使用和不使用气圈破裂器条件下,管顶部和管底部退绕时络筒张力的变化

气圈破裂器	不用气圈破裂器		使用气圈破裂器	
管纱	管顶	管底	管顶	管底
1				
2				
平均				

络筒条件:张力垫圈重量 $G =$ _____ g,导纱距离 $H =$ _____ mm,纱线线密度 = _____ tex。

思 考 题

1. 影响络筒时纱线平均张力大小的主要因素有哪些?影响的规律如何?
2. 络筒时,导纱距离和气圈破裂器对管顶部和管底部退绕时络筒张力的差异,即对络筒张力均匀程度有什么影响?

实验二十八　络筒清纱工艺的分析

一、实验目的

(1)了解电子清纱器的工作原理。
(2)掌握电子清纱器的参数设定方法。
(3)掌握乌斯特纱疵分级仪的使用方法。
(4)掌握电子清纱器清除效率的测定操作技能。

二、基本知识

1. 清纱器基本知识　纺纱厂送来的管纱一般都带有粗细节、绒毛及废屑杂物等疵点,所以必须利用清纱器对纱线进行检查和疵点清除。清纱器根据其原理和结构可分为机械式与电子式两大类。

(1)机械式清纱装置:机械式清纱装置有隙缝式、梳针式和板式等几种。该类清纱装置上有一条可调缝隙,缝隙的大小称为隔距。纱线通过该缝隙时,粗节、棉结以及附着于纱线

上的飞花杂质被阻挡刮除,另外,纱线在高速退绕时可能发生的脱圈,也无法通过缝隙被清除,从而提高了筒子的内在质量。机械式清纱器结构简单,调节方便,成本低廉,不受温度影响,对织造工序影响较大的结头、飞花杂质也能切断或清除,但容易刮毛纱线,损伤纤维,而且对于扁平状的纱疵往往也会遗漏,清纱效率一般只达到30%左右。

(2)电子式清纱装置:电子清纱器则采用无接触检测,因而不会损伤和刮毛纱线,它的清纱原理是通过对纱疵的直径(截面增量)和长度两个参数进行检测而获得纱疵信息,与设定值比较,当纱线某处的检测值超出设定值时则切断纱线,剔出纱疵。

2. 乌斯特纱疵分级仪基本知识　乌斯特纱疵分级仪不仅可以检测清纱器的清纱效果,而且可以用来指导清纱器各工艺参数的设定。用乌斯特纱疵分级仪评价清纱器有如下优点。

(1)数据准确:乌斯特纱疵分级仪可以把纱线的各类纱疵及其分布情况进行统计打印,通过数据比较可以获得电子清纱器清除短粗节、长粗节、细节三种纱疵的清除效率,其数据真实可靠。

(2)可以逐锭检查电子清纱器检测头的工作可靠性:每台电子清纱器控制的多个检测头,可能由于原器件的损坏等原因,会导致部分检测头工作不稳定,使各锭之间差异较大。用纱疵分级仪可以对单个检测头的清纱效率进行检测并对其工作可靠性作出评价。

三、实验准备

1. 实验仪器　普通络筒机或自动络筒机(带有电子式清纱装置),乌斯特纱疵分级仪。
2. 实验材料　纱线。

四、实验内容和实验步骤

1. 实验内容

(1)设计三种清纱工艺参数。

(2)将24个管纱(约10万米纱线)按标准方法,用乌斯特纱疵分级仪测出管纱10万米纱疵数。

(3)将试验管纱按设定的电子清纱器清纱工艺参数经络筒机切疵后卷绕成筒子。

(4)再测筒子纱10万米纱疵数并计算清除效率。设管纱有害疵点数为M,筒纱有害疵点数为N,则电子清纱器清除效率E为:

$$E = \frac{M-N}{M} \times 100\% \tag{3-1}$$

2. 实验步骤

(1)用乌斯特纱疵分级仪测出管纱10万米纱疵数。

(2)在络筒机上调节电子清纱器清纱工艺参数。

(3)按照三种不同清纱工艺进行重复络筒实验,记录工艺参数和实验数据。

(4)用乌斯特纱疵分级仪测出筒子纱10万米纱疵数。

(5)计算并对比不同清纱工艺参数的清除效率。

五、实验记录

1. 实验条件

测试品种：_____；纱疵分级仪型号：_____；络筒机型：_____；

络筒速度：_____ m/s；电子清纱器型号：_____。

2. 测试数据记录及计算　将三种清纱工艺记录在表3-5中。分别对三种清纱工艺计算短粗节、长粗节和细节的清除效率，填入表3-6。

表3-5　三种清纱工艺设定

项　目		工艺1	工艺2	工艺3
S 短粗节	截面增量(%)			
	长度(cm)			
L 长粗节	截面增量(%)			
	长度(cm)			
T 细节	截面增量(%)			
	长度(cm)			

表3-6　清除效率

项　目	清　除　效　率		
	工艺1	工艺2	工艺3
短粗节 9级有害疵点			
长粗节 E类疵点			
细节 H2+I2类疵点			

思　考　题

1. 电子清纱器工艺参数有哪些？设定工艺参数应从哪些方面考虑？
2. 试述清纱工艺参数与清纱效果的关系。

实验二十九　倍捻滞后角分析

一、实验目的

(1)对影响倍捻滞后角的主要因素建立感性认识。

(2)了解倍捻滞后角的变化规律，了解最佳滞后角的范围。

(3)掌握倍捻滞后角的目测操作技能。

二、基本知识

1. 倍捻滞后角的定义 滞后角是指纱线从储纱盘的导丝孔到丝线脱离储纱盘所形成的包围角,见图3-1。

2. 退绕张力与滞后角的关系 倍捻加工时,为了使加捻张力稳定,当退解筒子的退解点上下变化、退解直径由大变小以及瞬间阻力变化致使加捻锭杆内球张力器张力发生波动时,必须由储纱盘上的附加张力来进行及时补偿,也即由滞后角来调整。

(1)当退绕筒子满筒或退解点在筒管顶部时,退绕张力减小,滞后角增大。

(2)退绕到内层或退解点在筒管底部时,退绕张力增大,滞后角减小。

3. 滞后角范围 滞后角的允许范围为30°~720°。当小于30°时,气圈形状变小,而气圈张力大大提高,以致大量断头;大于720°时,绕在储纱盘上的纱线会产生互相重叠的现象,造成退解不顺利,从而也导致大量断头。一般情况下,最佳的滞后角范围为45°~450°。

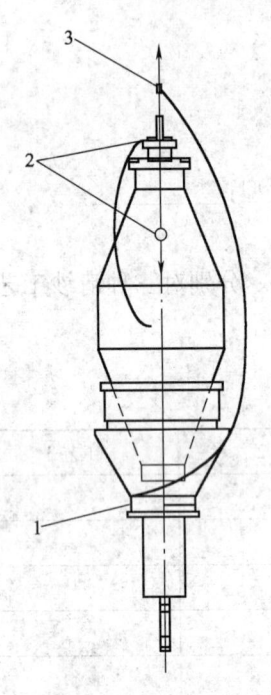

图3-1 倍捻加捻
1—储纱盘 2—张力器
3—气圈导纱器

满筒时,滞后角应当尽量往大设计。

三、实验准备

1. 实验仪器 倍捻机,闪光测速仪。
2. 实验材料 纱线。

四、实验内容和实验步骤

1. 实验内容

(1)张力装置中钢球重量不同时,目测倍捻滞后角的变化。

(2)不同纱线线密度时,目测倍捻滞后角的变化。

2. 实验步骤

(1)记录倍捻机的型号,所用闪光测速仪的型号。

(2)记录锭子转速,纱线捻度,原料性质。

(3)按实验内容依次进行,每次目测取两个目测值并求其平均值。

3. 实验注意事项

(1)由于倍捻机的锭子为高速回转体,因此在改变某一条件时应切实注意安全。

(2)由于滞后角处于高速回转体上,不能用仪器直接测量,只能靠眼睛目测,因此,目测判断应力求准确。

五、实验记录

1. 实验条件

倍捻机型号：_____；锭子转速_____ r/min；

闪光测速仪型号：_____。

2. 测试数据记录及计算　将不同张力钢球、不同纱线线密度条件下目测的滞后角记录在表3-7、表3-8中。

表3-7　采用不同张力钢球时的滞后角变化　　　　　　　　　　　单位：(°)

钢球规格(mm)		φ7.94			φ9.53			φ11.1		
数量(个)		1	2	3	1	2	3	1	2	3
滞后角	目测值1									
	目测值2									
	平均值									

纱线原料：_____；线密度：_____ tex；捻度：_____ 捻/m。

表3-8　不同纱线线密度的滞后角变化　　　　　　　　　　　单位：(°)

次　数		1	2	3
线密度(tex)				
滞后角	目测值1			
	目测值2			
	平均值			

纱线原料：_____；捻度_____ 捻/m；钢球规格：_____。

思 考 题

1. 倍捻滞后角有什么作用？最佳范围如何？满筒上机时的滞后角应控制在多少？为什么？
2. 绘出钢球直径变化与滞后角的关系曲线。
3. 绘出钢球数量与滞后角的关系曲线。
4. 绘出纱线线密度与滞后角的关系曲线。

第二节　整经工序的工艺参数测定及分析

实验三十　整经张力的测定及分析

一、实验目的

(1)对影响整经张力的主要因素建立感性认识。

(2)了解整经时纱线张力的变化规律。
(3)了解整经张力测定装置、测定方法,掌握测定操作技能。

二、基本知识

整经工序是将一定根数的经纱从筒子上同时引出,形成张力均匀的、互相平行排列的经纱片,按规定的长度和宽度平行卷绕到整经轴或织轴上的工艺过程。

整经工序对于张力的工艺要求如下。

(1)整经张力的横向均匀,即经纱片中各根经纱的张力大小基本一致。

(2)整经张力的纵向均匀,即从空轴到满轴的整经全过程中(对应于不同的筒子直径),每根经纱的张力保持基本恒定。

(3)在满足整经轴或织轴卷绕成形的前提下,整经张力尽可能低些,以充分保持纱线的弹性和强度等物理机械性能,降低整经断头率。

三、实验准备

1. **实验仪器**　整经机,机械式单纱张力仪,便携式单纱电子张力仪。
2. **实验材料**　经纱。

四、实验内容和实验步骤

1. **实验内容**

(1)测定筒子位于筒子架上同一层的前、中、后排位置时纱线张力的变化。

(2)测定筒子位于筒子架上同一排的上、中、下层位置时纱线张力的变化。

(3)测定筒子架同一位置上安装大、中、小直径筒子时纱线张力的变化。

2. **实验步骤**

(1)记录整经机型号、筒子架型号及形式、车头伸缩筘(或称后筘)的穿筘方式、整经速度、经纱线密度和整经张力垫圈等。

(2)安置单纱张力仪,一般安置在车头伸缩筘的前方。

(3)将各被测筒子的张力垫圈换成同一规格(方案1),按照实验内容(1)、(2)、(3)依次测定纱线张力。

(4)按工艺要求,放置各张力垫圈(方案2),按照实验内容(1)、(2)、(3)依次测定纱线张力,比较张力垫圈的两种配置方案对经纱张力的影响。

3. **实验注意事项**　整经张力的测定要在整经机车速稳定之后进行。

五、实验记录

1. **实验条件**

整经机型号:_____;筒子架型号及形式:_____;

伸缩筘的穿筘方式_____;整经速度:_____ m/min;经纱线密度_____ tex;

整经张力垫圈工艺:_____;
方案1中张力垫圈重量:_____g。

2. 测试数据记录及计算　将实验测试数据记录在表3-9~表3-11中。

表3-9　筒子位于筒子架上同一层的前、中、后排位置时纱线张力的变化

序号	前排张力(cN)		中排张力(cN)		后排张力(cN)	
	方案1	方案2	方案1	方案2	方案1	方案2
1						
2						
3						
4						
5						
平均						

筒子位于:第_____层,第_____排(前排),第_____排(中排),第_____排(后排);
筒子大端直径_____mm。

表3-10　筒子位于筒子架上同一排的上、中、下层位置时纱线张力的变化

序号	上层张力(cN)		中层张力(cN)		下层张力(cN)	
	方案1	方案2	方案1	方案2	方案1	方案2
1						
2						
3						
4						
5						
平均						

筒子位于:第_____排,第_____层(上层),第_____层(中层),第_____层(下层);
筒子大端直径_____mm。

表3-11　筒子架同一位置上安装大、中、小直径筒子时纱线张力的变化

序号	大直径(cN)	中直径(cN)	小直径(cN)
1			
2			
3			
4			
5			
平均			

筒子位于:第_____层,第_____排;大直径_____mm,中直径_____mm,小直径_____mm。

注　筒子直径指大端的直径。

思 考 题

1. 从实测张力数据分析,为使各经纱张力均匀应如何配置张力盘的重量?
2. 影响整经张力不均匀的因素有哪些?如何影响?

实验三十一　分条整经条带卷绕分析

一、实验目的

(1) 掌握定幅筘移距的计算方法。
(2) 了解定幅筘移距的调节方法,掌握定幅筘移距调节操作技能。
(3) 分析定幅筘移距对条带成形的影响。

二、基本知识

分条整经机的滚筒回转一周,定幅筘或整经滚筒必须横向运动一定距离,称为定幅筘移距或整经滚筒移距。为了得到良好的卷绕成形,定幅筘或整经滚筒移距必须恰当,并和斜角板的倾斜角相适应。

新型高速分条整经机以滚筒上一端的圆锥体替代斜角板,使条带张力更为均匀。其滚筒移距的大小由整经机自动测算,无级精确调节。条带卷绕过程中,微电脑通过伺服电动机控制整经滚筒的移距。

图3-2为合适的定幅筘移距形成的经纱条带在滚筒上的形态。当定幅筘移距过大时,经纱条带的头端会上翘,如图3-3所示。反之,则条带的头端下陷,如图3-4所示。

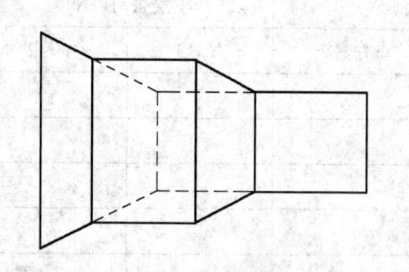

图3-2　合适定幅筘移动速度时的成型

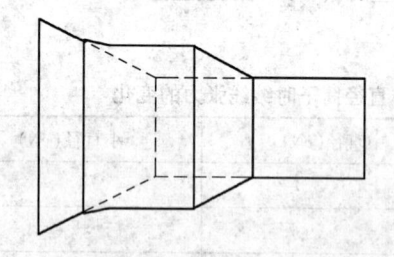

图3-3　定幅筘移动速度过大时的成型

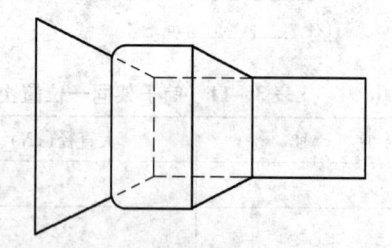

图3-4　定幅筘移动速度过小时的成型

定幅筘的移距 $L(cm/r)$ 与整经纱数 H_0、经纱的线密度 $Tt(dtex)$ 成正比;与整经幅宽 B_0 (cm)、条带卷绕密度 $\gamma_0(g/cm^3)$、斜角板的倾斜角 α 的正切成反比。

$$L = \frac{10^{-6} \times H_0 \times Tt}{B_0 \times \gamma_0 \times \tan\alpha} \quad (3-2)$$

条带卷绕密度 γ_0 与纱线本身的线密度、表面的光滑程度、是否加捻及捻度大小、整经张力、退解筒子的卷绕密度(筒子的松紧程度)等因素有关,见表 3-12。

表 3-12　常用条带卷绕密度

纱线种类	卷绕密度(g/cm^3)	纱线种类	卷绕密度(g/cm^3)
棉股线	0.50~0.55	精纺毛纱	0.50~0.55
涤/棉股线	0.50~0.60	毛/涤混纺纱	0.55~0.60
粗纺毛纱	0.40	加捻丝	0.55~0.60

三、实验准备

1. 实验仪器　分条整经机。
2. 实验材料　纱线。

四、实验内容和实验步骤

1. 实验内容
(1)计算并调节定幅筘移距。
(2)分析定幅筘移距对条带成形的影响。

2. 实验步骤
(1)记录分条整经机的滚筒卷绕工艺参数。
(2)计算分条整经机定幅筘的移距。
(3)根据定幅筘的移距调整导条机构的传动参数。
(4)根据计算得到的定幅筘移距并放大或缩小其值,各进行一个条带的整经,观察、比较条带卷绕形状。

五、实验记录

1. 实验条件
整经机型号:＿＿＿＿＿＿;斜角板倾斜角:＿＿＿＿＿＿。
整经条带长度:＿＿＿＿＿＿ m。

2. 测试数据记录及计算　根据实验条件及织物1、织物2、织物3 的有关参数计算定幅筘的移距并记录在表 3-13 中。

表 3-13　整经机定幅筘的移距计算

项　　目	织物 1	织物 2	织物 3
经纱线密度(dtex)			
整经纱数			
整经幅宽(cm)			
条带卷绕密度(g/cm^3)			
计算定幅筘的移距(cm/r)			

思 考 题

分析、评价定幅筘的移距大小对条带成形的影响。

第三节 浆纱工序的工艺参数测定及分析

实验三十二 浆液粘度的测定及分析

一、实验目的
(1) 掌握实验室中浆液的调制方法。
(2) 了解浆液粘度和温度、浓度之间的关系。
(3) 了解浆液粘度的测定装置、测定方法,掌握测定操作技能。

二、基本知识
构成浆料的主体材料是一种具有粘着力的材料,即粘着剂,常用粘着剂大多数是高分子有机化合物。

浆液粘度是描述粘着剂所调制浆液流动时内摩擦力的物理量,对经纱上浆率、浆液对纱线的渗透与被覆程度等有重要的影响。在实际上浆过程中,必须对浆液粘度进行定期测定和控制。

浆液粘度测定方法有多种,本实验使用的是实验室中常用的方法。

三、实验准备
1. 实验仪器 旋转式粘度计,调浆锅,电动搅拌器,电炉。
2. 实验材料 经纱。

四、实验内容和实验步骤
1. 实验内容
(1) 浆液制备。
(2) 浆液粘度测定。

2. 实验步骤
(1) 浆液制备:按照调浆配方在调浆锅中加入一定量的粘着剂和溶剂(水),开动搅拌机、开启电炉,在升温和搅拌条件下使粘着剂逐步溶解或分散,浆液达到规定的调浆温度,完成浆液制备工作之后,浆液保温到测定温度。

(2) 测定浆液粘度:
① 调节粘度计水浴温度到规定的测定温度。

②右手按下电动机控制按钮,电动机启动,调节仪器零位,再次按下电动机控制按钮,电动机关闭。
③根据浆液粘度选择适当的转动柱体,将它吊在圆柱形容器中,迅速倒入待测浆液。
④右手按下电动机控制按钮,待转动体旋转平稳,指针稳定时,读取所示数字。
⑤将所读数字乘以转动柱体的倍数得测定值,则该浆液的绝对粘度 η 为:

$$\eta = 测定值 \times K$$

校正系数 K 需定期测定。

五、实验记录

1. 实验条件

粘着剂:_____。

2. 测试数据记录及计算　将实验测试的数据记录在表 3-14、表 3-15 中。

表 3-14　当浆液总固体率不变时,温度对粘度的影响

项目＼温度	20℃	30℃	40℃	50℃	60℃	70℃	80℃	90℃
粘度计读数								
转动柱体倍数								
K 值								
粘度(mPa·s)								

浆液总固体率:_____。

表 3-15　当浆液温度不变时,总固体率对粘度的影响

项目＼总固体率								
粘度计读数								
转动柱体倍数								
K 值								
粘度(mPa·s)								

浆液温度:_____℃。

思 考 题

将以上测试数据用方格纸描出大体的规律:
(1)当浆液总固体率不变时,温度与粘度的关系。

(2)当浆液温度不变时,总固体率与粘度的关系。

实验三十三　浆液总固体率的测定及分析

一、实验目的
(1)了解浆液总固体率的含义。
(2)掌握浆液总固体率的测定方法及测定操作技能。

二、基本知识
上浆率是浆纱质量的主要指标之一,而影响上浆率的重要因素是浆液的总固体率。因此,为了控制上浆率,必须对浆液进行总固体率的测定。

总固体率的计算方法:

$$总固体率 = 1 - \frac{烘前重(蒸发器与浆液总重) - 烘后干重(蒸发器与浆料干重)}{浆液烘前重(即浆液重量)} \times 100\%$$

$$= \frac{浆液中浆料干重}{浆液重量} \times 100\% \qquad (3-3)$$

三、实验准备
1. **实验仪器**　分析天平,阿贝折光仪,恒温水浴锅,八篮恒温烘箱,1000W电炉,蒸发皿,干燥器。
2. **实验材料**　纯化学浆和淀粉浆。

四、实验内容和实验步骤
1. **实验内容**
(1)用烘干法分别测定纯化学浆和淀粉浆的总固体率。
(2)用阿贝折光仪分别测定这两种浆液的总固体率。

2. **实验步骤**
(1)烘干法:
①用分析天平称取蒸发皿重量。
②用分析天平称取(蒸发皿中)新鲜浆液约25g(精确到0.01g)。
③将蒸发皿置于沸水浴上,待蒸发掉浆液中大部分水分后移入恒温烘箱,在105~110℃温度下烘干,取出后放入干燥器内冷却至室温。
④用分析天平称取蒸发皿及剩余干浆料的重量。
⑤计算总固体率。
(2)阿贝折光仪法:
①滴加数滴浆液于阿贝折光仪辅助棱镜的毛镜面上,闭合辅助棱镜,旋紧锁钮,转动手柄进行调节,从读数望远镜中读出标尺上相应的折光率示值,重复测定三次,取其平均值,计

算总固体率。

②上述实验步骤分别对两种浆液进行。

五、实验记录

1. 实验条件

纯化学浆的浆液配方：_____;配方总固体率：_____;

淀粉浆的浆液配方：_____;配方总固体率：_____。

2. 测试数据记录及计算　将实验测试数据及总固体率计算值填入表3-16。

表3-16　测试数据记录

浆　　液	浆液重量(g)	烘前重(g)	烘后重(g)	总固体率 (烘干法)	折光率	总固体率 (阿贝折光仪法)
纯化学浆						
淀粉浆						

思　考　题

比较每种浆液的配方总固体率、烘干法总固体率和阿贝折光仪法总固体率三者之间的差异，分析其原因。

实验三十四　浆液粘着力的测定及分析

一、实验目的

(1)了解影响浆液粘着力的主要因素。

(2)掌握浆液粘着力的测定方法及测定操作技能。

二、基本知识

浆液的粘着力直接决定着浆料在相应纱线上的粘附力,反映粘着剂与纤维的亲和程度。同时,浆液的粘着力也影响着浆纱强力、耐磨等性能,浆液粘着力的大小也可作为确定浆纱上浆率的一个重要依据。

浆液粘着力的测定方法有粗纱试验法和织物条试验法,这里只介绍常用的粗纱试验法。

三、实验准备

1. 实验仪器　恒温水浴锅、Zwick材料试验机、天平、三颈瓶、温度计、秒表。

2. 实验材料　纯棉粗纱条(28tex)10根、纯涤纶粗纱条(28tex)10根、涤棉混纺粗纱条(28tex)10根、淀粉浆料若干。

四、实验内容和实验步骤

1. 实验内容

(1)调制浆液。

(2)测定浆液的粘着力。

2. 实验步骤

(1)调制浆液:

①计算按一定浓度(淀粉浆浓度一般为6%)调制500g浆液所需浆料重量,用天平称取浆料(精确至0.1g)并加入到500mL三颈瓶中,加入蒸馏水或相当纯度的水,使水的重量与称取的浆料重量之和为500g。

②将三颈瓶置于水浴中,装上搅拌器并插上温度计。打开升温装置和搅拌器,慢慢升温并不断搅拌至浆液温度为95℃,保温调制1h。

③将试验用的浆料配制成1%浓度的浆液2200mL,置于容器内加盖后放入95℃恒温水浴中,使浆液温度升到95℃,备用。

(2)浆液粘着力的测定:

①将试验用粗纱条轻轻地绕在铝合金框架上(注意绕粗纱时不能使其有伸长),备用。

②把准备好的试样及框架浸入95℃的浆液中,同时按下秒表计时,浸渍到5min时立即将框架提出,挂起自然晾干。

③将已晾干的试样从框架上剪下,试样长度为300mm,放在恒温恒湿室内平衡24h,然后在Zwick材料试验机上测试上浆后粗纱条的断裂强力(N)。计算断裂强力的平均值即为浆液的粘着力。每次试验应取30个粗纱试样,本实验中为缩短实验时间,暂定为10个。

五、实验记录

1. 实验条件

实验温度:_____℃;实验湿度:_____;夹距:_____mm;

夹头下降速度:_____m/s;预加张力:_____N。

2. 测试数据记录及计算　将实验测试数据记录在表3-17中。

表3-17　记录及计算粗纱条强力值

项目 粗纱条品种	粗纱条强力(cN)										平均强力 (cN)
	1	2	3	4	5	6	7	8	9	10	
纯棉粗纱条											
纯涤纶粗纱条											
涤棉混纺粗纱条											

思 考 题

1. 从表 3-17 中的实验数据分析,你认为淀粉浆料用于哪种纱线更合适?试从理论上加以分析。
2. 若想依据粘着力来确定上浆率的大小,应如何设计上述实验?

第四节 织造工序的工艺参数测定及分析

实验三十五 织机打纬阻力和经纱动态张力的测定及分析

一、实验目的

(1)综合运用所学的基础技术知识与织造专业理论知识,学习非电量电测的一般方法,提高综合分析和解决实际测试问题的能力。

(2)深入了解织造工艺中打纬阻力的大小对织物形成过程和外观质量的重要性。

(3)了解经纱上机张力、后梁高度、开口时间等工艺参数的改变对打纬阻力和经纱动态张力的影响。

(4)了解打纬阻力和经纱动态张力的测定装置、测定方法,掌握测定操作技能。

二、基本知识

在织造时,钢筘把引入梭口的新纬纱推向织口,与经纱交织形成织物称为打纬运动,纬纱和经纱之间有一个比较复杂的受力过程。在综平以后的初始阶段,经纬纱开始相互屈曲抱合而产生摩擦作用,因而出现了阻碍纬纱移动的阻力。随着纬纱移动阻力的出现,经纱张力亦稍稍增加,但由于此时钢筘至织口的距离相当大,这种相互屈曲和摩擦的程度并不显著。随着纬纱继续被推向织口,经纬纱线相互屈曲和摩擦的作用就逐渐增加。当纬纱被钢筘推到离织口第一根纬纱一定距离时,就会遇到开始显著增长的阻力,自此之后,随着钢筘继续向机前方向移动,织口被推向前方。同时新纬纱在钢筘的打击下,将压力传给相邻的纬纱。与此同时,经纬纱线之间产生急剧的摩擦和屈曲作用,当钢筘到达最前方位置时,这种相互屈曲和摩擦作用最为强烈,对钢筘的作用力也达到最大,称为打纬阻力。

在实际生产中,打纬阻力的大小因织物结构、纱线性能等因素而异。打纬过程中,织机的上机工艺参数如经纱上机张力、后梁高度、开口时间对打纬阻力以及织物形成都产生很大影响。

三、实验准备

1. 实验仪器 织机,座式片纱电子张力仪,接近开关及其电源,打纬阻力传感器,主轴刻度盘。

2. 实验材料　经纱和纬纱。

四、实验内容和实验步骤

1. 实验内容

(1)打纬阻力和经纱动态张力的测定。

(2)了解经纱上机张力、后梁高度、开口时间等工艺参数的改变对打纬阻力和经纱动态张力的影响。

2. 实验步骤

(1)在筘座后部正确安装好打纬阻力传感器。

(2)检查主轴刻度盘与主轴同轴连接是否正常,织机前止点时接近开关(带直流电源)是否正对刻度盘上粘贴的磁钢。

(3)检查打纬阻力传感器、经纱张力传感器、接近开关的输出端与经纱张力测试虚拟仪器系统导线连接是否良好,确认测试仪器系统连线无误。然后,接通各仪器电源,预热、调整零位。

(4)启动计算机,单击程序"纺织测试虚拟仪器系统"。

(5)选择"经纱动态张力测定"子菜单。

(6)按照计算机屏幕的指令执行操作。

(7)首先进行经纱张力传感器标定,在经纱张力标定架上安装好经纱张力传感器,在张力传感器上穿入布条(代替被测经纱),布条一端固定,另一端准备悬吊标定砝码。根据屏幕提示。

①标定砝码从 0 起至 900g,每次以 100g 为增量,共 10 次,根据砝码的实际重量,每改变一次砝码,键入相应量到"砝码重量"栏,再按"经纱张力"按钮确认。

②键入 10 次不同重量后,计算机自动完成经纱张力传感器标定工作,即建立经纱张力(砝码重量)与经纱张力传感器模拟量之间的数值关系。

③如发现键入数据有误,按"取消"键,可以重新开始经纱张力传感器的标定。

(8)打纬阻力传感器模拟量与经纱张力传感器模拟量之间关系的确定。

①准备好打纬阻力传感器。

②在后梁与综框之间选取 60 根经纱,穿入经纱张力传感器。

③转动织机至前止点,使得织口顶住钢筘,完全放松织物(这时打纬阻力传感器应变产生的模拟量反映了经纱张力),转动织轴使经纱张力达到较大的程度。

④逐步放松织轴,即降低经纱张力,也同样降低了钢筘的受力。每放松一定量的经纱张力,按"标定"按钮,计算机同时采集经纱张力传感器模拟量和打纬阻力传感器模拟量的数据。

⑤采集 8 次数据后,屏幕显示出经纱张力传感器模拟量和打纬阻力传感器模拟量的计算机采样值之间的函数关系。

⑥如发现操作有误,按"取消"键,可以重新开始两者关系的确定。

⑦对操作不清楚,可按"帮助",获得如何操作的说明。

(9)在(7)和(8)操作完成后,按"标定完成"按钮。至此,计算机已经自动建立了经纱张力传感器模拟量的计算机采样值与经纱张力值之间的函数关系,建立了打纬阻力传感器模拟量的计算机采样值和打纬阻力值之间的函数关系。

(10)标定工作完成后,屏幕切换到工艺参数的设置单元,按照提示键入有关信息(注意键入数据的单位)。

(11)工艺参数输入后,可以按下屏幕上"打纬阻力的测试"按钮或"经纱张力的测试"按钮,进入打纬阻力或经纱张力的测试阶段。

(12)在测试打纬阻力或经纱张力的屏幕上:

①按照实验前预先设计的织机工艺方案(经纱上机张力、后梁高度、开口时间)调整好织机。

②启动织机,待运行稳定和织造织物正常后,点击"测试"按钮,开始打纬阻力或经纱张力测试。测试完毕,屏幕定量显示出筘座前止点时(打纬时刻)打纬阻力或经纱张力值。

③屏幕显示出打纬阻力或经纱张力的波形。

④需要打印打纬阻力或经纱张力曲线,按"打印"按钮。

⑤①~④的操作完成后,按"重测"按钮,可以进行下一个织机工艺方案的测试。

⑥所有设计的方案完成后,按"实验结束",计算机退出打纬阻力或经纱张力测定实验,测定实验结束。

(13)对不同织机工艺方案的测量结果进行分析,并对相应的织物布面状况进行比较。

五、实验记录

1. 实验条件

织机型号:_____;织机转速:_____ r/min;织物组织:_____;

经纱线密度:_____ tex;纬纱线密度:_____ tex;总经根数:_____;

织物幅宽:_____ mm;织物经密:_____ 根/10cm;织物纬密:_____ 根/10cm;筘号(公制):_____;每筘穿入数:_____。

2. 测试数据记录及计算　将织机工艺条件和测试所得打纬时刻经纱张力值、打纬阻力值填入表3-18。

表3-18　记录及计算经纱张力值、打纬阻力值

测试条件	经纱上机张力(N)	后梁高度(mm)	开口时间/主轴角度	打纬时刻经纱张力(N)	打纬阻力(N)
条件一					
条件二					
条件三					

思 考 题

1. 为什么说打纬阻力是织造过程的重要参数？
2. 叙述织机工艺参数的改变而引起的打纬阻力的变化对织物形成的影响。

实验三十六 综框运动规律的测定及分析

一、实验目的

(1)实测综框的动态位移、速度和加速度，了解其变化规律。

(2)巩固已学开口运动的基本理论。

(3)了解测定综框位移、速度、加速度的测定装置、测定方法，掌握测定操作技能。

二、基本知识

综框的运动规律包括综框在运动过程中的位移、速度和加速度变化规律，它对织机的运转以及织物形成产生了重要影响，主要表现在开口与引纬和打纬运动的配合、梭口开启清晰程度(关系到织疵形成)、经纱断头率、机器振动及噪声等方面。

综框运动规律的测试原理：非接触式位移传感器采用电感工作原理。传感器的固定部分安装在机架上，运动部分装在综框上。当综框运动时，传感器运动部分便沿着固定的路线产生位置的移动，结果使电感值发生变化，在传感器电路(由非接触式位移传感器和载波放大器组成)的输出端产生交变电压并输出。综框位移越大，输出电信号也越大，并与综框位移呈线性关系。输出的交变电压信号输入 SC—16 型光线示波器，进而记录信号的变化曲线即综框的位移曲线。当输出的交变电压信号中途经一级或二级微分电路处理，则记录的变化曲线分别为综框的速度和加速度曲线。

输出的位移交变电压信号输入到纺织测试虚拟仪器系统，由计算机软件对测试数据进行处理，计算出速度和加速度值并打印。本实验采取早期的光线示波器记录方法，目的是让学生对非电量电测方法获得更多的感性和理性知识，了解它的技术进步历程。

三、实验准备

实验仪器 织机,非接触式位移传感器,载波放大器,SC—16 型光线示波器,接近开关及其电源,主轴刻度盘,自制微分电路,钢直尺。

四、实验内容和实验步骤

1. **实验内容** 实测综框的动态位移、速度和加速度变化规律。

2. **实验步骤**

(1)检查主轴刻度盘与主轴同轴连接是否正常,织机前止点时,接近开关(带有直流电源)是否正对刻度盘上粘贴的磁钢。将接近开关的输出导线和SC—16型光线示波器信号输入端相连。

（2）安装综框位移传感器及测试装置,如图3-5所示。检查测试仪器系统各导线连接情况。

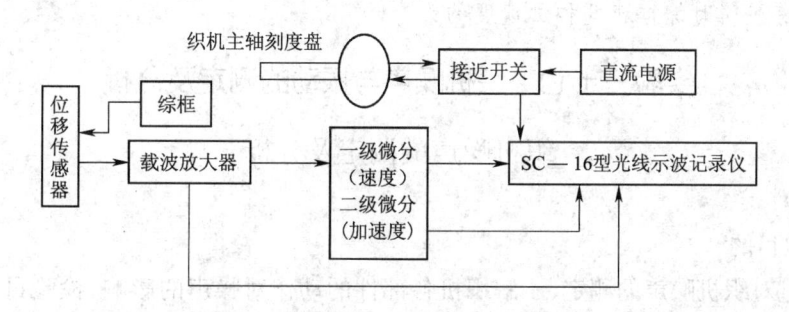

图3-5　综框运动规律测试装置框图

（3）测试综框运动规律选用FC—400号振子,主轴时间信号记录选用FC—1200号振子。

（4）接通电源,预热、预调各仪器零位并使之处于良好状态。

（5）开动织机,待织机运转正常后启动SC—16型光线示波器记录功能,记录综框运动规律曲线及主轴时间,然后织机停机。运动规律曲线记录过程中,启用主轴角位移信号系统,在记录纸上画出主轴时间刻度。

（6）将载波放大器输出信号直接接入SC—16型光线示波器,振子记录综框位移规律；载波放大器输出信号经一级微分之后接入SC—16型光线示波器,振子记录综框速度规律；经二级微分则记录综框加速度规律。

在上述记录的同时,主轴时间信号振子记录了主轴时间,为综框位移、速度、加速度曲线的时间坐标轴标记主轴时间0。

（7）记录综框位移规律时,标记位移坐标轴的零位及刻度：将综框调节到综平位置,启动光线示波器的慢速记录功能,记录综框综平位置即位移曲线的零点位置；然后,调节综框到不同高度(6次),进行慢速记录,标记刻度。

（8）用闪光测速仪测定织机主轴转速。

（9）对速度、加速度坐标轴进行标定,具体方法见第一章中"位移、速度和加速度测定方法及实验仪器"。

五、实验记录

1. 实验条件

织机型号：_____；织机转速：_____ r/min；测定综框页数：_____。

2. 测试数据记录及计算　以示波仪记录综框位移、速度、加速度曲线,在记录曲线上标记标定的刻度。

思 考 题

1. 综框开口角与闭口角各是多少？它们之间为什么要有差异？
2. 分析综平瞬时综框速度和加速度的大小。

实验三十七　织机噪声与振动的测定及分析

织机噪声的测定及分析

一、实验目的

(1) 通过对织机噪声的测定，了解织机各部件的动作对噪声的影响，检验目前织机的噪声水平是否符合国家标准，对治理织机噪声公害获得感性知识。

(2) 初步学会测定织机噪声的方法，了解声级计的基本结构、工作原理和使用方法，掌握织机噪声测定操作技能。

(3) 分析和认识织机产生噪声的原因。

二、基本知识

一切振动的物体都是声源，振动在介质(气体、液体、固体)中以波的形式传播。声波就是由于介质中各质点做周期性的相互"靠拢"与"离开"，使介质呈周期性的"疏"、"密"状态而产生的，从而造成质点位移和压强(声压)的周期性变化。

噪声是由许多不同强度和频率的声音无规律地组合而成，人耳对不同频率的噪声感受不同，所受的伤害、影响也不一样。噪声污染被视为当今世界四大公害之一，而纺织业的噪声则尤为严重。

ND2 型精密声级计测试织机噪声的原理：利用电容式传感器来检测具有一定能量和声压的声波，再经后级计算网络电路及倍频程滤波器的作用，最后以分贝为单位表示出来。

三、实验准备

实验仪器　织机，ND2 型精密声级计。

四、实验内容和实验步骤

1. 实验内容

(1) 测定织机各处的噪声分贝数值。

(2) 在机前测点 2(图 3-6) 使用 ND2 型精密声级计上的倍频程滤波器测定整机的噪声频谱图。

2. 实验步骤

(1) 校正 ND2 型精密声级计。

(2)定点测量单机噪声分布。在距机台外廓1m,距地面1.5m的测量线上选点:1 机前左侧;2 机前操作处;3 机前右侧;4、5、6 均在机后,7、8 在织机两侧面,如图3-6所示。开动织机,将ND2型精密声级计面向织机与水平面平行,电容传声器分别对准上述各测点,读出各处的噪声分贝数值。

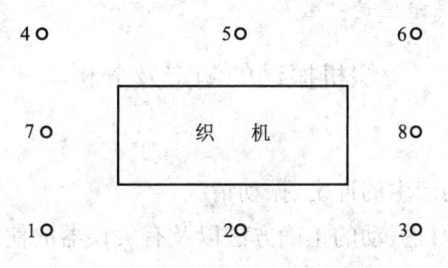

```
        4○        5○        6○

        7○     ┌────────┐    8○
               │  织  机 │
               └────────┘
        1○        2○        3○
```

图3-6 织机噪声测定点示意图

(3)绘制整机噪声频谱图。在机前测定点2使用ND2型精密声级计上的倍频程滤波器,分别测定中心频率为31.5Hz~16kHz声压级,绘制频谱图。中心频率分档为:31.5Hz,63Hz,125Hz,250Hz,500Hz,1kHz,2kHz,4kHz,8kHz,16kHz。

(4)背景噪声的修正。关掉织机,测定环境噪声(本底噪声)分贝数,由环境噪声影响修正曲线求出修正值。

五、实验记录

1. 实验条件

织机型号:_____;织机转速:_____ r/min;经纱线密度:_____ tex;
纬纱特数:_____ tex;织物组织:_____;总经根数:_____;
织物幅宽:_____ mm;织物经密:_____ 根/10cm;织物纬密:_____ 根/10cm。

2. 测试数据记录及计算 将各测定点的噪声测定数据及计算结果填入表3-19。将机前测点2处的噪声频谱测定值填入表3-20并绘制整机噪声频谱图。

表3-19 单机噪声分布测定

环境噪声 N(dB)								
测定点噪声 M(dB)	1	2	3	4	5	6	7	8
$(M-N)$差值								
修正值 K(dB)								
实际噪声(dB)								

表3-20 噪声频谱测定

中心频率(Hz)	31.5	63	125	250	500	1k	2k	4k	8k	16k
声压级(dB)										

思 考 题

1. 分析织机产生噪声的主要原因。
2. 减小织机噪声的主要途径是什么？

织机振动的测定及分析

一、实验目的
（1）了解织机主要机构产生的冲击、振动情况。
（2）了解并学会测定织机振动的正确方法以及有关仪器的使用技能。
（3）了解织机振动与噪声的关系，为探讨减振、防噪措施打下基础。

二、基本知识
振动是一个物理系统在平衡位置附近作重复、周期或随机的往复运动。在时域内，振动可用振动体的振动位移、速度、加速度的时间函数来表示；在频域内，可用振幅的频谱来描述。在本实验中，织机振动简单地以振动体的加速度的峰值来衡量。

三、实验准备
实验仪器　织机，压电式加速度传感器，电荷放大器，有效值峰值电压表。

四、实验内容和实验步骤
1. 实验内容

（1）测定织机各主要部位（根据实验织机机型确定）在 X、Y、Z（左右、前后、上下）三个方向的振动值。应有 3 个测点位置和噪声测定位置一致，以便分析噪声与振动的关系。

（2）测定织布车间主要承重点处的振动情况。

2. 实验步骤

（1）按规定将压电式加速度传感器安装到预定位置。
（2）将测试仪器接入工作电路，校核电源。
（3）启动仪器并预热，然后选择旋钮与量程开关。
（4）记录好织机静态与动态工作参数。
（5）开动织机，待工作正常时按实验设计方案对各测点进行测定，再将电压峰值读数换算为振动值（加速度峰值以重力加速度 g 为单位）。

五、实验记录
1. 实验条件

织机型号：＿＿＿＿＿＿＿＿；主轴转速：＿＿＿＿＿＿＿＿ r/min；

织物品种及规格:＿＿＿＿＿＿＿＿＿＿＿＿＿＿＿＿＿＿。

2.测试数据记录及计算 将织机3个主要部位的振动值、噪声值记录在表3－21中。将车间2个主要承重点处的振动值填入表3－22。

表3－21 织机各主要部位振动值

测定位置	振动值(g)			噪声值(dB)
	x方向(左、右)	y方向(前、后)	z方向(上、下)	

表3－22 车间主要承重点处的振动值

测定位置	振动值(g)		
	x方向(左、右)	y方向(前、后)	z方向(上、下)

思 考 题

1. 织机产生振动的原因是什么？
2. 振动与噪音有何关系？
3. 有效减振的办法有哪些？

实验三十八 梭子平均飞行速度和进出梭口挤压度的测定及分析

一、实验目的

(1)实测梭子进出梭口的时间,测定梭子进出梭口时的挤压度。
(2)计算梭子通过梭口的平均速度。
(3)了解梭子进出梭口挤压度的测定装置、测定方法,掌握测定操作技能。

二、基本知识

1.梭子飞行平均速度

梭子在梭口中飞行时间

$$t = \frac{\alpha_2 - \alpha_1}{6n} \tag{3-4}$$

梭子飞行的平均速度

$$v = \frac{s}{t} = \frac{L + L'}{\frac{\alpha_2 - \alpha_1}{6n}} = \frac{6n(L + L')}{\alpha_2 - \alpha_1} \tag{3-5}$$

梭子飞行距离

$$s = L + L' \tag{3-6}$$

式中：L、L'——分别为织机穿筘幅度、梭子胴体长度；

α_1、α_2——分别为梭子进、出梭口时织机主轴时间角；

n——织机转速，r/min。

2. 梭子进出梭口的挤压度

$$P = \frac{h_s - H_1}{h_s} \times 100\% \tag{3-7}$$

$$P' = \frac{h_s - H_2}{h_s} \times 100\% \tag{3-8}$$

式中：P、P'——分别为梭子进出梭口的挤压度；

h_s——梭子前壁高度；

H_1、H_2——分别为梭子进、出梭口时，梭子前壁处的梭口高度。

3. 剑杆织机剑杆头进出梭口的挤压度 剑杆头进出梭口的挤压度测定也可用相同方法。剑杆头的形状不如梭子规整，因此剑杆头前壁高度和剑杆进、出梭口时梭口在剑杆头前壁处的高度不易测量。

三、实验准备

实验仪器　织机，有标记的梭子，织机主轴刻度盘，装有触点开关的圆盘及其固定支架，钢卷尺，钢直尺，闪光灯，闪光测速仪。

四、实验内容和实验步骤

1. 实验内容

（1）测定梭子进出梭口的时间角。

（2）测定并计算梭子平均飞行速度及梭子进出梭口的挤压度。

2. 实验步骤

（1）用闪光测速仪测定织机转速：

①测量经纱的穿筘幅宽 L、梭子的胴体长度 L' 及梭子前壁高度 h_s。

②将织机主轴刻度盘固装在织机主轴上，在机架上固装一指针，转动织机主轴到前止点，此时，使指针指向刻度盘 0 处。

③在刻度盘外侧安放带有支架的圆盘（该圆盘用力即可转动），圆盘与主轴刻度盘基本同轴，其内侧装有一个触点开关，在刻度盘外侧装一触点。

④将圆盘上触点开关的两输出端和数字式闪光测速仪的闪光触发端相接。

⑤在梭子胴体与梭尖交界处刻以标记线，一端为白线，另一端为红线，其中白线靠近开关侧，红线靠近换梭侧，红白线间距为梭子胴体长度。

⑥开动织机,启动闪光测速仪,调节闪光频率。在机前以闪光灯照射换梭侧梭口,观察到梭子上的白色标记线稳定地出现在换梭侧梭口某点为止,保持这一频率。

⑦将闪光频率换算为织机转速。

(2)用闪光灯测量梭子飞行速度和进、出梭口的挤压度:

①开动织机,在上述测定的基础上,手转动带触点开关的圆盘(逆时针转动),继续用闪光灯观察,直至梭子上的白色标记线稳定地与换梭侧梭口的最外侧经纱重合。然后将闪光灯拿到刻度盘一侧,照射刻度盘,观察指针所指刻度,该刻度值即为梭子进梭口时织机主轴时间角 α_1。

②移动闪光灯到开关侧,手转动带触点开关的圆盘,直到红色标记线稳定地与开关侧梭口处外侧经纱重合。用闪光灯照射刻度盘,读出刻度盘的读数,即为梭子出梭口时织机主轴时间角 α_2。

③织机停车,将主轴分别转到梭子进梭口角 α_1 和梭子出梭口的时间角 α_2 位置,测量梭子进、出梭口时,梭子前壁处的梭口高度 H_1、H_2。

④计算梭子平均飞行速度,梭子进、出梭口的挤压度。

五、实验记录

1. 实验条件

织机型号:_____;织物名称及规格:_____;经纱穿筘幅宽 L:_____ mm。

2. 测试数据记录及计算

主轴转速:_____ r/min;梭子胴体长度 L':_____ mm;

梭子前壁高度 h_s:_____ mm;

梭子进、出梭口时,梭子前壁处的梭口高度 H_1、H_2:_____ mm;

梭子进梭口的主轴时间角 α_1:_____;梭子出梭口的主轴时间角 α_2:_____;

梭子平均速度 v:_____ m/s。

思 考 题

1. 计算梭子进、出梭口的挤压度,挤压度与哪些因素有关?
2. 挤压度的大小对织造有什么影响?为什么梭子进出梭口时必须有一定挤压度?
3. 试分析影响梭子平均飞行速度的因素。

实验三十九 喷气(喷水)织机纬纱平均速度的测定及分析

一、实验目的

(1)了解喷气、喷水织机的纬纱飞行状态以及纬纱飞行观察装置、观察方法,掌握操作技能。

(2)通过纬纱飞行观察,实测纬纱进出梭口的时间,计算纬纱通过梭口的平均速度。

二、基本知识

纬纱在梭口中飞行时间

$$t = \frac{\alpha_2 - \alpha_1}{6n} \tag{3-9}$$

纬纱飞行的平均速度

$$v = \frac{s}{t} = \frac{L}{\frac{\alpha_2 - \alpha_1}{6n}} = \frac{6nL}{\alpha_2 - \alpha_1} \tag{3-10}$$

式中：L——织机穿筘幅，cm；

α_1、α_2——分别为纬纱进、出梭口时织机主轴时间角，(°)；

n——织机转速，r/min。

三、实验准备

实验仪器 织机、闪光测速仪、闪光灯、织机主轴刻度盘、装有触点开关的圆盘及其固定支架、钢卷尺、直尺。

四、实验内容和实验步骤

1. 实验内容

(1) 观察纬纱飞行状况，测定纬纱进出梭口时间角。

(2) 计算纬纱平均飞行速度。

2. 实验步骤

(1) 用闪光测速仪测定织机转速：

①测量经纱的穿筘幅宽 L。

②将织机主轴刻度盘固装在织机主轴上，在机架上固装一指针，转动织机主轴到前止点，此时，使指针指向刻度盘 0 处。

③在刻度盘外侧安放带有支架的圆盘（该圆盘用力即可转动），圆盘与主轴刻度盘基本同轴，其内侧装有一个触点开关，在刻度盘外侧装一触点。

④将圆盘上触点开关的两输出端和数字式闪光测速仪的闪光触发端相接。

⑤开动织机，启动闪光测速仪，在机前以闪光灯照射纬纱运行路线，调节闪光频率，观察到纬纱头端稳定地出现在运行路线上某点为止，保持这一频率。

⑥将闪光频率换算为织机转速。

(2) 用闪光灯观察纬纱飞行状态并测量飞行速度：

①开动织机，在上述测定的基础上，手转动带触点开关的圆盘（逆时针转动），继续用闪光灯观察，直至纬纱头端稳定地与进梭口侧的最外侧经纱重合。然后将闪光灯移到刻度盘一侧，照射刻度盘，观察指针所指刻度，该刻度值即为纬纱进梭口时织机主轴时间角 α_1。

②移动闪光灯到出梭口侧,手转动带触点开关的圆盘,直到纬纱头端稳定地与出梭口侧的外侧经纱重合。用闪光灯照射刻度盘,读出刻度盘的读数,即为纬纱出梭口的时间时织机主轴时间角 α_2。

③计算纬纱平均飞行速度。

五、实验记录

1. 实验条件

织机型号:_____;织物名称及规格:_____;经纱穿筘幅宽 L:_____ mm。

2. 测试数据记录及计算

主轴转速:_____ r/min;

纬纱进梭口的主轴时间角 α_1:_____;

纬纱出梭口的主轴时间角 α_2:_____;

纬纱平均速度 v:_____ m/s。

思 考 题

1. 试分析影响喷气(喷水)织机纬纱平均飞行速度的因素。
2. 观察纬纱飞行状态对于调整引纬工艺参数有何作用?

实验四十　喷气织机引纬流体速度的测定及分析

一、实验目的

(1)了解喷气织机引纬气流的速度衰减规律。

(2)了解异形筘对喷气织机引纬气流的防扩散作用。

(3)了解喷气织机引纬气流运动规律的测定装置、测定方法,掌握测定操作技能。

二、基本知识

1. 喷气织机引纬流体的流速测试方法及原理介绍　在喷气织机引纬流体的流速研究中,通常采用两种测试方法:流动显示法和流动测量法。前者包括高速摄影技术等,后者包括激光多普勒测速仪法、毕托管测量法、电阻应变片测速法等。

(1)高速摄影法:高速摄影测速法就是以每秒几百幅乃至每秒几千幅的拍摄速度,将高速运动物体的图像记录在胶卷或胶片上(称为高速摄影),运动物体以距离标尺作为拍摄背景,胶卷或胶片经过显影、定影、翻折等加工处理,然后在判读仪上判读,研究人员在判读仪屏幕上参照运动物体背景的标尺对物体位移、速度进行统计。

(2)压力—速度测速法:压力—速度测速法是通过测量流体在某点总压的方法来间接地测算该点流体速度。测速所用毕托管是一根弯成90°的开口细管,测量流场中某点的流速时,毕托管的开口端放在测量点上,正对流体流动方向,形成一个流动的停滞点(驻点),这时与毕托管相连的压力测定系统显示该点总压,即滞止压力。在忽略测点静压的条件下根据流体相关参数,应用伯努利方程,即可得到测量点的流速。

$$v = \sqrt{\frac{2P}{\rho}} \tag{3-11}$$

式中:v——测点的流体速度;

P——测点的流体总压;

ρ——空气密度,取 $1.2kg/m^3$。

压力—速度测速法使用方便、易行,测试装置成本低、耐用性好,但测量精度不高,毕托管对于小尺度流场有干扰作用。

(3)激光多普勒测速法:激光多普勒测速法是基于光学多普勒效应。用激光光束照射到随流体一起运动的微粒上,通过测量微粒散射光的多普勒频移 F_d,利用多普勒频移与微粒速度之间线性关系推算出微粒的运动速度,即流体的速度。

激光多普勒测速法具有很多优点。

①非接触式测量,对流场没有干扰。

②空间分辨率高。

③动态响应快,测量精度高。

④速度与多谱勒频移是线性关系,并能覆盖一个很宽的流速范围。

(4)电阻应变片测速法:利用电阻应变片仪进行流速测量的原理分析如下。

图3-7为水流速度测定传感器,假定喷射水流的速度为 v、流量为 q,水射流冲击到传感器头端面积为 $1cm^2$ 圆片后,分成左右两股,两股水射流的流量均为原流量的一半。圆片受到的作用力 F 与流速 v 之间存在一定的关系。根据力 F 就可以得到圆片所在测点的平均水流速度 v。

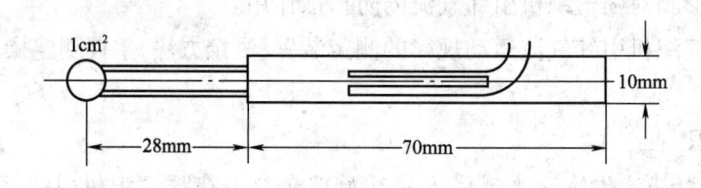

图3-7 水流速度测定传感器

电阻应变式传感器及其后续信号处理、记录装置对作用力 F 进行测定,进而得到流速。

2.本实验的测试方法 喷气织机引纬气流具有速度高、流场狭小、沿程衰减快等特点,这给测试工作造成了一定的难度。考虑到可操作性,本实验拟用动态响应性能良好的压力—速度测速法对喷气织机引纬气流速度进行测量。

三、实验准备

实验仪器 喷气织机、压力—速度测试装置、空气压缩机、直尺、铅笔。

四、实验内容和实验步骤

1. 实验内容

(1)喷气织机引纬气流的沿程速度衰减规律。

(2)异形筘对喷气织机引纬气流的防扩散作用。

2. 实验步骤

(1)将主喷嘴从喷气织机上拆下,安装在测试平台上,接入空气压缩机供气管道,模拟主喷嘴实际喷射方式,保持恒定的供气压力(0.3~0.4MPa)。

(2)使用压力—速度测试装置(图3-8),从距离主喷嘴出口处1cm的地方开始,沿着气流行进路线(气流中心线),每隔0.5cm测量一次气流的速度,直至速度为0的点为止。

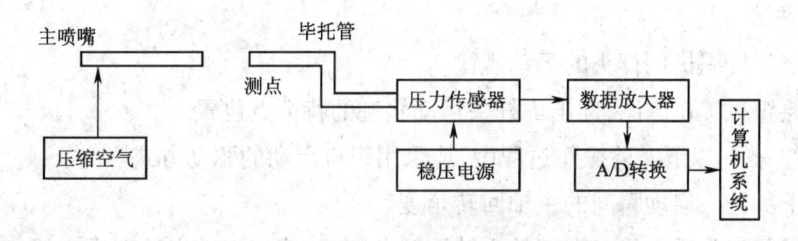

图3-8 压力—速度测试装置示意图

(3)在气流行进路线上,安装异形筘,按实验步骤(2)测量气流行进路线上各点的速度。

五、实验记录

1. 实验条件

织机型号:_____;主喷嘴供气压力:_____ MPa。

2. 测试数据记录及计算

(1)无异形筘条件下,计算并绘制喷气织机引纬气流的速度沿程衰减曲线(横坐标为测点到主喷嘴出口处距离,纵坐标为测点气流速度)。

(2)在异形筘防扩散作用下,计算并绘制喷气织机引纬气流的速度沿程衰减曲线。

思 考 题

1. 喷气织机主喷嘴引纬气流的速度如何衰减?
2. 异形筘对喷气织机引纬气流的防扩散作用如何?

实验四十一 剑杆运动规律的测定及分析

一、实验目的

(1)了解剑杆头的运动规律。

(2)了解剑杆头运动规律的测定装置,掌握测定方法、测定操作技能。

(3)分析剑杆头运动轨迹与织机主轴回转角度的对应关系。

二、基本知识

剑杆引纬是用杆状或带状的剑杆,在梭口中传递纬纱进行引纬。它具有以下特点:纬纱受到剑杆握持,引纬稳定可靠;剑杆运动规律经过精心设计,故运动平稳、噪声低,引纬过程中纬纱受力小且缓和;选纬器的工作原理赋予剑杆引纬优异的选色功能。

三、实验准备

实验仪器 剑杆织机,量角器,直尺,铅笔。

四、实验内容和实验步骤

1. 实验内容

(1)测量剑杆织机剑杆头的运动规律。

(2)描绘织机工作圆图,标出剑杆头运动轨迹的特征点位置。

2. 实验步骤 以下实验操作过程中,均采用织机点动的驱动方式。

(1)记下剑杆头启动瞬间的主轴回转角度。

(2)记录剑杆头进入梭口瞬间的主轴回转角度,计算剑杆头启动到进入梭口主轴所转过的角度。

(3)记录纬纱交接瞬间的主轴回转角度,计算剑杆头进梭口到纬纱交接主轴所转过的角度。

(4)记录剑杆头出梭口瞬间的主轴回转角度,计算纬纱交接到剑杆头出梭口主轴所转过的角度。

(5)记录剑杆头出梭口后静止瞬间的主轴回转角度,计算剑杆头出梭口到静止主轴所转过的角度。

(6)对送纬剑和接纬剑各作一次上述测试。

五、实验记录

1. 实验条件

织机型号:_____;织机转速:_____ r/min;

织物品种及规格:_____。

2. 测试数据记录及计算 将实验测试数据及计算结果填入表3-23。

表3-23 送纬剑和接纬剑运动时间(主轴回转角度) 单位:(°)

特征点	启动 α_1	进梭口 α_2	交接纬纱 α_3	出梭口 α_4	静止 α_5
送纬剑					
接纬剑					
转过角度	$\alpha_2 - \alpha_1$	$\alpha_3 - \alpha_2$	$\alpha_4 - \alpha_3$	$\alpha_5 - \alpha_4$	
送纬剑					
接纬剑					

思 考 题

1. 描绘织机的工作圆图,在图上标注送纬剑和接纬剑的剑杆头运动轨迹特征点的位置。
2. 分析、对比送纬剑和接纬剑运动规律。
3. 剑杆的运动规律对织物织造有什么影响?
4. 点动织机测试剑杆的运动规律与实际正常开车有区别吗?为什么?

实验四十二　上机张力、后梁高度对织物外观风格的影响

一、实验目的

(1)通过调节上机工艺参数(上机张力、后梁高度等),分析上机工艺参数对织物外观风格的影响。

(2)掌握织机上机工艺参数调节方法。

二、基本知识

织物的风格,从广义来说是指人们综合触觉、视觉以及听觉等方面对织物品质的评价。织物的外观风格是其风格的一部分,主要取决于它的纤维材料、纱线、织物组织等,此外还同织机工艺参数有关。譬如,调整经纱张力,改变经位置线(通过调节后梁高低和前后位置来实现)都会影响织物的外观风格。

上机张力是指综平时经纱的静态张力。上机张力的合理与否,对织物形成有很大关系。上机张力过小,打纬时织口的移动量增大,打纬区宽度增加,不仅织物达不到预定的纬密,还会使经纱与钢筘、综眼的摩擦动程变大,从而造成经纱断头增加。对于外观要求紧密、平整的织物,经纱张力可以大些。

如果后梁位置处于织口和综平时刻综眼的连线上,则梭口满开后上下层经纱张力基本相等,称为等张力梭口。等张力梭口形成的织物外观平挺,正反面纹路清晰,花纹变形小。因此,对于要求外观平挺、纹路清晰的斜纹和缎纹织物,以及提花织物宜采用等张力梭口或上下层张力差异很小的不等张力梭口来织造。后梁位置高于织口和综平时刻综眼的连线,则梭口满开后下层经纱张力大于上层经纱张力,这种不等张力梭口与打纬相配合使形成的织物表面丰满、颗粒突出,外观给人以厚实的感觉。

三、实验准备

实验仪器　织机,张力仪,转速表,扳手,钢直尺。

四、实验内容和实验步骤

1. 实验内容

(1)织机上机张力对织物外观风格的影响。

(2)织机后梁高低对织物外观风格的影响。

2. 实验步骤

(1)固定织机后梁高度,调整经纱上机张力,进行小样试织,以考察不同经纱上机张力对织物外观风格的影响(经纱张力借助张力仪测定)。

(2)固定经纱上机张力,调整织机后梁高低,进行小样试织,以考察不同后梁高度对织物外观风格的影响。

(3)通过评价外观风格、手感和测量织物厚度等方法分别对上述试织布样进行比较。

五、实验记录

1. 实验条件

织机型号:_____;织机转速:_____ r/min;

织物品种:_____。

2. 测试数据记录及计算　分析不同经纱上机张力和后梁高度条件下,形成的织物样布的外观风格、手感、厚度,将比较结果填入表3-24。

表3-24　经纱上机张力和后梁高度对织物外观风格、手感、厚度的影响

项　　目	上机张力(cN)			后梁高度(cm)		
外观风格						
手　感						
厚　度						

注　调整经纱上机张力时,固定织机后梁高度为_____mm;调整织机后梁高低时,固定经纱上机张力为_____cN。

思 考 题

1. 织造工艺参数对织物外观风格有什么影响?
2. 织物品种不同,能否使用相同织造工艺参数?

第四章 质量分析研究性实验

> **本章知识点**
>
> 1. 棉、麻、毛、丝络筒工序质量检验项目及方法,疵病筒子及成因,筒子卷绕密度测试方法。初步掌握筒子质量检验技能。
> 2. 棉、麻、毛、丝织造常用接头方式及其特点。初步掌握接头质量检验方法和2~3种手工打结方法。
> 3. 棉、麻、毛、丝整经工序质量检验项目、质量检验方法,整经轴疵点及其成因,整经轴卷绕密度测试方法。初步掌握整经轴质量检验技能。
> 4. 主要浆料质量检验项目、指标与分析。初步掌握淀粉和变性淀粉质量指标的检验技能。
> 5. 棉、麻、丝浆纱工序质量检验项目、质量检验方法,浆纱内在质量(上浆率、回潮率、伸长率、增强率、减伸率、耐磨性、毛羽等)检测方法,浆轴疵点及其成因,浆轴卷绕密度测试方法。初步掌握浆纱及浆轴质量检验技能。
> 6. 棉、麻、毛、丝穿结经工序质量检验项目、质量检验方法,穿结经疵点及其成因和可能产生的后果。初步掌握穿结经用织造专用器材和穿经质量检验技能。
> 7. 棉、麻、毛、丝卷纬、定捻工序质量检验项目、质量检验方法,定捻效果,纬纱疵点。初步掌握纬纱质量和定捻效果检验技能。
> 8. 棉、麻、毛、丝织造效率的主要影响因素,织造断头检验方法和原因分析,织机停台调查方法。初步掌握织造断头和织造效率检验技能。
> 9. 棉、麻、毛、丝织物质量检验项目和评等依据,典型织品的主要质量指标的检验与评定方法、布面疵点的种类、主要织疵及其成因。初步掌握典型织品的质量检验技能。

对半成品和成品进行质量检验与分析,可随时反映质量状况及存在的问题,以便及时纠正疵点、处理不合格品,为提高产、质量及优化工艺等提供依据。

产品质量取决于原料、设备、工艺、操作、环境和管理。机织制品的常见质量疵病,随织物种类、特别是加工设备的不同而存在较大的差异。考虑到棉、麻产品及其织造生产的一些相似点,本章的质量分析分为三节,分别针对棉型和麻类织物、毛型织物及丝类织物。各实验中关于质量检验项目以及半成品质量疵点的介绍,均以大宗产品和常用设备为例。

第一节以量大面广的棉型织物为主线,其间穿插介绍麻织物的相关情况,按照分批整经、浆纱的工艺路线安排实验。无特殊说明者,均针对棉织物而言,麻织物采用同类设备时与之类似。第二节按毛织物的分条整经免浆工艺路线安排实验。第三节按大宗丝织物的工艺路线安排实验。此外,三节中对相同工序实验的基本知识的介绍各有侧重,互为补充,使用时互相参考和对比,效果更佳。

第一节 棉、麻织半成品、成品检验与分析

实验四十三 棉、麻织络筒质量检验与分析

一、实验目的
(1)了解棉、麻织络筒工序质量检验项目。
(2)熟悉筒子质量检验的方法,认识疵病筒子及其产生原因。
(3)熟悉筒子卷绕密度的测试方法。

二、基本知识
络筒工序的质量检验分络筒断头测定、筒纱质量检验和筒子质量检验。
(一)络筒断头
络筒断头的测定,通常在一个挡车工的看锭范围内测定 100 只管纱络筒过程中的断头次数,简称络筒百管断头。造成络筒断头的原因有细纱的生头不良、接头不良、飞花、杂质、弱捻纱、竹节纱、小辫子、脱圈等,也有络筒的成形不良、吊断头、清纱器不洁及其他。

$$络筒百管断头数 = \frac{断头次数}{测定管纱只数} \times 100 \qquad (4-1)$$

(二)筒纱质量
筒纱质量包括纱线的断裂强度、强力不匀率、断裂伸长率、百米质量偏差、百米质量变异系数、条干、棉结杂质、捻度、捻系数、纱疵以及毛羽等,目前除了断裂伸长率和毛羽,其他都在纱线定等考核指标之列。

(三)筒子质量
筒子质量检验内容包括筒子外观疵点和内在疵点的检验。
1. 筒子外观疵点 筒子外观疵点形成的疵筒主要有以下几种。
(1)蛛网或脱边筒子,如图 4-1(a)所示。
(2)包头筒子,如图 4-1(b)所示。
(3)钝头筒子,如图 4-1(c)所示。
(4)重叠筒子,如图 4-1(d)所示。

(5)葫芦筒子,如图4-1(e)所示。
(6)凸环(腰带)筒子,如图4-1(f)所示。
(7)铃形(喇叭)筒子,如图4-1(g)所示。
(8)松纱或脱壳筒子,卷绕密度过低,纱线退绕时产生脱圈。
(9)大小筒子,未按规定卷绕半径络筒,影响筒子定量和整经的分批换筒。
(10)筒管损坏,筒管开裂、豁槽、闭槽、头端有毛刺以及变形等。

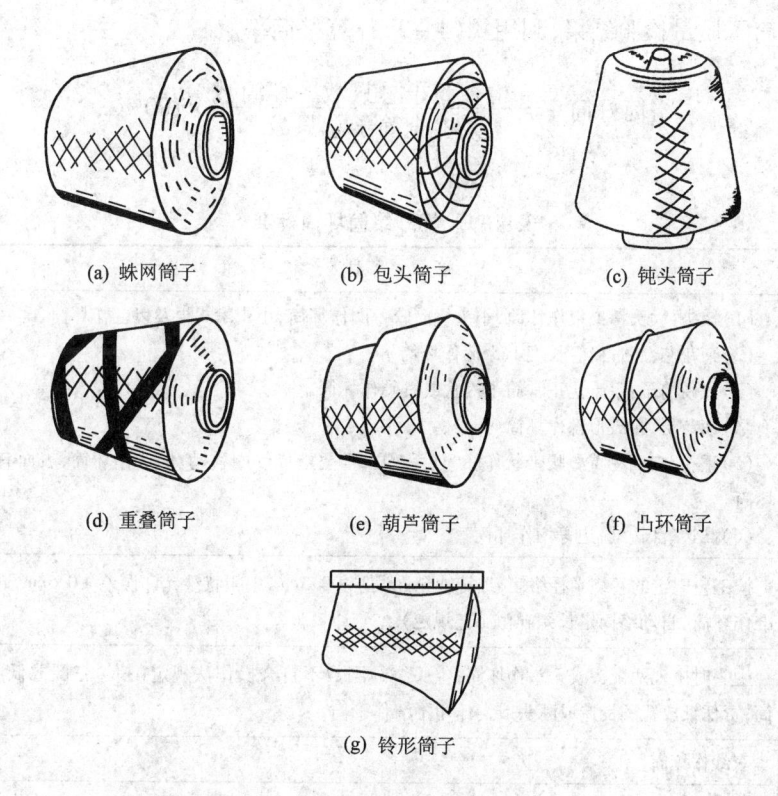

(a) 蛛网筒子　　(b) 包头筒子　　(c) 钝头筒子

(d) 重叠筒子　　(e) 葫芦筒子　　(f) 凸环筒子

(g) 铃形筒子

图4-1 疵筒示意图

2.筒子内在疵点

(1)结头不良:大小结头、长短结、脱结、结头带回丝、结头小辫子等。

(2)生头不良:纱尾长度不足,未嵌入纱槽,影响后工序备纱的结头;工号纸未嵌入,不便于追查责任;工号纸放置不良,退绕到小筒子时绊断纱线。

(3)飞花回丝附入:纱线通道上挂飞花、回丝或操作不小心等使飞花、回丝随纱线一起卷入筒子。

(4)小辫子纱:接头后纱线未拉伸、原纱捻度过大、紧捻或捻度严重不匀等易形成小辫子纱。

(5)油污纱:前工序带来的油污纱未及时剔除,人体、容器、衣服、地面的油污碰到纱条或加油不小心沾污纱线等产生油污纱。

(6)错特(支)错纤纱:由于生产管理不善,不同线密度、不同批号,甚至不同颜色的纱线混杂卷绕在同一只筒子上。

(7)纱线磨损:断头自停装置失灵、断头不关车或槽筒表面起毛,都会引起纱线的过度磨损、纱身毛羽增加、纱线强力降低。

(8)双纱:相邻断头的纱线卷入筒子形成双纱卷绕。

(9)搭头:断头时结头不良,使断纱卷入纱层内部形成搭头,退解时出现倒断头。

根据筒子疵点的严重程度和危害程度,相应有络纱坏筒标准,见表4-1(不同企业有所不同)。根据筒子质量检验结果,利用式(4-2)计算好筒率。

$$络筒好筒率 = \frac{检查筒子总只数 - 坏筒数}{检查筒子总只数} \times 100\% \qquad (4-2)$$

表4-1 棉纱络筒坏筒标准

疵点名称	考 核 标 准
成形不良	(1)襻头:大头襻1根作坏筒,小头绕筒管一圈作坏筒,小头襻4根及以上作坏筒 (2)菊花芯:超过筒管长度1.5cm作坏筒 (3)软硬筒子:手感比正常筒子松软或过硬作坏筒 (4)葫芦形、腰鼓形都作坏筒 (5)重叠:表面有重叠腰带状作坏筒(手感),重叠造成纱圈移动、倒伏作坏筒,表面有攀纱性重叠作坏筒 (6)凸边、涨边、脱边等均作坏筒
大小筒子	按工艺规定的卷绕半径络筒,细特纱允许误差±0.3cm,中粗特纱允许误差±0.5cm,超过允许误差标准作坏筒(自动络筒定长差异由工艺规定)
生头不良或责任标记不良	生头时出现两个头或无头作坏筒;生头绕纱圈数不符合操作法规定(超过三圈或低于一圈半)作坏筒;责任纸放置不良造成断头或责任印不清作疵筒
双 纱	双纱作坏筒
油污渍	表面浅色油污纱满5m作坏筒,内层不论颜色深浅作坏筒,深色油作坏筒
错特(支)、错纤维、错管	纱线线密度、成分或纱管搞错,作坏筒,并按质量事故处理
接头不良	(1)打结纱:存在结头疵点(大小结头、长短结、脱结、结头带回丝、结头处小辫子等)作坏筒 (2)捻接纱:捻接纱段有须头、松捻作坏筒,捻接处暴露纤维硬丝或纱尾超过0.3cm作坏筒,捻接处有异物和回丝花衣卷入作坏筒
杂物卷入	飞花、回丝卷入作坏筒
纱线磨损	底部、头端有1根扎断作坏筒,表面拉纱处满3m作坏筒
脱 圈	退绕时脱圈(经纱未嵌入张力盘造成卷绕过松所致)作坏筒
空管不良	筒管开裂、豁槽、闭槽、空管毛刺、变形作坏筒

此外,络筒工序还检验筒子的卷绕密度、纱线回潮率等。棉纱络筒卷绕密度参考范围见表4-2。

表 4-2 棉纱络筒卷绕密度参考范围

棉纱线密度[tex(英支)]	96~32(8~16)	31~20(19~29)	19~12(30~48)	11.5~6(50~100)
卷绕密度(g/cm³)	0.34~0.39	0.34~0.42	0.35~0.45	0.36~0.47

三、实验准备
1. 实验仪器　络筒机,电子秤,直尺,卡尺或软尺。
2. 实验材料　筒子纱。

四、实验内容
(1)测定筒子的实际卷绕密度。
(2)检验筒子外观质量:观察待检验筒子的卷绕成形,检出坏筒子。
(3)检验筒子内在质量:在络筒机上倒筒子,检验筒子内部疵点。
(4)分析筒子疵点产生的原因。

思 考 题

1. 计算所测定筒子的卷绕密度,衡量络筒卷绕的松紧程度,评价经纱张力是否合理,是否有利于形成成形良好的筒子。
2. 分析图 4-1 所示各种疵筒及实验所检出疵筒产生的原因。

实验四十四　棉、麻织接头质量检验与分析

一、实验目的
(1)了解棉、麻织造生产常用接头形式及其特点。
(2)熟悉络筒捻接接头质量检验方法。

二、基本知识
在织造加工过程中,清除纱疵、处理纱线断头、换管、换筒等操作后都需要对纱线进行接头。接头工作可用手工,或手动打结刀、打结器,或由捻接器完成。

手工和打结器的结头的形式主要有自紧结、织布结、筒子结和平结等,如图 4-2 所示。不同纱线在不同场合适合不同的结头形式。例如,棉织络筒和整经换筒常使用自紧结,整经断头和布机断头常使用织布结;黄麻织物生产常用筒子结和织布结等。

纱线捻接方法很多,有空气捻接法、机械捻接法、静电捻接法、包缠法、粘合法、熔接法等,但技术比较成熟、使用比较广泛的还是空气捻接法和机械捻接法,其接头形状见图 4-2(e),可生产无结头筒子(打结器和捻接器参见本书所附光盘)。

接头质量要求小而牢,不脱结,能满足后工序的需要。

对于打结结头,检验其外观,通常纱结疵点主要有以下几种。

(a) 筒子结　　　　　(b) 织布结　　　　　(c) 平结

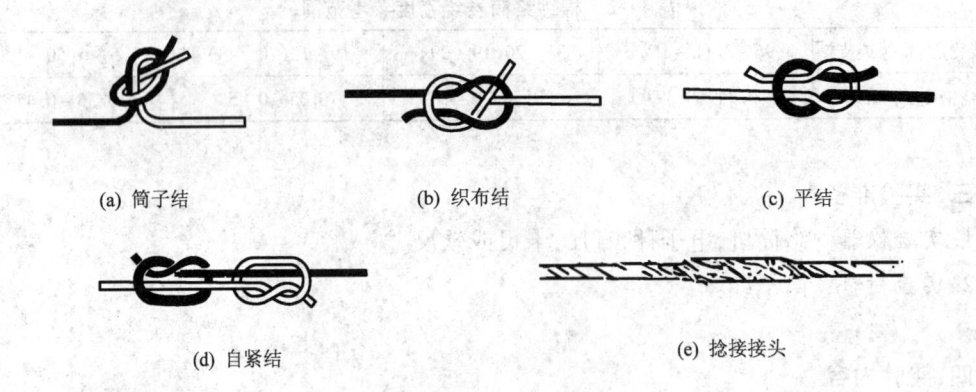

(d) 自紧结　　　　　(e) 捻接接头

图 4-2　接头形式示意图

(1)大小结头:结头纱尾超过标准。结头纱尾允许长度依纱线种类和粗细而不同,比如棉股线及粗特纱结头纱尾一般为 0.3~0.5cm,中细特纱结头纱尾一般为 0.2~0.4cm,黄麻纱的结头纱尾长度以 0.5~1.0cm 为宜。结头纱尾过长为大结头,过短为小结头。

(2)长短结:结头纱尾一根长,一根短,长的已经超过标准。

(3)脱结(松结):结头散开。

(4)带回丝:结头处有回丝带入。

(5)小辫子:结头处扭结(俗称小辫子)。

捻接接头质量检验包括外观和接头强度两方面。外观方面主要检验捻接区的形状和粗细。图 4-3 中(a)为好的捻接接头,(b)、(c)、(d)为三种典型的差的捻接接头,以及它们各自的成因(e)~(h)。若借助显微镜目测捻接区的粗细,则可计算捻接区增粗倍数。捻接接头强度检验则需要测试接头区纱线强力,计算捻接强力比(捻接处纱线强力除以原纱强力的百分比)、捻接强力合格率(捻接强力合格的个数除以捻接总数的百分比)等指标。

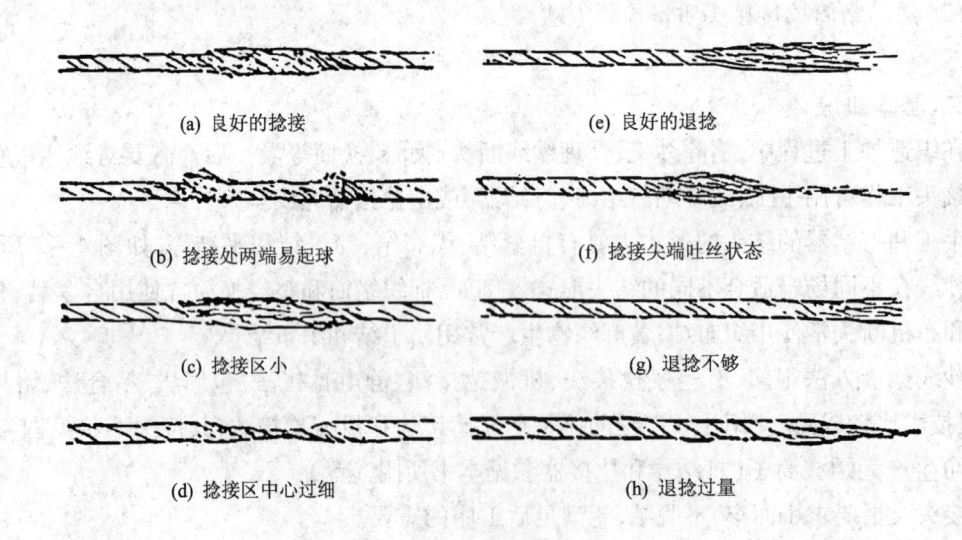

(a) 良好的捻接　　　　　(e) 良好的退捻

(b) 捻接处两端易起球　　(f) 捻接尖端吐丝状态

(c) 捻接区小　　　　　　(g) 退捻不够

(d) 捻接区中心过细　　　(h) 退捻过量

图 4-3　捻接接头

三、实验准备

1. 实验仪器　自动络筒机,自紧结用打结刀或打结器,织布结用小剪刀,捻接标记用色粉或彩色水笔,单纱强力仪。

2. 实验材料　管纱或筒纱若干,筒管若干。

四、实验内容

1. 打结及其质量检验　利用打结刀或打结器打若干自紧结,借助小剪刀打若干织布结,检验所有结头的质量。注意认识和区别不同结头的特征。

2. 捻接及其质量检验　在自动络筒机上络筒,做不少于 30 个捻接接头。取含捻接接头的筒纱和络此筒纱所用管纱,利用单纱强力仪分别测试捻接纱线强力和原纱强力。捻接强力测试时,断裂发生在捻接处及两端 5mm 范围内算捻接断裂。

实验可参考如下方法制作和标记捻接区,以方便强力测试时查找。

(1) 开启自动络筒机,待筒管上络上一定厚度纱层(避开摩擦较大的小筒脚)后,开始制作和标记捻接区。亦可直接在有一定厚度纱层的筒子上络纱。

(2) 手按清纱器上的剪切按钮切断纱线,络筒机自动接头,接头结束立即手按该纱锭的停止按钮,用色粉或彩色水笔等在接头上下分别点彩色标记。

(3) 开动纱锭,络一小段纱,重复(2)的步骤制作和标记捻接区,直至完成所需数量。

思 考 题

1. 计算所测纱锭的捻接强力比、捻接强力 $CV\%$,了解其他纱锭的测试结果,以捻接强力比 $>85\%$ 为合格接头,计算该机器的捻接强力合格率。

2. 比较自紧结、织布结、筒子结和捻接接头的外形特点、大小和牢固程度。

实验四十五　棉、麻织整经质量检验与分析

一、实验目的

(1) 了解棉、麻织整经工序质量检验项目。

(2) 了解整经轴质量检验的方法,认识整经轴疵点及其产生原因。

(3) 熟悉整经轴卷绕密度的测试方法。

二、基本知识

棉、麻整经工序的质量检验主要包括整经断头测定和整经轴质量检验。

1. 整经断头测定　观察整经轴卷绕 5000m 期间发生的经纱断头根数,分析造成断头的原因,计算整经百根万米断头根数。

$$整经百根万米断头根数 = \frac{断头根数 \times 100 \times 2}{整经根数} \quad (4-3)$$

造成整经断头的原因来自四个方面。
(1)络筒质量不良,如攀头、脱圈、脱结、生头不良、带回丝、筒管不良、筒子轧毛等。
(2)细纱质量不好,又未能在络筒时清除掉,如细节纱、弱捻纱、细纱杂物等。
(3)整经机械工艺配置不当,如插纱锭子与张力座的导纱眼位置未对准,造成经纱退绕时气圈过大而引起断头;落针或经停片重量过重;纱线通道部件不光洁等。
(4)操作原因,如空筒子等。

2. 整经轴质量检验 包括整经轴疵点检验、整经轴卷绕密度测定。整经轴好轴率是考核整经工序半成品质量的一个综合指标。

$$整经轴好轴率 = \frac{月生产总整经轴数 - 疵整经轴数}{月生产总整经轴数} \times 100\% \qquad (4-4)$$

表4-3给出分批整经的整经轴常见疵点、参考评判标准及可能的疵点成因(分条整经相应内容参见"毛织整经质量检验与分析"实验)。生产中对整经轴疵轴的评判随企业不同有所差异。

表4-3 整经轴疵点、参考评判标准及其主要成因

疵点名称	评 判 标 准	疵 点 成 因
浪 纱	经纱下垂3cm、4根以上作疵轴,下垂5cm、1根以上作疵轴,超过5cm作整经轴质量事故处理	(1)操作不良,两边未校对整齐,造成整经轴边纱不平,低于或高于其他部分 (2)伸缩筘与整经轴幅宽的位置未对准 (3)整经轴两端加压不一致,轴承磨灭太大等机械原因,造成整经轴卷绕直径不一 (4)整经轴轴管弯曲及盘片歪斜或运转时左右串动,造成整经轴卷绕直径有差异
绞 头	有2根以上作疵轴	(1)断头后刹车过长,造成寻头未寻清 (2)落轴时,穿绞线不清
错特(支)	经纱(轴)上发现错特(支)作前工序质量事故;及时调整处理未造成经济损失和未影响后道坯布质量,不作疵轴;有经济损失,但未影响后道坯布质量作疵轴;整经轴上未发现或发现后未认真处理,作质量事故处理	(1)换筒操作不认真,筒子用错 (2)筒子内有错特(支)或错纤维纱,未能发现
错头份	经纱头份未按工艺规定,未影响后道质量作疵轴,影响质量作质量事故处理	翻改品种时,挡车工没检查头份或筒子数目点错
长短码	一组整经轴的绕纱长度相差大于半匹纱长度作疵轴,大卷装大于50m作疵轴,满100m作质量事故处理	(1)操作不良,码表未拨准 (2)整经机测长机构失灵

续表

疵点名称	评 判 标 准	疵点成因
油污渍	影响后道质量的深色油污疵点作疵轴	(1)清洁工作不良,将油飞花掉落在整经轴内 (2)加油不当,油飞溅在整经轴上
杂物卷入	有脱圈回丝、飞花或硬性杂物卷入作疵轴	(1)做清洁工作时,飞花等落入纱层上,未及时清除 (2)换筒子时回丝未放好而吹入纱层上 (3)筒子结头带回丝未及时摘掉 (4)筒子堆放时间长,上面附着飞花
了机爆断头	浆纱了机时,一只轴同时或陆续出现4根断头作疵轴	(1)上空整经轴时车未校好,造成多根断头 (2)断头过多,造成浆纱了机缺头
嵌边、凸边	整经轴边纱部分平面凹下或凸起,作疵轴	(1)挡车工未摇好伸缩筘 (2)整经轴盘片严重歪斜
标记用错	封头布、轴票用错作疵轴	挡车工操作不良

整经轴的外观疵点在整经工序检验,内在疵点在浆纱工序整经轴退绕时检验,整经轴卷绕密度在相关工艺调整后测定。此外,平车后需检验整经轴的平整度和圆整度。

三、实验准备

1. 实验仪器　磅秤,软尺,长钢板尺,塞尺。
2. 实验材料　整经轴,与整经轴同规格的空轴。

四、实验内容

1. 检验待检整经轴的外观　指认外观疵点并分析其可能的成因。
2. 测量整经轴的实际卷绕密度　实验方法参见第一章。理论上,测算整经轴的卷绕密度应测量同一整经轴空轴时和满轴时的尺寸和重量,为方便实验,在此借用相同规格的另一空轴替代所测整经轴的空轴。此外,亦可利用硬度计间接测得整经轴的卷绕密度。
3. 检查整经轴的圆整度和平整度

(1)圆整度检查:用软尺测量整经轴左、中、右三处的周长,极差超过6mm为不合格。注意,左、右两处距轴边5cm,皮尺应放平、放圆。

(2)平整度检查:将长钢板尺平放在整经轴上(与盘片垂直),检查起点距离轴边10cm。根据钢尺与整经轴间的缝隙判断平整度合格与否,有一处缝隙达到0.80mm为不合格;有两处缝隙达到0.70mm为不合格;有三处缝隙达到0.60mm为不合格;缝隙超过0.50mm,长度超过15cm为不合格。

思 考 题

1. 计算所测整经轴的卷绕密度。
2. 判断所测整经轴的平整度和圆整度是否合格。
3. 生产中通常检验筒子纱的物理机械性能,而不检查整经轴上纱线的物理机械性能,为什么?

实验四十六 棉、麻织浆纱浆料质量检验与分析

一、实验目的

(1)认识棉、麻织浆纱常用主要浆料,了解其质量检验项目和指标。
(2)熟悉变性淀粉质量检验方法。

二、基本知识

棉、麻织浆纱采用的浆料种类繁多,性能各异。同时,浆料生产企业也很多,源于不同生产厂家的浆料,其质量指标差异很大,甚至同一厂家不同批次的产品也存在一定的差异,这给浆纱质量控制带来了很大的难度。因此,必须把好浆料进厂关,同时对浆料质量做到心中有数,以便及时调整浆纱工艺。在此介绍变性淀粉浆料、聚乙烯醇(PVA)浆料和聚丙烯酸类浆料三大主体浆料的质量要求。

1. **变性淀粉浆料的质量要求** 变性淀粉的共性质量指标见表4-4,均为常规检验项目。

表4-4 变性淀粉的共性质量指标

项 目		共性质量指标			
		玉米变性淀粉	小麦变性淀粉	马铃薯变性淀粉	木薯变性淀粉
外 观		白色或类白色的粉末或颗粒			
水分(%)		≤14.0	≤14.0	≤18.0	≤15.0
细度(%)	粉状(100目筛的通过率)	≥99.0			
	颗粒状(20目筛的通过率)	≥98.0			
斑点(个/cm^2)		≤1.2	≤4.0	≤5.0	≤4.0
酸度		≤1.8	≤2.5	≤1.5	≤1.8
pH值	淀粉醋酸酯	6.0~7.0			
	其他变性淀粉	6.0~8.0			
灰分(干基)(%)	淀粉磷酸酯	0.85	1.0	1.0	1.0
	其他变性淀粉	0.50	0.60	0.50	0.50
蛋白质含量(酶变性淀粉除外)(%)		≤0.50	≤0.40	≤0.20	≤0.20
黏度(mPa·s)(6%,95℃)		高黏度 >25	中黏度 12~25		低黏度 <12
黏度最大偏差率(%)		≤15*			
黏度热稳定性(%)		高黏度 ≥90	中黏度 ≥85		低黏度 ≥80

* 最小偏差 ±1mPa·s。

(1)外观、细度和斑点:对上浆纱线的外观和色泽有重要影响,并最终影响坯布的外观和色泽。

(2)灰分和蛋白质:含量超标会造成浆液调制过程中的泡沫过多,浆液易于霉变。

(3)粘度、水分、酸度和pH值:为上浆工艺的制定和调整提供基础依据。

(4)粘度热稳定性:是保证上浆质量的前提和基础,对上浆工艺、上浆均匀性、上浆质量有重要意义。质量检验时测粘度波动率,粘度热稳定性=100%-粘度波动率(%)。

变性淀粉的特性质量指标随其种类不同而异,见表4-5。

表4-5 变性淀粉的特性质量指标

变性淀粉种类	特性指标		
	项目	指标	
		一级	二级
氧化淀粉	羧基含量(%)	≥0.05	≥0.03
	残留氯	无	
	氯化物含量(%)	≤0.8	
淀粉醋酸酯	取代度	≥0.05	≥0.015
淀粉磷酸酯	取代度	≥0.04	≥0.008
	磷利用率(%)	≥50	
羧甲基淀粉	取代度	≥0.4	≥0.2
	氯化物含量(%)	≤3.0	
交联淀粉	黏度热稳定性(%)	高黏度 ≤95	中黏度 ≤90	低黏度 ≤85
	残留甲醛	无	
接枝共聚淀粉	接枝率(%)	>7(以丙烯酸乙酯为单体计)	
	接枝效率(%)	≥50	
	残留单体含量(%)	<0.3(以丙烯酸乙酯为单体计)	

2. PVA浆料的质量要求　PVA一般由大型化工企业来生产,质量比较稳定,其质量指标(参考GB 12010.2—1989)见表4-6。

表4-6 PVA(一等品)的质量要求

项　目	1799S(H)(普通型)	1788	0588
外　观	白色或乳白色粉末、粒状或絮状		
平均聚合度	1700~1800		(约500)
醇解度(%)(mol/mol)	99.8~100	88.0±2.0	88.0±2.0
粘度(mPa·s)(4%,20℃)	21.0~29.0	20.0~26.0	4.5~6.5
乙酸钠含量(%)≤	7.0	1.5	—
挥发分(%)≤	8.0	8.0	6.0
灰分(%)≤	3.0	0.7	0.7

续表

项　　目	1799S(H)(普通型)	1788	0588
pH值	7~10	5~7	5~7
纯度(%)≥	92.5	92.5	92
水溶性	95℃保温1h完全溶解	70℃保温1h完全溶解	—
膨润度	200±20（参考）		

3. **聚丙烯酸类浆料**　聚丙烯酸类浆料的成分复杂，大多为一种或多种单体的均聚物或共聚物，在此列举两种传统聚丙烯酸类浆料的质量要求，见表4－7。

表4－7　聚丙烯酸类浆料的质量要求

项　　目	聚丙烯酸甲酯PMA	聚丙烯酰胺PAAm
外　　观	乳白色粘稠体	透明粘稠体
含固量(%)	≥14.0	≥8.0
粘度(%)	14~28(4%,20℃)	≥25(4%,20℃)
分子量(10^4)	4±0.5	150~200
pH值	7~8	6~7.5
未反应单体(%)	≤0.8	—
游离丙烯酰胺(%)	—	≤0.5

三、实验准备

1. **实验仪器**　烘箱，电子天平，坩埚，干燥器，灰分炉，无色透明板，39.37网孔/cm(100目)标准分样筛，锥形瓶，磁力搅拌器，变速电动搅拌器(120r/min)，恒温水浴锅，旋转式粘度计等。

2. **实验材料**　淀粉或变性淀粉，PVA，聚丙烯酸类浆料，0.1mol/L氢氧化钠标准溶液，1%酚酞指示剂，蒸馏水等。

四、实验内容

1. **区别认识不同浆料**　观察其外观和气味。

2. **检验淀粉或变性淀粉的共性质量指标**

(1)外观：先观察样品的外观，在明暗适当的光线下，观察其颜色，然后在较强烈的阳光下观察样品的光泽。

(2)水分：对于在130℃、1个大气压状态下化学性质稳定的淀粉，可用烘箱烘燥法测定其含水量，即将淀粉样品置于130~133℃的烘箱内干燥90min或烘至恒重，计算样品的水分损失质量对样品质量的百分比。

(3)灰分：淀粉的灰分是指淀粉样品灰化后剩余的物质的量，通常用样品灰化后剩余的物质量与样品的干基质量的质量百分比表示。

称取 2~10g 样品(精确至 0.0001g),使均匀分布于坩埚内,置于灰化炉炉口或电热板上小心加热,至样品完全碳化至无烟,即刻将坩埚放入灰化炉内,升温至(900±25)℃,保持此温度 0.5~1h,直至剩余碳全部消失或无黑色炭粒为止,残渣呈白色或灰白色粉末。然后关闭电源,待温度降至 200℃,将坩埚移入干燥器,加盖,冷却至室温,称重,得灰化后剩余物质量。

(4)斑点:淀粉的斑点是在规定条件下,用肉眼观察到的杂色斑点的数量,以样品每平方厘米的斑点的个数来表示。

取 10g 样品,均匀平摊在白色平板上,用刻有 10 个方格(每格 1cm×1cm)的无色透明板盖到样品上,以 30cm 距离观察,点记 10 个格子内的斑点总数量,计算平均每格的斑点数,即每平方厘米内的斑点数。

(5)细度:称取样品 50g,称量精确到 0.01g,倒入 39.37 网孔/cm(100 目)的标准分样筛中,使其均匀分布,均匀摇动分样筛,直至筛不下为止,小心倒出分样筛上的剩余物并称重,精确至 0.01g。计算 39.37 网孔/cm(100 目)分样筛的样品通过率,即细度值。

(6)蛋白质含量:蛋白质的含量是根据淀粉及变性淀粉样品中水解产生游离的氨基酸和含氮化合物中氮的含量,按照蛋白质系数折算而成,以样品的蛋白质质量对样品干基质量的质量百分比来表示。

采用凯式滴定法测定淀粉中蛋白质含量,其基本原理为:在催化剂的作用下,用硫酸将淀粉及变性淀粉裂解,碱化反应产物,并进行蒸馏使氨释放,同时用硼酸溶液收集,然后用标定过的硫酸溶液滴定,将耗用的标准硫酸溶液的体积转化为蛋白质的含量(参考 GB 12091—1989)。

(7)酸度:用中和滴定的方法测定淀粉或变性淀粉的酸度,适用于酸度不超过 12mL 的淀粉及变性淀粉。

称取折算成干重为 10g 的样品(精确至 0.1g)置于锥形瓶中,加入 100mL 预先煮沸放冷的无二氧化碳的蒸馏水,振荡混和均匀。向锥形瓶滴入酚酞指示剂溶液 2~3 滴,放在磁力搅拌器上搅拌数分钟,用 0.1mol/L 氢氧化钠标准溶液滴定,直至锥形瓶中刚好出现粉红色,且保持 30s 不褪去为终点,读取耗用氢氧化钠标准溶液的毫升数。同时作空白样试验(100mL 预先煮沸放冷的无二氧化碳的蒸馏水,不加入淀粉及变性淀粉)。按式(4-5)计算样品的酸度。

$$X = \frac{M \times (V_1 - V_0) \times 10}{m \times (1 - X_1) \times 0.1000} \qquad (4-5)$$

式中:X——样品酸度,mL;

M——氢氧化钠标准溶液的摩尔浓度,mol/L;

V_0——空白试验消耗氢氧化钠标准溶液的体积,mL;

V_1——滴定样品耗用的氢氧化钠标准溶液的体积,mL;

m——样品的质量,g;
X_1——样品的水分含量,%(m/m)。

(8)粘度和粘度热稳定性:

①粘度的测定:按质量浓度6%配制淀粉浆液,例如,称取折算成干重12g的样品置于300mL锥形瓶内,加蒸馏水188mL左右,使水的质量与淀粉干燥质量之和为200g。将锥形瓶放在水浴锅上慢慢加热,并不断搅拌,待温度升到95℃保温1h,用旋转式粘度计测量其粘度。

②粘度波动率的测定:使用测定粘度所用的浆液,从升到95℃保温开始计时,每30min测定一次粘度值,共测定6次(3h),后5次测定的粘度值的极差$\max|\eta-\eta'|$与95℃保温1h测定的粘度值η_1的比值的百分比即为粘度波动率。

$$粘度波动率 = \frac{\max|\eta-\eta'|}{\eta_1} \times 100\% \qquad (4-6)$$

式中:η,η'——后5次测定的粘度值中任意两个值。

思 考 题

1. 根据实验结果,说明所测淀粉或变性淀粉的质量的优劣。
2. 试分析浆料粘度和粘度热稳定性对浆纱生产的意义。

实验四十七 棉、麻织浆纱质量检验与分析

一、实验目的

(1)了解棉、麻织浆纱质量检验项目和指标。
(2)熟悉浆纱上浆率、回潮率、伸长率、增强率、减伸率和耐磨性的检测方法。
(3)认识浆轴疵点,分析其成因及不良影响,熟悉浆轴卷绕密度测试方法。

二、基本知识

(一)浆纱质量

浆纱质量对织造效果起至关重要的作用,浆纱质量(广义概念,泛指上浆效果)的优劣以其可织性评价,目前检验内容有浆纱内在质量、浆轴卷绕质量、浆纱原因织造断头、浆纱疵点千匹开降率等。其中,"浆纱内在质量"亦简称浆纱质量(狭义概念,特指所浆纱线的质量),通常在上浆过程中测试或在上浆后立即取样测试,中间两项在上浆后或在织造现场检验,最后一项在整理车间验布后统计。

本实验研究对象为"浆纱内在质量"和"浆轴卷绕质量"。"浆纱原因织造断头"参见"织造效率和织造断头分析"。浆纱疵点千匹开降率是指平均每千匹织物中由于浆纱疵点造成的开剪和降等的疵布的比率,参见"织物质量检验与分析"。

（二）浆纱内在质量

目前,对浆纱内在质量通常检验以下指标:上浆"三率"(上浆率、伸长率、回潮率)及其合格率、浆纱增强率和减伸率、浆纱耐磨次数和浆纱增磨率、浆纱毛羽指数和毛羽降低率、浆膜完整率、落物率(分浆纱和织造的落浆率和落棉率)等,它们分别从不同侧面反映浆纱的质量。各指标的定义参见朱苏康主编《机织学》教程,浆纱的强伸性、耐磨性等测试方法参见本教材第一章相关内容。在此,对浆纱上浆率测定方法作简要介绍。

上浆率的测定有计算法和退浆法。本实验采用实际生产最常用的退浆法。

退浆法原理:将浆纱上的浆料通过化学处理方法退掉,烘干得到原纱干重,与浆纱干重相比较,按照式(4-7)计算上浆率。

$$\left.\begin{aligned} J &= \frac{G_0 - \frac{G_1}{1-\beta}}{\frac{G_1}{1-\beta}} \times 100\% \\ \beta &= \frac{B - B_1}{B} \times 100\% \end{aligned}\right\} \quad (4-7)$$

式中:J——上浆率;

G_0——浆纱试样退浆前干重,g;

G_1——浆纱试样退浆后干重,g;

B——原纱试样煮前干重,g;

B_1——原纱试样煮后干重,g;

β——退浆毛羽损失率。

不同纤维和浆料所采用的退浆方法有一定的差别,常用退浆方法如下。

(1)硫酸退浆法:适用于采用淀粉浆和以淀粉浆为主体的混合浆上浆的品种(粘胶纤维品种除外)。

在1000mL的烧杯中放水700mL,加入14mL稀硫酸[24.7%(21.9°Bé)](试样超过或不足10g按此比例计算酸与水的用量),混合煮沸,放入试验纱样,煮沸30min(在煮沸15min后补充适量的沸水,以保持水和样纱的比例);然后取出样纱用水冲洗,再在样纱上滴稀碘液,样纱不显蓝色表示浆已退净,如仍有蓝色,说明样纱上淀粉尚未退净,应再放入沸水中煮沸10min,清洗,再用稀碘液检验,直至样纱对碘无显色反应为止。然后再检验纱线上硫酸是否洗净:使用溴化麝香草酚蓝滴在纱上,10s内呈绿色表示酸洗净,或使用甲基橙呈橘黄色表示酸洗净。

(2)氯胺T退浆法:适用于淀粉上浆的粘胶纤维纱线的退浆,也可用于PVA、聚丙烯酸甲酯、聚丙烯酰胺混合浆的退浆。

氯胺T退浆试液配方:氯胺T 2g,硫酸铜0.1g,石油磺酸钠3g,烧碱3g,水100mL。

以每克纱线30~40mL的比例配制氯胺T退浆液,将纱样放入退浆液中煮沸5min(期间搅拌不少于3次),而后取出,以清水漂洗,用稀碘液检验淀粉是否退净,再用淀粉—碘化钾检验氯胺T是否洗净,洗净后应呈黄色,未洗净呈蓝色。

淀粉—碘化钾溶液的配制:取100mL蒸馏水于500mL烧杯中,加热煮沸后加入0.5g可溶性淀粉(预先将淀粉调成糊状),再沸煮5min,待冷却后加入10g碘化钾,储于棕色瓶中。

(3)净水退浆法:主要用于PVA上浆的浆纱。

以每克纱50~80mL水的配比,将试样用清水煮沸30~40min,然后用温水漂洗2~3min,再换水煮沸10min。以碘—硼酸溶液检验,如退净则显示黄色;如未退净,完全醇解PVA呈蓝绿色,部分醇解PVA呈绿转棕红色。

碘—硼酸溶液配制方法:将1.5mL浓度4%的硼酸和15mL 0.01mol/L的碘溶液混合均匀,储于棕色瓶中。

(4)氢氧化钠退浆法:适用于聚丙烯酸酯上浆的纱线。

将试样放入以每克纱30~40mL比例配制的2%的氢氧化钠溶液中,煮沸10min后取出以清水漂洗样纱,洗净为止。

注意,退浆漂洗时应轻拧、轻漂并抖松。

(三)织轴卷绕质量

织轴卷绕质量,简称织轴质量,其指标主要有墨印长度、卷绕密度、织轴好轴率、织轴开口清晰度等。墨印长度不合格将造成坯布码长不合格,产生长短码疵布。织轴卷绕密度应适当,过大时纱线弹性损失严重,过小则卷绕成形不良、织轴容量过小。织轴好轴率比较综合地反映织轴的卷绕质量。织轴开口清晰度一般为专题检查项目,多在织造工艺优选或调整时检验。织轴开口清晰度也受上轴吊综质量的影响。

1. 织轴好轴率

$$织轴好轴率 = \frac{检查总织轴数 - 浆纱疵轴数}{检查总织轴数} \times 100\% \quad (4-8)$$

织轴好轴率在织机上检查。织轴坏轴有浆纱原因,也有穿结经和织机操作原因。浆纱疵轴的判定准则随企业不同而存在差异,实际生产中常执行企业内定的"疵轴及其责任划分标准"等类似规定。表4-8给出织轴常见疵点、参考评判标准及可能的疵点成因。

表4-8 织轴疵轴评判标准及其疵点成因

疵点名称	评 判 标 准	疵 点 成 因
倒断头	单轴满2根作疵轴,1根作0.5只疵轴	(1)各种断头未能及时处理 (2)断头和回丝积聚在分纱杆上未及时处理 (3)浆槽内局部蒸气太大,造成经纱起绒,不易分绞而崩断头
并头	单轴2根作0.5只疵轴,3根及以上作疵轴	(1)浆液浓度、粘度过大,造成浆重而引起并纱 (2)分绞处理不当
绞头	经密在39.3根/cm(100根/英寸)以下,满8根作疵轴;经密在39.3根/cm(100根/英寸)以上,10~15根作0.5只疵轴,15根及以上作疵轴	(1)浆纱落轴割头时,夹板未夹牢或割纱刀口不锋利,夹板夹持力不好 (2)运转中任意搬头或处理疵点后搬头

续表

疵点名称	评 判 标 准	疵 点 成 因
浆 斑	影响织物组织的浆斑,布面手感粗糙,作疵轴	(1)浆槽内蒸气太大,浆液沸腾剧烈,溅到纱片上 (2)浆液内含有凝结块,上浆时被压浆辊压附在纱上 (3)了机时停车时间长或浆槽未妥善加以保温,表面凝皮 (4)煮浆管位置不适当,造成两压浆辊之间和压浆辊后面的凝结浆皮落入浆槽被带上浆纱 (5)打慢车或落轴停车时间长 (6)续停车时,未将压浆辊及浸没辊抬起,造成横向条形浆斑 (7)湿绞棒不转动或起纱槽等
边不良 (软硬边、凹凸边)	织轴明显软硬边,影响织造,作疵轴	(1)伸缩筘装置不正确或调幅不适当,与轴幅不齐 (2)织轴盘片歪斜 (3)摩擦离合式无极变速器调速机构失灵
错特(支)	纱线线密度搞错或纤维之间混杂,作事故处理	(1)操作不当,整经轴吊错 (2)管理不当,整经轴传票搞错
松头	织轴上有经纱下垂2根作疵轴	操作不良,盘头布上糨糊未贴好或糨糊过多
松轴(面包轴)	织轴密度过小,手感明显过软	浆轴卷绕压力不足或不匀
轻浆	经停片处结花衣、棉条,布面明显起棉球	(1)浆液浓度过低或浆液浓度、粘度与压浆力调节不当 (2)浆槽内产生大量泡沫 (3)处理疵点或落轴停车时间过长等
其 他	如流印(指连续打印)、漏印、错码、油污渍等	(1)测长打印装置不正常或打印盘内色水少,造成流印或漏印 (2)测长打印装置调节不当造成错码 (3)压浆辊轴承加油过多流入浆槽,或浆液管道不清洁污染物流入浆槽,或浆液内油脂乳化不良上浮等,造成浆纱油污渍 (4)汽罩上杂物、烘房顶部油污等落到纱片上 (5)纱线通道上的油污、污渍等沾污纱线,如压纱棍和小转子沾上油污进而沾污浆纱等

2.织轴开口清晰度 在织机运转时,观察综丝至经停片之间、梭口后部的整幅经纱在开口时有无粘连现象,按粘连程度可分为三类。

一类:开口清晰,整幅经纱无粘连。

二类:开口基本清晰,两侧经纱有轻度粘连现象。

三类:开口不清晰,全幅经纱有粘连现象,或部分经纱有严重粘连现象。

开口清晰度以开口清晰台数占调查总台数的百分率表示。

三、实验准备

1. 实验仪器　正常织造的织机,电子秤,烘箱,纱线强力仪,纱线耐磨仪,电炉,退浆锅,退浆试剂,退浆指示剂,磅秤,软尺,直尺。

2. 实验材料　浆纱及相应原纱。

四、实验内容

(1)测试浆纱回潮率和上浆率:取整幅浆纱和原纱各20cm左右,分别轧成束(不能过紧,以免影响退浆),贴上标签,置于专用样品盒内,放入120℃烘箱中烘1h以上至恒重,移入干燥皿冷却15min,分别称取浆纱和原纱的干重,精确至0.01g。

根据纤维和浆料的种类,选择合适的退浆液、退浆方法进行退浆。原纱与浆纱作同样处理,以便计算退浆过程中的毛羽损失率。

浆料退净后,挤去水分,放入120℃烘箱中烘至恒重,移入干燥皿冷却15min,称其干重,精确至0.01g。

(2)测定浆纱和原纱的强伸性能。

(3)测量浆纱和原纱的耐磨性能。

(4)检验织轴,指认浆纱坏轴,分析疵点可能成因。

(5)测量浆轴的实际卷绕密度,实验方法参见第一章。

理论上,测算浆轴的卷绕密度应测量同一浆轴空轴和满轴时的尺寸和重量,为方便实验,在此借用相同规格的另一空轴替代所测浆轴的空轴。此外,亦可利用硬度计间接测得浆轴的卷绕密度。

思 考 题

1. 计算退浆毛羽损失率、回潮率、上浆率、增强率、减伸率、增磨率和织轴的卷绕密度。
2. 如何获得浆纱的伸长率?
3. 计算织轴好轴率。分析造成疵轴的可能原因,以及疵点对后加工及织物的影响。

实验四十八　棉、麻织穿结经质量检验与分析

一、实验目的

(1)了解棉、麻织穿结经质量检验项目。

(2)了解穿结经质量检验方法,认识穿结经疵点,分析其成因及可能产生的后果。

二、基本知识

棉、麻织穿结经工序的质量检查包括穿经质量检查和织机专用器材(综丝、经停片和钢

箱等)的检查。生产中,穿经质量在穿结经后和织轴上机织出2m之内检查,织机专用器材的检查隶属织造专用器材维护保养范畴,由专职人员遵照规章制度执行。本实验针对穿经质量检查。

穿经质量检查包括以下几方面。

(1)钢筘、综丝和经停片规格是否符合工艺要求。

(2)钢筘、综丝和经停片的穿法是否与工艺相符。

(3)检查穿结经疵点并及时给予纠正。穿经、结经疵点及其成因分别见表4-9和表4-10。有时,也采用穿经后好轴率指标(类似于浆轴好轴率)评价穿结经质量。

表4-9 穿经主要疵点及其成因

疵点名称	疵 点 成 因	预 防 措 施
绞头	(1)没有按照织轴封头夹子上的浆纱排列顺序进行分纱 (2)浆纱机落轴时,未夹紧纱头,或胶带夹持效果不好,以致浆纱紊乱 (3)接经前纱头梳理不良	加强管理,认真执行操作法
多头	(1)织轴上有倒断头 (2)织轴封头附近断头未接好	(1)浆纱时断头应进行补头 (2)封头附近断头应先接好再穿
双经	(1)浆纱并头 (2)穿经时分头不清,一个综眼穿入两根经纱	(1)减少浆纱并头 (2)穿经完成后,检查穿轴质量
错综 (并跳综)	(1)经纱穿入不应该穿的综丝内 (2)不符合穿综顺序或漏穿一根综丝	(1)穿综时要认真执行操作法 (2)穿综完成后进行质量检查
错筘 (双筘、空筘)	(1)插筘时插筘刀没有移过筘齿,在原筘齿内重复插筘 (2)插筘后,跳过一个筘齿	经常检查插筘刀是否失灵
绞综	(1)理综时没有将绞综理清 (2)综丝穿到绞综铁梗	(1)理综时应仔细检查 (2)穿综检查发现及时纠正
综丝脱落	综丝铁梗一端铁环失落,综丝脱出	穿综完成后加强检查,铁环失落及时补上
污染经纱	织轴上有油污、水渍	(1)搞好车间清洁 (2)保持产品清洁
筘号用错	修筘工将筘放错而穿筘工在使用时未进行检查	加强管理,认真执行操作法
漏穿经停片	操作不良	认真执行操作法
余综余片	余综:每根综丝铁梗允许前面留1根综丝、后面留5根综丝,超过算余综 余片:每列经停铁梗都不允许有多余经停片,否则算余片 (1)理综工理综时未点数,穿经完成后也未处理 (2)织轴倒断头过多	(1)严格执行工艺,多余应去除 (2)减少浆纱倒断头,提高织轴质量

表 4-10 结经疵点及其成因

疵点名称	疵 点 成 因	预 防 措 施
断 头	(1)纱线太脆 (2)全片纱张力太大	(1)调整车间湿度,使纱线柔软 (2)倒摇张力摇手,使槽形板向后倒退,减少纱层张力
双 经	(1)了机纱未铺放均匀而产生并头 (2)浆轴绞头 (3)张力器调整得不好,纱线挤在一起 (4)结经机长木梳梳理不匀	(1)先用硬毛刷梳理,再用细缝纫针分离 (2)理清绞头 (3)校正张力圈和张力片位置,使纱线不叠在一起
结头不紧	(1)打结针张力太小 (2)打结针上有纤维塞住打结管 (3)取结时间太迟	(1)调节打结针校正张力 (2)拆下打结针,进行清洁工作 (3)调节取结钩连杆位置
打不成结	(1)结头的纱尾太短 (2)打结歪嘴的运动不协调 (3)打结歪嘴上的弹簧断裂或松掉 (4)压纱时间太早 (5)剪刀不快	(1)横向移动剪刀位置 (2)检查各机构的动作是否适当,加以调整或单独调整有关凸轮时间 (3)检修打结歪嘴上的弹簧 (4)调节压纱时间 (5)研磨剪刀片
挑不到纱线	(1)挑纱针向外伸的程度不够 (2)挑纱针的左右位置调节不正 (3)针上的拉簧太松	(1)调节挑纱针座托脚上的正面螺丝 (2)调节挑纱针座托脚上的侧面螺丝 (3)旋紧拉簧螺丝

三、实验准备

1. **实验仪器** 直尺,电子秤,穿好经纱的织轴,经停片,综丝。
2. **实验材料** 纱线。

四、实验内容

(1)检查织轴上穿经所用织造专用器材的种类和规格。

①钢筘:种类,筘号(公制、英制),高度(外高、内高),长度,厚度,筘齿片厚度。

②综丝:种类,长度,直径,综眼角度。

③经停片:形式,尺寸,重量。

(2)检测经停片排列密度、综丝排列密度、经纱穿筘幅度。

(3)查看、记录综框页数、钢筘、综框和经停片的穿法规律。

(4)检查穿筘质量,分析穿筘疵点及其将对织造产生哪些影响。

思 考 题

1. 根据织物规格,分析所检验织轴使用的综、筘、经停片以及穿经工艺是否合理。

2. 下列几种穿经疵点如不纠正将对织造产生什么影响:错综、错筘、双经、筘号用错、漏穿经停片。

实验四十九　棉、麻织纱线定捻、卷纬质量检验与分析

一、实验目的
(1)了解棉、麻织纱线定捻和卷纬质量检验项目。
(2)熟悉定捻效果检验方法,认识纬纱疵点及其产生的后果。

二、基本知识
1. 定捻质量　纬纱定捻后,一方面检验定捻缩率,要求均匀一致;另一方面检验捻度稳定性,方法有以下两种。

(1)目测捻回法:两手执1m长的纱线,在同一水平线上缓缓移近,当两手之间的距离约等于20cm左右时,观察下垂纱线的扭结程度。对于棉纱,一般以不超过3～4个捻回为宜。

(2)定捻效率测定法:将纱线从卷装上引出50cm或100cm的纱线,一端固定,另一端缓缓向固定端平移,直至出现扭结,测量此时两端间的距离,按式(4-9)计算定捻效率(捻度稳定率)。

$$定捻效率 = \left(1 - \frac{L_1}{L_0}\right) \times 100\% \qquad (4-9)$$

式中:L_1——纱线开始打扭时纱线两端的距离,cm;
　　L_0——纱线试验长度,cm。

对于棉纱,定捻效率一般在40%～60%能基本满足织造要求。

此外,蒸纱处理不当会产生锈纱、色纱和轧纱疵品。

2. 卷纬质量　卷纬质量分纬纱质量和纡子质量。纬纱质量主要检查其强伸性能;纡子质量包括纡子的内在质量和成形质量,生产中主要检查纡子成形质量;对内在质量,如双纱、油污纱、竹节纱等,通常直接检验布面上的纬向疵点。

纬纱成形质量常以好纡率表示。主要疵纱种类见表4-11,实际疵纱及其成因随卷纬机形式而异(麻类纱线卷纬形式多样)。检查时,抽取一落或一袋纱检查纡子的外观,发现成形不符合要求的纡子必须及时剔出;生头质量则通过查看织机落梭箱内纡脚状况检查。

$$好纡率 = \frac{检查总只数 - 疵纡只数}{检查总只数} \times 100\% \qquad (4-10)$$

三、实验准备
1. 实验仪器　标准卡板或卡尺、长尺。
2. 实验材料　纡子。

表 4-11 纡子疵点

项 目	疵点名称	疵 点 内 容
外观疵点	冒头纱	超过纬纱管顶端一格者
	小 纱	纬管顶端空四格以上者
	胖 纱	直径超过 31.5mm 者
	瘦 纱	直径少于 29.5mm 者
	高羊脚纱	羊脚位置高于纬管底部三格以上者
	毛脚纱	羊脚位置低于纬管底部而卷绕在颈部者
	大屁股纱	上半部标准,下半部超过 31.5mm 者
	葫芦纱	成形不良,直径大小差异超过 2.5mm 以上者
	长尾纱	落纱纱尾长度超过三只纬管长度者
	油 纬	纬纱表面沾染油污
	碰钢领纱	纬纱表面碰钢领,沾染油污并起毛
	扛肩胛纱	细纱上半部卷绕重叠成腰箍纱
生头疵点	生头不良	羊脚未按规定要求,羊脚纱重叠,回丝杂物附着
	备纱过长	备纱超过规定长度[一般织物允许(筘幅×3+1.5)m;斜纹织物及纬纱在 19.5tex 以上允许(筘幅×5+1.5)m]

四、实验内容

(1)检查纡管规格、质量,核对原料种类、纱线规格。

(2)检查纡子的外观成形质量,剔出疵纡。

(3)检验纬纱的捻度稳定性。

思 考 题

1.为什么纡管底部要留一定长度的备纱?备纱长度依据什么确定?

2.哪些棉型纱线、麻类纱线需要蒸纱定捻?实验所用纱线的捻度稳定性是否能满足织造需要?

实验五十 棉、麻织物织造效率与织造断头分析

一、实验目的

(1)了解影响织造效率的主要因素。

(2)了解织造效率和织造断头的分析方法。

(3)了解织造经纱断头和纬纱断头的主要原因。

二、基本知识

织机的实际生产率取决于织机主轴转速、织物纬密、织物上机筘幅和织机生产效率(又称织造效率、织机效率)。织造断头多、停台多,其产量就低,质量也差。织造效率和织机断头能大致反映企业对某织物的生产水平。生产中为快速了解织造情况,常测定织机的"二停三关"、调查织机停台。所谓"二停",指经向停台(经纱断头停台)和纬向停台(纬纱断头停台);所谓"三关",即空纬管关车、换梭关车和无故关车。对于无梭织机,"三关"已不再重要,"二停"是影响织造效率的最重要的因素。

1. 织造断头　织造断头,包括断经和断纬,一般有梭织机以布机台时断头根数表示,即一台布机在一小时内平均的断经、断纬根数,见式(4-11),无梭织机以十万纬断头次数表示。

$$经纱或纬纱断头[根/(台·h)] = \frac{断经或断纬根数}{测定时间 \times 测定台数} \quad (4-11)$$

织造经纱断头和纬纱断头的原因很多,主要原因见表4-12和表4-13。根据断头原因分析的结果,可计算各工序导致的台时断头和断头百分比,亦可计算主要因素引起的断头百分比,以此反映原纱和半制品的质量、机械水平以及工艺上存在的问题等,可作为组织生产、制定工艺的依据。因此,织造断头是衡量一个车间生产水平及生产技术工作的一项综合性指标。

表4-12　织造经纱断头原因

项　目	断头名称	断　头　内　容　说　明
纺部原因	棉结杂质	纱上附着棉结杂质、破籽
	弱　捻	纱的捻度小,纱线松、烂
	粗、细节纱	竹节纱、条干不匀、粗节、细节
	羽毛纱	纱粗发毛,捻度少,表面纤维滑移断头
	股线并合不良	股线松紧、藤捻纱、藤枝纱
	并捻脱结	并捻接头松,纱尾短
	错　股	股线中并合根数有多有少
	化纤硬块丝	化纤硬丝带断邻纱
准备原因	结头不良	结头大、结头纱尾长、回丝带入结头、接头附近纱身扭结
	脱　结	结尾短或结头未结紧而脱结
	飞花附入	浆飞花、活络飞花
	回丝附入	纱上有回丝附着
	并　头	浆纱分绞不良,2根或2根以上粘并在一起
	倒断头	浆轴退绕时,中途出现多头或少头
	绞　头	浆纱混乱交叉

续表

项　目	断头名称	断　头　内　容　说　明
准备原因	脆断头	浆纱粗硬,在不规则部位断头,断头尾端纤维整齐
	纱缩(小辫子)	扭结的纱线经振动而松弛或张力过小
	浆　斑	浆块粘附,浆纱受到阻碍断裂
	浆纱起毛	上浆过少、脱浆、浆液变质、上浆不当等
	综丝不良	综眼磨灭或凹口变形,断综丝
	钢筘不良	筘片磨损有纱痕,筘齿不匀
	经停片不良	穿纱圆孔磨损起快口
	其　他	其他原因及准备加工的无名断头
织造原因	飞花附入	在布机间附入飞花,飞花不僵硬
	回丝附入	在布机间附入回丝,与浆纱不粘连
	结头不良	结头不牢松脱,结头太大带断邻纱,车面回丝等处理不净
	引纬器不良	引纬器挂断经纱
	吊综不良	吊综左右不平、前后倾斜,使开口不清,或张力过大、过小
	边撑不良	控制布边作用不良
	断　边	边纱穿错、边纱起球、边撑装置规格不当、边纱装置不良等
	机械原因	机械不正常、故障断经
	其　他	其他原因及布机无名断经

表4–13　织造纬纱断头原因

项　目	断头名称	断　头　内　容　说　明
纺部和准备原因	棉结杂质	参照纺部断经原因
	弱　捻	参照纺部断经原因
	粗、细节纱	参照纺部断经原因
	脱　纬	卷绕过松,纱圈脱出
	成形不良	纡子成形不良(有梭织造)或筒子成形不良(无梭织造)
	生头不良	生头不好,纱线缠绕不易拉出(有梭),或无法接备用纱(无梭)
	结头不良	络筒时产生的结头大、结头纱尾长、回丝带入结头、接头附近纱身扭结
	脱　结	络筒时产生的结头纱尾短或结头未结紧而脱结
	飞花附入	(在纺纱或卷纬或络筒时)附入飞花
	回丝附入	(在纺纱或卷纬或络筒时)附入回丝
	纬管不好	纬管(有梭织造)或筒子(无梭织造)损坏
	经纱毛羽	经纱毛羽在开口时相互缠绕致使开口不清而阻断纬纱(喷气引纬)
	表面纬断	在加工或运输过程中碰断
	其　他	其他原因及纺部、准备无名断纬

续表

项目	断头名称	断头内容说明
织造原因	引纬器不良	引纬器不良挂断纬纱(如梭子起毛或开裂、梭芯不正、磁眼不好、磁眼阻塞等)
	引纬工艺设置不当	如喷气引纬的喷嘴压力过高,在高速气流引纬的冲击作用下吹断纬纱
	引纬装置调节不当	储纬器上储纬量小,储纬器卷绕张力和退绕张力调节不当
	纬纱剪刀调节不当	纬纱剪刀的位置、作用力度和时间调节不当
	操作不当	如摆梭不好,纱尾缠绕,纱头没引入嵌槽;纬纱器的穿纱顺序错乱
	机械原因	纬纱通道上有部件快口、木件毛刺、机件不光、擦断、碰断
	其他	其他原因及织造无名纬断

在断头原因分析时,调查经、纬纱断头部位,有利于获悉断头原因。

(1)经纱断头部位:

横向:边纱,边界纱,边撑,中部。

纵向:织口至前综,前综至后综,后综至经停架,经停架至后梁,后梁至织轴,织轴。

(2)纬纱断头部位:纬纱卷装大小,断纬位置。

生产中测定织机断头时,常以一个挡车工的看台数作为一次测定的机台,每遇织机停车即查看、分析原因,若是经纱断头或纬纱断头,则分析其断头原因,并做相应的记录。注意,同一车号每次断头不论根数多少,甚至一束纱都作一根计;一次停台多次断头,而来源于不同的原因,则分别以一根计算;同一原因的断头,在规定时间内连续断多次,作3根计,3根以上作停台计;在测定机台范围内,如遇中途拆坏布、坏车停台时间达15min以上时,将该机台断头数剔除。

2.织造停台 织造停台包括计划停台(大小修理、检修、挡车、加油)、上轴、落布、坏车、坏布、空纬、断头停台(包括经向断头停台、纬向断头停台)等。其中,断头发生的频率最高,其他情况在动态的生产过程中变化不大,基本趋于稳定,因此,织机断头是影响织造效率提高的最主要的因素之一。

织造停台调查(抄停台)时,记录停车台数和原因,通常在类似于表4-14所示的表格上划"正"字,然后计算停台率。

表4-14 停台原因分析表

| 工区 | 调查次数 | 经向停台 | 纬向停台 | 其他停车 | | | | | | | | | 合计 |
				保全	检修	开车	加油	上轴	坏车	坏布	空纬	落布	其他	
	1													
	2													
	3													
合计														

通过计算某品种织物的总停台率[式(4-12)],可预测当时织造该织物的大致织造效率。测定次数愈多,其结果愈接近于实际织造效率。因此,抄停台常用来估算织机的织造效率[式(4-13)]。

$$停台率 = \frac{停台总数}{调查总台数} \times 100\% \qquad (4-12)$$

$$织机织造效率 \approx 1 - 织机总停台率 \qquad (4-13)$$

对于无梭织机,可从每台车的电子码表上直接读取其织造效率。

三、实验准备

1. 实验仪器　正常生产的织机(若干台)。
2. 实验材料　经、纬纱。

四、实验内容

(1)观测并记录织机的织造效率。
(2)观测、记录实验织机上经纱断头位置,并采用正确方法处理。
(3)观测、记录实验织机上纬纱断头位置,并采用正确方法处理。

思 考 题

1. 分析实验织机织造效率较高或较低的原因。
2. 分析发生织机经向断头、纬向断头的原因。

实验五十一　棉、麻织物质量检验与分析

一、实验目的

(1)了解棉、麻织物质量检验项目和评等依据,熟悉其主要质量指标的检验和评定。
(2)了解棉、麻织物布面疵点的种类,认识主要织疵,分析其可能成因。

二、基本知识

棉、麻织物都分别有很多类,不同织物的质量检验项目大同小异,但质量指标存在较大差异。在此分别以精梳涤棉混纺本色布和苎麻本色布为例,介绍其质量检验项目和分等依据,以及棉型和麻类织物布面疵点的种类等。

(一)精梳涤棉混纺本色布

适用于涤纶混纺比在50%及以上的涤棉混纺本色布,不包括提花织物。

1. **技术要求**　精梳涤棉混纺本色布质量检验项目包括六项内容,即:织物组织、纤维含量偏差、幅宽、密度、断裂强力、棉结疵点格率、布面疵点(比本色棉布少一项棉结杂质疵点格

率)。其中前六项为内在质量,最后一项为外观质量。

2. 分等规定　精梳涤棉混纺本色布的品等分为:优等品、一等品、二等品,低于二等品的为等外品。精梳涤棉混纺本色布的评等以匹为单位。织物组织、幅宽和布面疵点按匹评等,密度、断裂强力、棉结疵点格率按批评等,以其中最低一项的品等作为该坯布的品等,具体分等规定见表4－15～表4－17。

表4－15　精梳涤/棉本色布分等规定

项　目	标　准	允　许　偏　差		
		优等品	一等品	二等品
织物组织	设计规定	符合设计要求	符合设计要求	不符合设计要求
纤维含量偏差(%)	产品规格	±1.5		不符合一等品要求
幅宽(cm)	产品规格	+1.2% -1.0%	+1.5% -1.0%	+2.0% -1.0%
密度(根/10cm)	产品规格	经密:-1.2% 纬密:-1.0%	经密:-1.5% 纬密:-1.0%	经密:超过-1.5% 纬密:超过-1.0%
断裂强力(N)	按标准计算公式计算	经向:-6% 纬向:-6%	经向:-8% 纬向:-8%	经向:超过-8% 纬向:超过-8%

注　当幅宽偏差超过1.0%时,经密允许偏差为-2.0%。

表4－16　精梳涤/棉本色布分等规定——棉结疵点格率指标

涤轮纤维含量 (%)	织物总紧度80%及以下			织物总紧度80%以上		
	优等品	一等品	二等品	优等品	一等品	二等品
60及以上	3	6	超过一等品 允许范围	4	8	超过一等品 允许范围
50～60	4	8		5	10	

注　棉结疵点格率超过规定降到二等为止。

表4－17　精梳涤/棉本色布分等规定——布面疵点评分限度　　单位:分/m²

优等品	一等品	二等品
0.2	0.3	0.6

注　(1)1m中累积评分最多评4分。
　　(2)每匹布允许总评分(分)＝每平方米允许总评分(分/m²)×匹长(m)×幅宽(m),计算至一位小数,修约成整数。
　　(3)一匹布中所有疵点评分加和超过允许总评分为降等品。
　　(4)1m内严重疵点评4分为降等品。

3. 棉结杂质疵点格率检验方法　将织物放在棉结杂质疵点格率检验工作台上,正面朝上,采用照度为(400±100)lx的日光灯照明,将15cm×15cm的疵点格玻璃板(玻璃板上刻有225个1cm²的方格)置于每匹不同折幅、不同经向检验四处,在玻璃板上清点棉结、杂质所占的格数,按下式计算疵点格率。对于精梳涤/棉织物,只需要检验棉结疵点格率。

$$棉结杂质疵点格率 = \frac{含有棉结杂质的疵点格数}{被检验的方格总数} \times 100\% \qquad (4-14)$$

$$棉结疵点格率 = \frac{含有棉结的疵点格数}{被检验的方格总数} \times 100\% \qquad (4-15)$$

4. 布面疵点的检验 将布平放在工作台上,布面上光照度为(400±100)lx,检验人员站在工作台旁,以能清楚看出的为明显疵点。

布面疵点的评分以布的正面为准,平纹织物和山形斜纹织物以交班印一面为正面,斜纹织物中纱织物以左斜为正面,线织物以右斜为正面,破损性疵点考核严重一面。评分标准见表4-18。

表4-18 精梳涤/棉本色布布面疵点评分标准

疵点分类		评分数			
		1	2	3	4
经向明显疵点		8cm及以下	8~16cm(含16cm)	16~24cm(含24cm)	24~100cm
纬向明显疵点		8cm及以下	8~16cm(含16cm)	16~24cm(含24cm)	24cm以上
横档		—	—	半幅及以下	半幅以上
严重疵点	根数评分	—	—	3根	4根及以上
	长度评分	—	—	1cm以下	1cm及以上

注 (1)严重疵点在根数和长度评分矛盾时,从严评分。
(2)不影响后道质量的横档疵点评分,由供需双方协定。

(1)经向明显疵点有:竹节、粗经、纱特用错、穿错综、筘路、穿错筘、长条影、多股经、双经、并线松紧、松经、紧经、吊经、经缩波纹、经缩方眼、断经、断疵、沉纱、跳纱、星跳、棉球、结头、边撑疵、边撑眼、针路、磨痕、木棍皱、荷叶边、猫耳朵、烂边、凹边、拖纱、修整不良、错纤维、煤灰纱、花经、油经、油花纱、油渍、锈经、锈渍、布开花、不褪色色经、不褪色色渍、水渍、污渍、浆斑。

(2)纬向明显疵点有:错纬(包括粗、细、紧、松)、条干不匀、脱纬、双纬、百脚(包括线状及锯齿状)、纬缩(包括起圈纬缩、扭结纬缩)、毛边、云织、杂物织入、花纬、油纬、锈纬、不褪色色纬。

(3)横档疵点有:拆痕、稀纬、密路。

(4)严重疵点有:破洞、豁边、跳花、经缩浪纹(三楞起算)、连续三根的松经、吊经(包括隔开1~2根好纱的)、稀纬、不对接轧梭、连续1cm的烂边、经向5cm内整幅中满10个结头或轧断纱的边撑疵、金属杂物织入、粗0.3cm的杂物织入、影响组织的浆斑、霉斑、损伤布底的修整不良。

说明:

(1)有些疵点是经向疵点和纬向疵点共同具有的,如竹节、跳纱等,在此分类中只列入经向明显疵点,若这些疵点出现在纬向时,则算纬向明显疵点。

(2)涤/棉织物的六大开剪疵点:稀纬、0.5cm以上的豁边、1cm的破洞、1cm的烂边、不对接轧梭、2cm以上的跳花(不同种类的织物,六大开剪疵点的名称相同,但疵点的尺寸规定有所不同。六大开剪疵点必须在织布厂剪除)。

(3)产品标准中对疵点的计量方法、特殊疵点的评分方法、不同加工坯(漂白坯、印花坯、杂色坯、深色坯)对某些疵点加重或减免评分的办法以及对疵点的处理都做了详细的说明和规定。

(4)表4-18对布面疵点采用4分制评分法,代替旧标准中的10分制评分法。

(二)苎麻本色布

1. 技术要求　苎麻本色布的技术要求项目有织物组织、幅宽、密度、断裂强力和布面疵点五项(亚麻本色布的技术要求项目比苎麻多一项单位面积质量)。

2. 分等规定　苎麻本色布的品等分为优等品、一等品、二等品、三等品,低于三等品的为等外品。苎麻本色布的评等以匹为单位。织物组织、幅宽、布面疵点按匹评等,密度、断裂强力按批评等,并以五项中最低的一项品等作为该匹布的品等。详细分等规定见表4-19和表4-20。

表4-19　苎麻本色布分等规定

项　目	标　准	允　许　偏　差			
		优等品	一等品	二等品	三等品
织物组织	设计规定	符合设计要求	符合设计要求	不符合设计要求	—
幅宽(cm)	产品规格	+2.0% -1.0%	+2.0% -1.0%	+2.0% -1.5%	超过+2.0% 超过-1.5%
密度(根/10cm)	产品规格	经密:-2.0% 纬密:-1.5%	经密:-2.0% 纬密:-1.5%	经密:超过-2.0% 纬密:超过-1.5%	—
断裂强力(N)	按标准计算 公式计算	经向:-10.0% 纬向:-10.0%	经向:-10.0% 纬向:-10.0%	经向:-15.0% 纬向:-15.0%	经向:超过-15.0% 纬向:超过-15.0%

注　因个别机台的筘号或纬密牙用错,造成经、纬密度不符合规定,而生产的产品又能划分清楚,可将这部分产品做降等处理,该批产品重新取样试验定等,如划分不清并超过标准允许偏差范围的作全匹降等处理。

表 4-20 苎麻本色布分等规定——布面疵点评分限度　　　单位:分/m

品 等 \ 幅宽(cm)	110 以下	110~150	150~200	200~250	250 及以上
优等品	0.4	0.5	0.6	0.7	0.8
一等品	0.5	0.6	0.7	0.8	0.9
二等品	1.0	1.2	1.4	1.6	1.8
三等品	2.0	2.4	2.8	3.2	3.6

注　(1)每匹布允许总评分(分) = 每米允许总评分(分/m)×匹长(m),修约到整数。
　　(2)一匹布中所有疵点评分加和超过允许总评分为降等品。
　　(3)0.5m 内同名疵点或连续性疵点评 10 分为降等品。
　　(4)0.5m 内半幅以上的不明显横档、双纬加和满 4 条评 10 分为降等品。

3.布面疵点的检验　将布平放在工作台上,布面上照明度为(400±100)lx,检验人员站在工作台旁,眼睛与疵点相距约 60cm 左右,以能清楚看出的为明显疵点。

布面疵点的评分以布的正面为准,评分标准见表 4-21。

表 4-21 苎麻本色布布面疵点评分标准

疵点分类 \ 评分数 \ 疵点长度		1	3	5	10
经、纬纱粗节	小节	每个	—	—	—
	大节	—	≤7.5cm,每个	7.5~15cm,每个	—
经向明显疵点(条)		≤2.5cm	2.5~12.5cm	12.5~25cm	25~100cm
纬向明显疵点(条)		≤2.5cm	2.5~12.5cm	12.5cm~半幅	>半幅
横档	不明显	≤半幅	>半幅	—	—
	明显	—	—	≤半幅	>半幅
严重疵点	根数评分	—	—	3~4 根	≥5 根
	长度评分	—	—	<1cm	≥1cm

注　严重疵点在根数和长度评分矛盾时,从严评分。

麻织物的布面疵点分五类,比棉织物多一项经纬纱的粗节(纱的局部呈明显粗细状),其他四类疵点的内容与棉型织物类似,但略有不同。

苎麻织物的"经纬纱的粗节"疵点分大节和小节。小节指长 0.6cm 及以上,4cm 以下,粗为原纱直径的 3 倍及以上的粗节;大节指长 4cm 及以上,粗为原纱直径的 3 倍及以上,或长 0.6cm 以上,4cm 以下,粗为原纱直径 6 倍及以上的粗节。

苎麻织物的六大开剪疵点为:超过 1cm 的破洞、豁边、烂边、稀纬、不对接轧梭、2cm 以上的跳花。

(三)常见织疵及其成因分析

不同类型织机的主要织疵及其产生原因有较大的区别,详细内容可参照《机织学》和《织疵分析》等书。

三、实验准备

1. 实验仪器　织物强力仪,织物密度镜,直尺,疵点格板,疵点格率检验台。
2. 实验材料　精梳涤棉混纺本色布,苎麻本色布,织疵样布。

四、实验内容

(1)检验精梳涤棉混纺本色布、苎麻本色布的质量,并对其评等。
(2)指认织疵,试分析其可能成因。

思　考　题
---

1. 精梳涤棉混纺本色布评等的技术要求比棉本色布少一项"棉结杂质疵点格率",为什么?思考普梳涤棉混纺本色布的技术要求项目有几项。
2. 横档疵点的主要成因有哪些?如何减少和预防织物横档疵点?
3. 六大开剪疵点是什么?思考为什么六大疵点必须在织布厂剪除。

第二节　毛织半成品、成品检验与分析

实验五十二　毛织络筒质量检验与分析

一、实验目的

(1)了解毛织络筒工序质量检验项目。
(2)熟悉筒子质量检验的方法,认识疵病筒子及其产生原因。
(3)熟悉筒子卷绕密度测试方法。

二、基本知识

筒子质量包括筒子外观质量和内在质量两部分。毛织主要筒子疵点及其产生原因如下。

1. 筒子外观疵点(成形不良,图4-1)

(1)蛛网或滑边:纱圈在筒子大端个别或连续滑脱,影响后工序的顺利退绕,造成断头。其原因是筒管位置不正或有微量的轴向移动。
(2)重叠筒子:由于防叠机构失灵或调节不当所致。
(3)腰带筒子(或凸环筒子):产生原因是纱未断头而筒子已抬起所致。

(4)筒子形状不正常:包括葫芦筒子、包头筒子、钝头筒子及铃形筒子,其产生原因主要是槽筒沟槽有损伤,筒管和锭子的位置不正确以及操作不良等。

2. 筒子内在疵点

(1)接头不符合规定:未按工艺要求打结,结子过大、过松,结头纱尾过长或过短。松结和结头纱尾太短,容易产生脱结;结头纱尾过长,在织造中易与邻纱纠缠,产生开口不清或断头;结子过大,则不能顺利地通过综眼和筘齿。

(2)错特(支)错批:毛纺织厂中,纱批多、品种复杂,管理工作稍有疏忽或混乱,就容易造成错特(支)错批现象,从而使产品表面有可能出现"错经纱"、"横档"等疵点。因此,毛纱对批次和储存的管理要求更高。

(3)油污及杂物卷入:产生原因是清洁工作未做好。

三、实验准备

1. 实验仪器　络筒机,电子秤,直尺,卡尺或软尺。
2. 实验材料　待检验筒子纱。

四、实验内容

(1)测定筒子的实际卷绕密度。
(2)检验筒子外观质量:观察待检验筒子的卷绕成形,检出坏筒子,分析其成因。
(3)检验筒子内在质量:在络筒机上倒筒子,检验筒子内部疵点,分析疵点产生的原因。

思 考 题

1. 计算所测定筒子的卷绕密度,说明其卷绕的松紧程度。
2. 分析为什么毛纱络筒更容易出现错特(支)错批,若错特(支)错批纱织到布面,将产生什么后果?

实验五十三　毛织接头质量检验与分析

一、实验目的

(1)了解毛织物织造生产中常用的接头形式及其特点。
(2)熟悉接头质量的检验方法。

二、基本知识

据统计,络卷一个重1.5kg的筒子,一般要有19~44次接头。毛织物织造采用的接头形式也有打结和捻接两类。若纱线上的打结结头质量不合格,在生产过程中不但会因脱结、卡断等现象而降低后工序的生产效率,而且还会影响产品的外观质量。对毛纱来说,其织机断头总数的一半左右是由于结头自行脱开所造成的。

接头形式主要有以下几种。

(1)织布结:织布结也称蚊子结,其特点是结尾通过结子的中心,结根分布于两侧,结子小,较坚牢,适用于各种纤维和各种线密度的纱线,尤其适宜较细的纱线和高密织物,但对比较光滑的纱线,则易产生脱结。

(2)平结:平结也称8字结,它靠纱圈的缠绕来增加结子的牢度,这种接头方法常用于粗梳毛纱,其缺点是容易滑脱。

(3)筒子结:筒子结的结子大,易滑脱,毛纱很少采用。

(4)自紧结:自紧结由两个不完整的结子构成,结根相对、结尾相反,当用力拉紧时,两个不完整的结相互靠拢形成一个完整的结,此种结在织造过程中不易脱开,而且越拉结子束得越紧。因此,自紧结在各种纤维的接头中得到广泛的采用,适用于表面比较光滑的精梳毛纱和合成纤维纱。其缺点是结子尺寸大。

(5)捻接接头:毛纱线采用打结方法接头,结子大且容易松脱,而采用捻接技术生产无结头纱无疑是一个不错的选择。图4-4给出毛纱的空气捻接接头与其自紧结、织布结的尺寸比较。

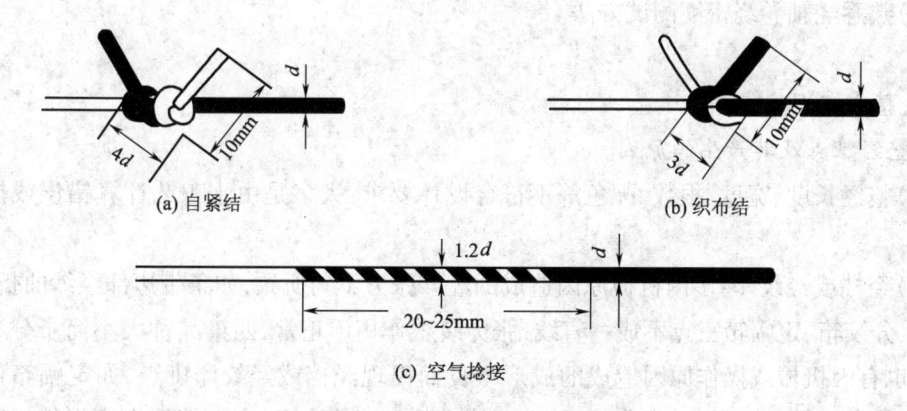

(a) 自紧结　　(b) 织布结

(c) 空气捻接

图4-4　毛纱接头大小比较

对于打结接头,打结形式、结子大小及结尾长短是衡量其质量的重要指标。结子太大时,纱线不能顺利通过综眼和筘齿,从而引起断头;结尾太长易与邻纱纠缠而引起开口不清,造成跳纱等弊病;结头形式选择不当或结子太松,在织机上会因经受不住反复多次的拉伸而脱结、断头。

对于捻接接头,接头外观(捻接区粗细、长度)和接头强度是衡量其质量的重要内容,指标有捻接区增粗倍数、捻接强力比等。

三、实验准备

1. 实验仪器　单纱强力仪,自紧结打结刀或打结器,织布剪刀,捻接器,捻接标记用色粉或彩色水笔。

2. 实验材料　管纱或筒纱,筒管,粗梳毛纱,精梳毛纱。

四、实验内容

1. 接头特征对比　分别用粗梳毛纱和精梳毛纱,打若干平结、织布结、自紧结和捻接,检查接头外观质量,比较接头大小和接头牢度。

2. 捻接强力比测定　参见实验四十四"棉、麻织接头质量检验与分析"。

思　考　题

1. 为什么毛纱比棉纱更容易脱结？粗梳毛纱若采用自紧结容易出现什么问题？
2. 计算毛纱捻接强力比、捻接强力 $CV\%$。

实验五十四　毛织整经质量检验与分析

一、实验目的

(1) 了解毛织整经质量检验项目。
(2) 熟悉毛织整经疵点及其产生原因。
(3) 熟悉经轴卷绕密度测试方法。

二、基本知识

1. 整经疵点及其产生的原因

(1) 整经长度、宽度、根数、配色等不符合设计要求：大多是由于工艺计算错误或操作疏忽所致。

(2) 经档或经绞印：多因机械原因造成的经纱张力不匀所致,如条带边部经纱曲折太大,筒子架、分绞筘、定幅筘三点不成一直线,张力装置作用不正常,匹染品种大小筒子分布不均匀等。也有因机械或操作原因造成的成形不良而出现经档或经绞印疵点,如定幅筘传动装置失灵;挡车工搭绞不良,过紧或过稀;定幅筘离整经滚筒太远;定幅筘筘齿磨损使得两边经纱受损伤等。

(3) 长短码：长短码是指整经条带长度不一致,严重时将会造成大量的整经回丝。其原因有机械方面的,如满绞自停装置失灵,测长机构发生故障,也有操作方面的因素。

(4) 倒断头、绞头、多头或少头：产生原因有的是因为断头自停装置作用不灵敏,经纱断头后不能及时关车;有的是由于挡车工操作不良,没有及时处理断头,而随便将筒子上引出的纱头搭在邻纱上。

(5) 纱线排列错乱：由于筒子架上筒子排列错误或纱批搞错所致。

(6) 经纱嵌边与凸边：主要是机械方面的原因,如经轴边盘与轴管不垂直;经轴幅宽与滚筒上纱层幅宽不一致;经轴边盘与轴管没有紧固好,受经纱挤压后外移造成嵌边;倒轴时边经纱与边盘位置未对准。

(7) 经向条痕：其原因除与经纱张力不匀有关外,还可能由于在整经或络筒过程中混入错批筒子,而不同批号的纱线染出的颜色不同,所以会出现很明显的经向条痕。

2. 整经断头 产生整经断头的原因是多方面的,有纺部纱线不良的原因,如捻度不匀、杂质附着、条干不匀等;也有络筒方面的原因,如大结、脱结、回丝附着、筒子成形不良、纱线退绕受阻等;还有整经工序本身的原因,如张力装置不良、锭座位置不正确、工人操作不当等因素。

三、实验准备
1. 实验仪器 磅秤,软尺,直尺。
2. 实验材料 经轴,与经轴同规格的空轴一只。

四、实验内容
(1) 结合整经工艺,检验待检经轴质量,指认整经疵点,分析其可能的成因。
(2) 测量经轴的实际卷绕密度。实验方法参见第一章。本实验借用相同规格的另一空轴替代所测经轴的空轴。此外,亦可利用硬度计间接测得经轴的卷绕密度。

思 考 题

1. 计算所测经轴的卷绕密度。
2. 如何预防经档疵点?

实验五十五 毛织穿结经质量检验与分析

一、实验目的
(1) 了解毛织穿结经质量检验项目。
(2) 认识穿结经疵点及其形成原因、产生的后果。

二、基本知识
穿结经质量的好坏直接影响到织造能否顺利进行、成品质量是否符合要求,严重的穿结经错误将造成织不出所需的花纹、经密和幅宽等。穿结经质量检查包括以下几方面:检查钢筘、综丝和经停片质量;检查钢筘、综丝和经停片的规格是否符合工艺要求;检查穿结经疵点并及时给予纠正。

毛织穿经过程中容易产生的差错大致有以下几种。
(1) 花纹穿错:即穿综的次序搞错,没有穿入应穿的一片综的综丝眼中,织成布后,产生花纹错误。
(2) 分头分错:由于穿分绞棒时不注意或其他原因,致使织轴上某些部分的经纱排列错乱,或产生并绞(即在分绞棒上未按一根在上、一根在下的规律排列)。在穿综前发现这种情况,必须把织轴上的经纱整理好,否则在分头时就会分错头,把错误的纱穿入综丝,织成布后将造成错经。
(3) 边线穿错:边组织是随织物不同而改变的,如果穿综工没有看清工艺卡上的要求,而凭经验穿边线,很可能会造成边线穿错。

（4）穿筘多穿或少穿：每个筘齿穿入经纱数一般是固定的,由于操作不注意,会出现多穿或少穿现象。

（5）空筘：穿筘操作速度较快,一不小心跳过筘,造成空筘。校正时,必须将后面的一段经纱从穿好的筘齿中拉出重穿。

（6）穿筘歪斜：穿筘前应根据上机筘幅确定穿筘起点,以使整幅经纱位置居中,钢筘两端不穿经纱的长度相等。若穿筘起点未定正确,在织机上会造成布面歪斜,易出织疵。

（7）筘号弄错：钢筘筘号必须与工艺相符,若筘号弄错,坯布的幅宽、经密等都将错误,必须换筘重穿。

结经疵点主要有双经、结头不紧、打不成结、挑不到纱线、断头等。

三、实验准备

1. 实验仪器　直尺,游标卡尺、电子秤,经停片,综丝。
2. 实验材料　穿好经纱的织轴。

四、实验内容

（1）检查穿筘所用织机专用器材的种类和规格。
① 钢筘：种类,筘号（公制、英制）,高度,长度,厚度,筘齿片厚度。
② 综丝：种类,长度,直径,综眼角度。
③ 经停片：形式,尺寸,重量。
（2）查看、记录综框形式和钢筘、综丝、经停片的穿法规律。
（3）检查穿经质量,分析穿经疵点。

思 考 题

1. 根据织物规格,分析所检验织轴使用的综丝、钢筘、经停片以及穿经工艺是否合理。
2. 说明下列穿经疵点的后果：花纹穿错、分头分错、空筘、穿筘多穿或少穿。

实验五十六　毛织定捻、卷纬质量检验与分析

一、实验目的

（1）了解毛织纱线定捻、卷纬质量检验项目。
（2）熟悉纱线定捻效果、纡子质量检验方法,认识纬纱疵点及其产生的后果。

二、基本知识

1. 定捻效果　毛纱定捻效果的检查采用"目测捻回法"和"手测定捻效率法",检验方法参见"棉、麻织纱线定捻、卷纬质量检验与分析"实验。毛纱捻度稳定率达到60%左右时,能

基本满足织造要求。

2. 卷纬质量　毛纱自动卷纬常见疵点及其产生原因、危害见表 4-22。

表 4-22　自动卷纬常见疵点及其成因与危害

疵点名称	产　生　原　因	危　　害
纡子直径过大或过小	(1)由于卷绕调节装置未调节好 (2)撑牙磨损 (3)张力不一致 (4)纱线特数偏差等造成直径不一致	(1)纡子直径过大,有可能与座子底部及两侧接触,退纱时造成纬纱张力不均匀 (2)纡子直径过小,织机上换梭次数多,增加劳动强度,降低织机效率
纡子成形长度过长或过短	(1)发动自动换管的探测杆位置未调节好 (2)导纱钩位置不正确	(1)成形过长,则纡子顶部的空管部分少,在织机投梭力的作用下,纬纱易冒出纡管 (2)卷绕成形太短,则纬纱容量减少,增加换纡次数
纡子卷绕过紧或过松	卷绕张力不适当	(1)卷绕过紧,纡子发硬,使纬纱受到意外伸长,尤其是毛/涤织物容易产生吊纬 (2)卷绕过松,纱层与纱层之间的压力减少,在织机上易产生崩纬
纡子卷绕成形不良	(1)导纱螺杆螺纹内嵌入纱头或油污,致使导纱器工作不正常 (2)导纱螺杆螺纹和导纱器薄片磨损 (3)导纱螺杆上弹簧断裂 (4)卷绕调节装置部件损坏 (5)纡管夹持过松 (6)纱线从导纱器中滑出,使纡子成形不良	成形不良的纡子应剔出重新卷绕,否则织造时纬纱不能正常退绕,可能产生断纬、脱纬、纬缩、吊纬等
毛脚纱(纱线卷绕在纡管底部)	(1)导纱器的限位器安装不正确或松弛 (2)导纱器滑杆位置过高	这种纡子如不剔出,织造时当纬纱退绕到底部时易产生断头,如在换纡时未将这一纬拉掉,则会产生严重吊纬
纡管底部双根纱	(1)剪刀口变钝或剪刀的两刀片松,纱尾未剪断 (2)控纱杆故障	纱尾不剪断而绕在纡管上,在退绕时使正常退绕纱与未剪断的纱尾纠缠在一起,产生严重吊纬或断纬
油污纱	(1)清洁工作不良 (2)油箱漏油	织到布面将产生油污渍疵点
无备纱、备纱长度不足或过多	(1)换管后发生断头没有补上备纱 (2)备纱撑牙未调整好	(1)无备纱和备纱长度不足,在织造时将产生换纬关车 (2)备纱过长在织造换纬后产生过多回丝

三、实验准备

1. 实验仪器　标准卡板套或卡尺,直尺或软尺。

2. 实验材料　纡子。

四、实验内容

(1) 检查纡管规格、质量,核对原料种类、纱线规格。
(2) 检查纡子质量,剔除疵纡。
(3) 检验纬纱的捻度稳定性。

思 考 题

1. 毛纱为什么需要蒸纱定捻？实验所用纬纱的捻度稳定性是否满足织造需要？
2. 说明采用疵纡织造将会产生什么后果？

实验五十七 毛织物织造效率与织造断头分析

一、实验目的

(1) 了解织造效率和织造断头的重要性。
(2) 了解产生织造经纱断头、纬纱断头的主要原因。
(3) 了解影响织造效率的主要因素。

二、基本知识

织造生产的目的在于提供高产、优质、低成本的产品。织造效率和织造断头直接反映织造情况,对于特定的产品和织机速度,织造效率和织造断头情况可反映一个企业的生产技术水平,并直接影响其产量和质量。因此,调查织造停台和织造断头,可快捷了解织造状况。

影响织造效率的因素主要有计划停台(大小修理、检修、揩车、加油)、上轴、落布、坏车、坏布、空纬、织机断头(包括经纱断头、纬纱断头)等。其中,织机断头发生的频率最高,其他情况在动态的生产过程中变化不大,基本趋于稳定,因此,织机断头是影响织造效率提高的最主要的因素之一。

织机断头以平均每台每小时的断头根数,即台时断头根数表示。毛织物织造断头的原因主要有以下几个方面。

(1) 纱线条干不匀,捻度不匀。
(2) 整经不良,形成绞纱、乱轴。
(3) 操作和接头不良。
(4) 织造参变数选择不当。
(5) 织机机械状态不良,保养不当。
(6) 车间温湿度掌握不当。

三、实验准备

1. **实验仪器** 织机。

2. 实验材料 毛纱线。

四、实验内容
(1) 观测并记录织机的织造效率。
(2) 观测、记录实验织机上经纱断头、纬纱断头的位置,并采用正确方法处理。

思 考 题

1. 分析实验织机织造效率较高或较低的原因。
2. 分析发生经纱断头、纬纱断头的原因。

实验五十八 毛织物质量检验与分析

一、实验目的
(1) 了解毛织物质量检验项目和评等依据。
(2) 熟悉毛织物的实物质量和部分物理质量指标的检验和评定。
(3) 认识毛织物织疵,分析其主要织疵的可能成因。

二、基本知识
毛坯布的质量检验项目包括长度、幅宽、重量和外观疵点。除新产品外,一般不验物理指标,而仅按呢坯的外观疵点进行评分,并以呢坯疵点评分的多少来评定呢坯质量。与棉型织物的加工模式不同,毛织企业通常都拥有染整加工车间,流通领域的毛织物大都是成品织物。因此,相对呢坯而言,成品毛织物的质量检验更受关注。

成品毛织物的种类较多,如精梳毛织物、粗梳毛织物、精梳低特(高支)轻薄型毛织物、精梳低含毛混纺及纯化纤毛织物等,不同成品毛织物的质量要求有一定差异。下面以精梳毛织物(成品)为例介绍。呢坯和成品毛织物的外观疵点检验类似,后者增加了染整疵点。

精梳毛织物的技术要求包括安全性要求、实物质量、内在质量和外观质量四个方面。精梳毛织物安全性应符合相关国家强制性标准要求,实物质量包括呢面、手感和光泽三项;内在质量包括幅宽不足、平方米重量允差、尺寸变形率、纤维含量、起球、断裂弹力、撕破强力和染色牢度等指标;外观质量包括局部性疵点和散布性疵点两项。

精梳毛织物的品等以匹为单位,按实物质量、内在质量和外观质量三项检验结果评定,并以其中最低一项定等,分为优等、一等、二等、三等,低于三等者为等外品。三项中最低品等有两项及以上同时降为二等品的,则直接降为等外品。

1. 实物质量 实物质量是指织物的呢面、手感和光泽。评定前,应根据用户的要求确定样品,凡正式投产的不同规格产品,分别建立优等品和一等品封样,检验时逐匹比照封样评等。符合优等品封样者为优等品;符合或基本符合一等品封样者为一等品;明显差于一等品封样者为二等品;严重差于一等品封样者为等外品。

2. 内在质量　精梳毛织物内在质量的评等由物理指标和染色牢度综合评定,并以其中最低一项定等。物理指标接表4-23的规定评定。

表4-23　精梳毛织物的物理指标要求

项目			优等品	一等品	二等品
幅宽偏差(cm)		≤	2	2	5
平方米重量允差(%)			-4.0~+4.0	-5.0~+7.0	-14.0~+10.0
静态尺寸变化率(%)		≥	-2.5	-3.0	-4.0
纤维含量(%)	毛混纺产品中羊毛纤维含量的允差		-3.0~+3.0	-3.0~+3.0	-3.0~+3.0
起球(级)	绒面	≥	3~4	3	3
	光面		4	3~4	3~4
断裂强力(N)	7.3tex×2×7.3tex×2(80英支/2×80英支/2)及单纬纱高于等于14.6tex×140英支/1	≥	147	147	147
	其他		196	196	196
撕破强力(N)	一般精梳毛织品	≥	15.0	10.0	10.0
	8.3tex×2×8.3tex×2(70英支/2×70英支/2)及单纬纱高于等于16.7tex×1(35英支/1)		12.0	10.0	10.0
汽蒸尺寸变化率(%)			-1.0~+1.5	-1.0~+1.5	—
落水变形(级)		≥	4	3	3
脱缝程度(mm)		≤	6.0	6.0	8.0

注　(1)纯毛产品中,为改善纺纱性能、提高耐用程度,成品允许加入5%合成纤维;含有装饰纤维的成品(装饰纤维必须是可见的、有装饰作用的),非毛纤维含量不超过7%;但改善性能和装饰纤维二者之和不得超过7%。
(2)成品中功能性纤维和羊绒等的含量低于10%时,其含量的减少应不高于标注含量的30%。
(3)双层织物联结线的纤维含量不考核。
(4)嵌条线含量低于5%及以下时不考核。
(5)休闲类服装面料的脱缝程度为10mm。

精梳毛织物染色牢度的评定包括七项内容,参见表4-24。

表4-24 精梳毛织物的染色牢度指标要求　　　　　　　　　单位为级

项目			优等品	一等品	二等品
耐光色牢度	1/12标准深度（浅色）	≤	4	3	2
	1/12标准深度（深色）	>	4	4	3
耐水色牢度	色泽变化	≥	4	3~4	3
	毛布沾色		3~4	3	3
	其他贴衬沾色		3~4	3	3
耐汗渍色牢度	色泽变化（酸性）	≥	4	3~4	3
	毛布沾色（酸性）		4	4	3
	其他贴衬沾色（酸性）		4	3~4	3
	色泽变化（碱性）		4	3~4	3
	毛布沾色（碱性）		4	4	3
	其他贴衬沾色（碱性）		4	3~4	3
耐熨烫色牢度	色泽变化	≥	4	4	3~4
	棉布沾色		4	4	3
耐摩擦色牢度	干摩擦	≥	4	3~4	3
	湿摩擦		3~4	3	2~3
耐洗色牢度	色泽变化	≥	4	3~4	3~4
	毛布沾色		4	4	3
	其他贴衬沾色		4	3~4	3
耐干洗色牢度	色泽变化	≥	4	4	3~4
	溶剂变化		4	4	3~4

注 （1）"只可干洗"类产品可不考核耐洗色牢度和湿摩擦色牢度。
　　（2）"小心手洗"和"可机洗"类产品可不考核耐干洗色牢度。

3. 外观疵点 精梳毛织物的外观疵点按其对服用的影响程度与出现状态不同，分为局部性与散布性疵点两种，分别给予结辫和评等（结辫，即对毛织物的局部性疵点按规定方式在疵点的相应部位结小辫形标记）。

（1）局部性外观疵点：按其规定范围结辫，每辫放尺10cm。在经向10cm范围内，不论疵点多少仅结1个辫。

局部性外观疵点基本不开剪，但大于2cm的破洞、严重的磨损和破损性轧梭、严重影响服用的纬档，大于10cm的严重斑疵，净长5m的连续性疵点和1m内结5个辫者，应在工厂内剪除。

（2）散布性外观疵点：刺毛痕、边撑痕、剪毛痕、折痕、磨白纱、经档、纬档、厚段、薄段、斑疵、缺纱、稀缝、小跳花、严重小弓纱和边深浅诸类疵点中，有两项及以上最低品等同时为二等品时，则降为等外品。

外观疵点结辫、评等规定见表4-25。对于降等品的结辫，还另有特别规定。

表4-25 外观疵点结辫、评等规定

疵点名称		疵点程度	局部性结辫	散布性降等	备注
经向	粗纱、细纱、双纱、松纱、紧纱、错纱、呢面局部狭窄	明显,10~100cm 大于100cm,每100cm 明显散布全匹 严重散布全匹	1 1	 二等 等外	
	油纱、污纱、异色纱、磨白纱、边撑痕、剪毛痕	明显,5~50cm 大于50cm,每50cm 散布全匹 明显散布全匹	1 1	 二等 等外	
	缺经、死折痕	明显,经向5~20cm 大于20cm,每20cm 明显散布全匹	1 1	 等外	
	经档(包括绞经档)、折痕(包括横折痕)、条痕水印(水花)、经向换纱印、边深浅、呢匹两端深浅	明显,经向40~100cm 大于100cm,每100cm 明显散布全匹 严重散布全匹	1 1	 二等 等外	边深浅色差4级为二等品,3~4级及以下为等外品
	条花、色花	明显,经向20~100cm 大于100cm,每100cm 明显散布全匹 严重散布全匹	1 1	 二等 等外	
	刺毛痕	明显,经向20cm及以内 大于20cm,每20cm 明显散布全匹	1 1	 等外	
	边上破洞、破边	2~100cm 大于100cm,每100cm 明显散布全匹 严重散布全匹	1 1	 二等 等外	不到结辫起点的边上破洞、破边1cm以内累计超过5cm者仍结辫一只
	刺毛边、边上磨损、边字发毛、边字残缺、边字严重沾色、漂白织品的边纱针锈、自边缘深入1.5cm以上的针眼、刺绣、荷叶边、边上稀密	明显,0~100cm 大于100cm,每100cm 散布全匹	1 1	 二等	
纬向	粗纱、细纱、双纱、松纱、紧纱、错纱、换纱印	明显,10cm到全幅 明显散布全匹 严重散布全匹	1	 二等 等外	
	缺纱、油纱、污纱、异色纱、小辫子、稀缝	明显,5cm到全幅 散布全匹 明显散布全匹	1	 二等 等外	

续表

疵点名称		疵点程度	局部性结辫	散布性降等	备注
经纬向	厚段、纬影、严重搭头印、严重电压印、条干不匀	明显,经向20cm以内	1		
		大于20cm,每20cm	1		
		明显散布全匹		二等	
		严重散布全匹		等外	
	薄段、纬档、织纹错误、蛛网、织稀、斑疵、补洞痕、轧梭痕、大肚纱、吊经纱	明显,经向10以内	1		大肚纱1cm为起点,0.5cm以内的小斑疵按注(2)规定
		大于10cm,每10cm	1		
		明显散布全匹		等外	
	破洞、严重磨损	2cm及以内	1		
		散布全匹		等外	
	毛粒、小粗节、草屑、死毛、小跳花、稀隙	明显散布全匹		二等	
		严重散布全匹		等外	
	呢面歪斜	素色织物4cm起,格子织物3cm起,40~100cm	1		优等品素色织物3cm起,格子织物2cm起
		大于100cm,每100cm	1		
		素色织物:			
		4~6cm散布全匹		二等	
		大于6cm散布全匹		等外	
		格子织物:			
		3~5cm散布全匹		二等	
		大于5cm散布全匹		等外	

注 (1) 自边缘起1.5cm及以内的疵点(有边线的指边线内缘深入布面0.5cm以内的边上疵点),在鉴别品等时不予考核。但边上破洞、破边、边上刺毛、边上磨损、漂白织物的针锈及边字疵点都应考核。若疵点长度延伸到边内时,应连边内部分一起量计。

(2) 严重小跳花和不到结辫起点的小缺纱、小弓纱(包括纬停弓纱)、小辫子纱、小粗节、稀缝、接头洞和0.5cm以内的小斑疵明显影响外观者,在经向20cm范围内综合达4处,结辫1个。小缺纱、小弓纱、接头洞严重散布全匹应降为等外品。

(3) 外观疵点中,若遇到超出上述规定的特殊情况,可按其对服用的影响程度参考类似疵点的结辫评等规定酌情处理。

(4) 散布性外观疵点中,特别严重影响服用性能者,按质论价。

(5) 优等品不得有1cm及以上的破洞、蛛网、轧梭,不得有严重纬档。

外观疵点的检验:将织物正面放在与垂直线成15°角的检验机台面上,检验者在检验机的前方进行检验,织品穿过检验机的下导辊,以保证检验幅面和角度。检验机车速14~18m/min,机上150cm长斜面板装40cm宽磨砂玻璃,磨砂玻璃内装40W日光灯2~4个。

各种织疵的成因和预防措施参见《机织学》教材。

三、实验准备

1. 实验仪器　多功能织物强力仪,织物起毛起球仪,直尺,剪刀,电子秤,验布台。
2. 实验材料　精梳毛织物,织疵样布。

四、实验内容

(1)检验精梳毛织物的实物质量和部分物理指标(幅宽、平方米质量、断裂强力、撕破强力、起球性能等)。

(2)指认毛织物上的织疵,分析其可能成因。

思 考 题

1. 依据测试结果评定精梳毛织物的品等。
2. 比较精梳毛织物与棉印染布(本教材所附光盘有"GB/T 411—1993 棉印染布"标准)的技术要求项目的差异,思考造成这种差异的根本原因。
3. 比较毛织物织疵与棉织物织疵的差异。

第三节　丝织半成品、成品检验与分析

实验五十九　丝织络筒质量检验与分析

一、实验目的

(1)了解筒子质量好坏的判断依据。
(2)了解筒子质量检验项目。
(3)认识各种病疵筒子,掌握其形成的原因。

二、基本知识

筒子质量分内在质量与卷装成形质量两部分,内在质量包括卷绕密度、卷绕硬度、同批筒子的原料性能、双头、搭头、油污等;卷装成形质量即筒子的外观形状质量。

1. 筒子内在质量

(1)双头、搭头:相邻断头的丝线卷入筒子形成双头卷绕,断头时结头不良,使断丝卷入丝层内部形成搭头,退解时出现断丝。

(2)原料混淆:不同线密度、牌号、批号,甚至不同颜色的丝绕于同只或同批筒子上。

(3)油污:原料本身的油污,挡车工的手、筒管、机械不洁所致的油污。

(4)卷绕密度、卷绕硬度不符合要求。

2. 筒子卷绕外观成形

(1)圆柱形有边筒子的一端(或两端)隆起或嵌进,圆锥形无边筒子的攀丝、脱边,菠萝

形筒子的绕丝位置不居中、偏向筒管一侧等,主要是导丝动程与筒子工作长度不一致,动程过长、过短或导丝起始位置不正确、成形凸轮磨损、筒管没有插到底或筒管孔眼太大、导丝杆卡住或不灵活之故。

(2)铃形筒子是由于络筒张力过大或筒管位置不正而形成。

(3)阶梯筒子是丝线断头后没有及时接上,筒子表面呈阶梯状。

(4)松筒子是张力装置中有飞花、杂物嵌入,车间相对湿度太大,形成卷绕密度过小的筒子。

(5)凸环筒子是丝线脱出导丝器形成筒子上某位置绕丝特别多。

(参见本教材所附光盘中各种病疵筒子的图或照片)

3.筒管规格、质量　筒管规格、质量主要检验颜色是否一致,筒管是否有发毛、破裂现象。若颜色不一,很容易将原料混淆;筒管发毛、破裂,则会使得丝线在退解时被勾断,造成大量断头。

三、实验准备

1. 实验仪器　硬度测试仪,直尺,卡尺与软尺,电子秤等。
2. 实验材料　待检验筒子。

四、实验内容

(1)分析待检验筒子内在质量:是否有双头、搭头;是否原料混淆;是否存在油污;卷绕密度、卷绕硬度测定并记录。

(2)观察待检验筒子卷绕外观成形。

(3)观察待检验筒子筒管颜色是否一致,筒管是否有发毛、破裂现象。

思 考 题

1. 计算所检验批次筒子的卷绕密度、卷绕硬度。
2. 分析造成筒子成形不良的原因有哪些?

实验六十　丝织接头质量检验与分析

一、实验目的

(1)了解丝织生产常用结子,其特点和使用场合。

(2)掌握丝织单枓结打法。

二、基本知识

结头规格包括结头形式和纱尾长度两方面。接头操作要符合操作要领,结头要符合规格。在织造生产中,对于不同的纤维材料、不同的纱线结构、不同的应用场合,应用的结头形式也有所不同,丝织生产中常用的结头有单搭结、双搭结、走马结等,结尾长度控制在 2～3mm。常用结子名称与特点、适用范围见表 4-26。

表 4-26　常用结子名称与特点、适用范围

序号	名称	特点	适用范围	示意图
1	单搭结	结子小、牢,不易脱结,打结速度快,用途广	桑蚕丝或粘胶长丝在翻络丝、捻丝、并丝、再络、成绞、卷纬、整经、织造等工序断头与换筒时使用	
2	双搭结(一个半结)	结子比单搭结稍大,牢固,不脱结	适用于易脱结的合成纤维原料,在络、并、捻、倒筒、成绞、卷纬、整经、织造等断头时使用	
3	反搭结(三角结)	单根延伸方法打搭结,打结时拉力小,能控制张力,在丝头较短条件下仍能打结,打结时手指接触结子少	桑蚕丝、粘胶长丝在织造时断头对拉、轧梭处理、多根并头、卷纬断头及清洁工作要求高的品种使用	
4	一捞结	结大打结方便、快,此结仅起过渡作用,不作基本结子	适用于难以打搭结的原料打结及过渡时使用,如整经回头、卷纬、换筒带头、弹力丝接头、织造装纤、整经换筒、自动接经以及较粗纬丝对产品质量无影响的品种	
5	网络结	结子小,易收紧,不易脱结	粘胶长丝织物边丝中,双经断 1 根时使用	
6	单爿结	打结速度快,可不停车打结,但结大不牢固,在钢筘处易被刮断	桑蚕丝双经断单根、头份多线密度小的边丝、织造一般织物(不包括电力纺类)时,及在浆丝机后部、经轴倒头分离时使用	
7	走马结	结子大,牢固,打结时可适当调整单丝张力,且不会伸长过大,打结时对光线要求不高,易掌握松紧,可不停车进行	适用于一般桑蚕丝织物(不包括纺类)以及伸长小的人造丝结头,织机机后结经、在后滚筒下面经面中间接经、整经上轴补头	
8	秤钩形结	结子牢、打结速度快,但结子稍大	适用于桑蚕丝织物的边经中双经断一根时使用(纺类不适用)	

续表

序号	名 称	特 点	适 用 范 围	示 意 图
9	关门结	一般左手拿筒、右手打结；并丝筒子右手拿筒、左手打结；卷纬锭子顺时针回转时右手打结；逆时针回转时左手打结	络丝、捻丝、并丝、再络满筒时及卷纬满纡时使用	
10	左、右套结	左右手操作时较方便	桑蚕丝、粘胶长丝、合成纤维丝等织造时纬丝装纡使用	右套结／左套结
11	顺捻结	方便，迅速	桑蚕丝、粘胶长丝等织造时纬丝装纡使用	
12	开门结	方便，简单	整经绞线专用	
13	草缚结	结子平服，松紧一致	提花机补纹板、补通丝时用	
14	抽股结	调节方便	提花机吊棒刀时用	
15	双套结	调节方便	织造上机吊综框时用	

续表

序号	名 称	特 点	适用范围	示 意 图
16	把吊结	方便,简单,不会松脱	织机上机扎轴、吊综、整经上轴、浆丝上轴时用	
17	吊边结	调节方便,不会松脱	织造上轴吊小边、绒织机送绒调节时用	
18	活络结	方便,不会松脱	分条整经满条时专用	

丝线表面比较粗糙的原料常用单搭结,丝线表面比较光滑的原料常用双搭结,在织造时经丝对接用走马结。

三、实验准备

1. 实验仪器　织布用剪刀。
2. 实验材料　丝线。

四、实验内容

单搭结打结练习:

(1)选取原料两根,左右手各拿一根。

(2)左手一根交叉放在右手一根上面,用左手大拇指与食指拿住交叉点。

(3)用剪刀将露在手指前端的两个纱头剪短成略小于1cm。

(4)用右手握住交叉在下面的一根纱靠手掌的一端。

(5)从右后右方朝上向左前方绕至左前方的一根纱的下端,然后绕入前方的交叉口内,此时要求绕行的纱在左手大拇指上面形成一个圆圈,位于手指前端的两个纱头(用剪刀修剪过的)左边一个在圆圈的上面,右边一个在圆圈的下面。

(6)用右手大拇指把位于右端在圆圈下面的一个纱头压入圆圈内,并用左手压住。

(7)用右手抽紧刚才绕行的一根纱线,用剪刀将刚才经过修剪的两个纱头(结尾)修剪至 2~3mm,至此打结完成。

(8)用双手轻拉结子两端,结子不滑脱为标准。

(9)检查结尾长度是否符合要求。

思 考 题

1. 单搭结牢固度、结尾长度如何检验。
2. 指出单搭结与双搭结有什么不同?

实验六十一 丝织整经质量检验与分析

一、实验目的
(1)了解整经轴质量好坏的判断依据。
(2)了解整经轴质量检验项目。
(3)认识各种病疵整经轴,掌握其形成的原因。

二、基本知识
整经轴质量分内在质量与卷装成形质量两部分,内在质量包括卷绕密度、卷绕硬度、原料性能、总经丝数、长短码、经柳、滚绞(闭口绞)、并绞(浮绞)、小轴松、倒断头等;卷装成形质量即整经轴或经轴的外观形状质量,包括盘片间距、表面平整度、嵌边与凸边等。

1. 整经轴卷绕外观成形

(1)经轴盘片间距大于织机穿筘幅2cm以上或小于织机穿筘幅均会使边经丝断头率增加。盘片间距过大时,边经丝与钢筘边齿之间形成较大的倾角,加剧了边经丝与筘边齿的摩擦,边经丝易断;盘片间距过小时,边经丝易与盘片摩擦,造成断头。造成的原因是由于定幅筘穿幅不准,条宽不准,条与条之间的搭头间隙不准。

(2)表面不平整,对于分条整经的经轴来说是由于定幅筘穿入数不一致,条与条之间的搭头间隙过大或过小,定幅筘移动丝杆磨损,定幅筘座螺丝松动所造成。分批整经时,由整经轴上经丝根数偏少,丝线间距较大所造成。这些都会使得经丝张力不一致,从而造成经面出现宽、急经等,进一步造成经柳等病疵。

(3)嵌边与凸边,即处于整经轴两端的边经丝嵌入内部或凸出表面。主要原因是整经轴的边盘歪斜,轴芯弯曲,分批整经机伸缩筘与整经轴的幅度或左右位置调整不当,分条整经机倒轴时对位不准、定幅筘移动速度不准等,都可能引起整经轴的嵌边与凸边疵点。嵌边与凸边整经轴在上浆、并轴或织造时,会造成边丝松弛或断头。

(参见本教材所附光盘中各种病疵整经轴或经轴的图或照片)

2. 整经轴内在质量

(1)原料混淆:将不属于该产品的经丝原料混入、经丝排列错误、经丝数量与产品要求不符。

(2)长短码:是指分条整经各条带长度不一及分批整经各整经轴绕丝长度不一。主要是由于测长装置失灵或操作失误所致。

(3)经柳:产生的原因是退解筒子张力过大或过小,不同牌号、批号、种类、等级、色泽及线密度的经丝混淆使用。

(4)滚绞(闭口绞):滚绞就是相邻的两根或多根经丝相互纠缠在一起,不易分离。主要是由于整经张力过小及操作不当引起。整经张力小,丝线横向移动的可能性大,丝线之间易相互纠缠,特别是导电性能差、加强捻的丝线更容易产生滚绞。另外由于分条整经时,经丝断头需要对接,此时已经绕入整经滚筒的经丝有可能需要从滚筒中部分退出,若退出部分经丝从新绕入滚筒时所加张力不恰当,也非常容易引起滚绞。

(5)并绞(浮绞):并绞就是相邻两根或多根经丝处于同一绞位,造成经丝相互之间定位不准。产生的原因是整经打绞时经丝分的不清晰,或定幅筘筘齿穿错。

(6)小轴松:整经轴小直径时卷绕松软,而随着卷绕直径的增大,张力变大,造成内松外紧,外层丝嵌入内层。经轴的小松轴形成整个经面都是宽急经柳,严重时无法正常织造。检查这一病疵,要跟踪经轴在织造车间的情况,从而进行判断。

(7)倒断头:倒断头主要是由断头自停装置失灵或操作不当所造成。如断头时,整经机不及时刹车,使断头卷入,嵌入邻层不易寻找,倒轴找头没有倒足或补丝没有补够。检查这一病疵,也要跟踪经轴在织造车间的情况。

(8)卷绕密度、卷绕硬度不符合要求。

三、实验准备

1. 实验仪器　硬度测试仪,直尺,卡尺,软尺,电子秤等。
2. 实验材料　经轴。

四、实验内容

(1)检查工艺卡是否记录完全、准确。
(2)观察待检验整经轴或经轴内在质量,检测并记录卷绕密度、卷绕硬度等。
(3)观察检验整经轴或经轴卷绕外观成形。

思 考 题

1. 给出实验用整经轴或经轴卷绕密度、卷绕硬度。
2. 造成整经轴和经轴表面不平整的原因有哪些?有什么改进措施?

实验六十二　丝织浆丝质量检验与分析

一、实验目的

(1)了解浆丝质量检验项目。

(2)了解上浆率、伸长率、强伸性、耐磨性、回潮率的检测方法。

(3)认识各种病疵浆轴,掌握形成原因。

二、基本知识

上浆的质量直接影响织机的生产效率及织物质量,必须严格控制。织轴质量的好坏是织造效率高低的关键。织轴质量分内在质量与卷装成形质量两部分,内在质量包括卷绕密度、卷绕硬度、原料性能与总经丝数、上浆率、回潮率、增强率、减伸率、耐磨性等;卷装成形质量即织轴的外观形状质量,包括表面平整度、嵌边与凸边等。

1. 织轴内在质量 织轴内在质量除浆丝上浆率、回潮率、增强率、减伸率、耐磨性外,还有以下各项。

(1)原料性能与总经丝数:原料中有非工艺规定的原料混入,特别是整经断头、浆丝补头时丝筒用错,接头丝用错等都会造成织物表面出现经柳等病疵。而总经丝数不符要求,则会造成织物门幅不准。这些都属于人为因素。

(2)卷绕密度、卷绕硬度:合格织轴必须符合一定的硬度要求。若硬度不足,在织造时不能满足上机张力的要求,造成开口不清,从而造成花纹错误,严重时无法正常开机。主要是由于工艺张力设定过小、张力装置失灵、操作失误等引起的。硬度过大,不但会使丝条受到损伤,而且有损坏织轴及空轴的危险。因为硬度过大,丝条收缩挤压力会形成轴向分布,这个力大到一定程度,能使轴盘的夹固件破坏,整个织轴报废。其原因是由于工艺张力设定过大、操作失误等。

2. 织轴卷绕成形

(1)织轴盘片:盘片间距大于穿筘幅2cm以上或小于穿筘幅均会使边经丝断头率增加。盘片间距过大时,边经丝与钢筘边齿之间形成较大的倾角,加剧了经丝与筘边齿的摩擦,使边经丝易断;盘片间距过小时,边经丝易与盘片摩擦,造成断头。主要原因是轴管管理不严,轴管准备时尺寸有误。

(2)织轴卷绕长度不准:主要是操作时测长表设置错误,工艺计算有误。

(3)嵌边与凸边:处于织轴两端的边经丝嵌入内部或凸出表面。主要原因是织轴的边盘歪斜,轴芯弯曲,伸缩筘与织轴的幅度或左右位置调整不当,都可能引起织轴的嵌边与凸边疵点。嵌边与凸边织轴在并轴或织造时,会造成边丝松弛或断边。

(4)表面不平整:主要是经丝在伸缩筘内分布不均匀所造成。表面不平会使经丝张力不一致,从而造成经面出现宽、急经等,进一步造成经柳等病疵。

三、实验准备

1. 实验仪器 毛羽仪,耐磨试验仪,硬度测试仪,烘箱,电子天平,单丝强力机,直尺,卡尺与软尺,烧杯等。

2. 实验材料 待检验浆丝试样,待检验织轴。

四、实验内容

(1) 上浆率、回潮率的测定。

(2) 强伸性、耐磨性的测定。

(3) 伸长率的测定,在浆丝机上观测并记录。

(4) 检查工艺卡是否记录完全、准确。

(5) 测待检验浆轴内在质量,检测浆轴卷绕密度、卷绕硬度等。

(6) 观测检验浆轴卷绕外观成形。

思 考 题

1. 分别给出所测试样的上浆率、回潮率、伸长率、增强率、减伸率、抱合率、卷绕密度、卷绕硬度,说明测试方法。

2. 测试上浆率的方法有哪几种?各有什么特点?上浆率过大和过小会有什么后果?

3. 检验浆轴外形,分析病疵的造成原因,浆轴是"好轴"应具备哪些条件?

实验六十三 丝织穿经质量检验与分析

一、实验目的

(1) 了解穿经质量检验项目。

(2) 认识各种穿经病疵,掌握造成的原因及产生的后果。

二、基本知识

穿经是经丝准备工程中最后的一道工序。穿经质量的好坏直接影响到织造工程能否顺利进行和成品质量是否符合要求,严重时将织出错误的花纹、经密、幅宽等。

穿经质量的检验应从所使用的综丝、钢筘、经停片的质量和穿经工艺、规格、尺寸等方面着手。

1. 综丝

(1) 综丝密度:综丝密度一般应选择为最大密度的70%~80%。综丝密度过大,会增加综丝与经丝之间的摩擦;综丝密度过小,会增加前后综之间经丝的张力差异。

(2) 综丝规格:综丝的规格包括形状、长度、直径、综眼大小等,不同规格的综丝适用的经丝线密度也不同,应合理选择。综丝必须光滑、平整,不能扭曲、起毛。

(3) 排列:综丝排列时应特别注意方向性。为了减少综眼两侧与相邻两边经丝的摩擦,同时便于穿经,综耳所在平面呈前后向时,综眼所在平面应呈向右倾斜30°夹角。

2. 钢筘

(1) 钢筘规格:钢筘规格包括筘号、高度(外高、内高)、长度、厚度、筘齿厚度等。应根据织机、经丝原料的种类及其线密度、穿入数等合理选用。

(2) 钢筘外观:钢筘外观主要检查表面光洁程度、筘齿的均匀程度、筘齿的牢固程度等。

若筘齿表面及侧面有毛刺,则容易勾断经丝,造成经丝断头;筘齿不均匀、筘齿松动,则会使织物表面出现筘路等病疵。

3. 经停片　经停片的规格包括形状、尺寸和重量。其选择视纤维原料、经丝线密度、织机形式、织机车速、操作方便程度等来考虑。一般经丝线密度大、车速快,选用较重的经停片;反之,则选用较轻的经停片。经停片在经停杆上的排列密度必须符合工艺设计的要求。排列不宜过密,否则不仅会磨损丝线,而且经丝断头后经停片不能及时落下,造成经停失灵。

三、实验准备
1. 实验仪器　直尺、软尺等。
2. 实验材料　待检验的穿好经丝的织轴。

四、实验内容
(1)检查工艺卡是否记录正确、完整。
(2)核对筘号、综丝规格、经停片规格。
(3)检查钢筘、综丝、经停片的质量是否符合要求。
(4)核对穿筘的起点、每筘穿入数、穿筘幅。

思 考 题

1. 说明发生空筘、重叠筘的后果。
2. 说明使用综丝、经停片时应注意的事项。

实验六十四　丝织卷纬质量检验与分析

一、实验目的
(1)了解纡子质量检验项目。
(2)认识各种病疵纡子,掌握造成的原因。

二、基本知识
卷纬质量分纡子内在质量与卷装成形质量两部分。内在质量包括卷绕密度、同批纡子的原料性能、双头、搭头、油污等;卷装成形质量即纡子的外观形状质量。

1. 纡子内在质量
(1)双头、搭头:相邻断头的丝线卷入纡子形成双头卷绕,断头时结头不良,使断丝卷入丝层内部形成搭头,退解时出现断丝。
(2)原料混淆:不同线密度、牌号、批号,甚至不同颜色的丝绕在同只或同批纡子上。
(3)油污:原料本身有油污,挡车工的手、筒管、机械不洁所致。
(4)卷绕密度不符合要求,太软,容易造成塌纡等。

(5)卷装大小:卷装过大,纡子不能装入梭子内,造成退解困难,从而引起断纬。

(6)毛纡:原料本身毛丝多,导丝部件磨损严重。

(7)急纡:单丝张力过大,原料回潮率过高,导丝轮卡住。

(8)亮丝:锭子启动过急。

2. 纡子卷绕外观成形质量

(1)落沿纡、满头纡、缺头纡:起始定位不准,满纡自停装置未校正或失灵。

(2)丝头过长:换纡时丝头拖得过长。

(3)阶梯纡:断头自停装置失灵。

3. 纡管规格与质量　同批纡管长度、粗细、底纹、颜色等应相同,不能使用弯纡管、毛纡管、破纡管、油污纡管等,否则会使纬丝很容易混淆,经常断纬。

三、实验准备

1. 实验仪器　卷纬机。

2. 实验材料　待检验纡子。

四、实验内容

(1)检查纡管规格、质量。

(2)核对原料性能、规格。

(3)检验纡子成形,把不符合要求的纡管剔出。

思 考 题

人造丝纡子和桑蚕丝纡子织造前分别应如何处理?为什么?

实验六十五　丝织物织造效率与织造断头分析

一、实验目的

(1)了解纬丝断头的主要原因。

(2)了解经丝断头的主要原因。

(3)了解影响织造效率的主要因素。

二、基本知识

织造效率取决于织造工艺过程组织的合理程度,织机技术水平及完好率,挡车工、维修工等操作人员操作熟练程度和生产劳动组织、管理的完善程度。

在织造过程中,经纬丝断头导致织机停机,进而影响织造效率,同时也影响织物的质量,浪费原料,增加操作人员的劳动强度。

织机上发生偶然的断经、断纬是由于原料的某些问题或半成品存在薄弱环节,织造时受到循环的张力和磨损作用引起断头,当某些机台或某一时期断经或断纬明显增加时,除了由于原料半成品质量和车间温湿度控制不当等原因之外,还可能是由于织机某些机件的故障所造成,应及时修理加以排除。

(1)发生在织口与钢筘(织机主轴后止点时)之间的断经可能由于钢筘不光滑或下层经丝受到机构冲击,如剑杆织机引纬剑杆头。

(2)发生在钢筘与综框之间的断经,大多是由于综框不良引起。

(3)发生在综后的断经,则大多是由于经丝原料半成品品质不良或经丝张力太大等引起的断经。

三、实验准备

1. 实验仪器　织机。
2. 实验材料　经、纬丝。

四、实验内容

(1)观测并记录实验织机的织造效率。
(2)观测并记录实验织机上经丝断头位置,并采用正确方法处理。
(3)观测并记录实验织机上纬丝断头位置,并采用正确方法处理。

思 考 题

1. 分析实验织机较高或较低织造效率的原因。
2. 分析发生织机经向断头的原因。
3. 分析发生织机纬向断头的原因。

实验六十六　丝织物质量检验与分析

一、实验目的

(1)了解丝织物质量检验的工艺过程。
(2)了解丝织物质量检验的方法和分等依据。
(3)了解丝织物织疵表现形式,分析织疵成因及解决方法。

二、基本知识

丝织物质量检验是保证出厂成品质量的重要一关。根据织物品种不同,对各道工序中因各种原因产生的绸面上的织疵要进行检验,确定坯绸的质量,并不致继续影响印染成品质量。

丝织物质量检验包括检验内在质量和外观疵点。丝织物内在质量检验借助仪器或工具进行。外观疵点检验沿经向在验绸机上进行。验绸机台板为黑色,与水平面夹角为65°,台板上应避免阳光和白光照射。光源采用荧光灯,台面平均照度为600~700lx,外部光源应控制在 150 lx 以下。

1. **丝织物的分类和分等** 根据国家颁发的丝织品质量标准,丝织物按其用途、质地和价格可分为:一类绸,内外衣用及装饰丝织品,一般质地好、价值高的真丝织品和提花、印花丝织品;二类绸,衬里用及普通内外衣用的丝织品,一般质地差、价格低的人丝及人丝、棉纱交织品。

丝织物等级根据内在质量和外观质量评定,分为优等品、一等品、二等品、三等品。内在质量为物理指标和染色牢度,外观质量为绸面疵点。

2. **丝织物内在质量评定** 丝织物内在质量有断裂强度、密度、幅宽、重量、缩水率和染色牢度。内在质量评等以各项指标中最低等级的一项评定,表 4 - 27 为丝织物内在质量评等标准。

表 4 - 27 丝织物内在质量评等标准

项 目		等 级	优等品	一等品	二等品	三等品
断裂强度(N)			≥200			
密度偏差(%)			-3.0	-4.0	-5.0	< -5.0
幅宽偏差(%)			±2.0	±3.0	±4.0	> +4.0 < -4.0
重量偏差(%)			-4.0	-5.0	-6.0	< -6.0
尺寸变化率(%)≥	纺类织物	练白 经向	-4.0	-6.0	-7.0	-8.0
		练白 纬向	-1.0	-2.0	-3.0	-3.0
		印染 经向	-3.0	-4.0	-5.0	-6.0
		印染 纬向	-1.0	-1.0	-2.0	-2.0
	绉类织物	练白 经向	-8.0	-10.0	-11.0	-12.0
		练白 纬向	-3.0	-5.0	-3.0	-3.0
		印染 经向	-3.0	-4.0	-5.0	-6.0
		印染 纬向	-1.0	-2.0	-3.0	-3.0
	其他织物	练白 经向	-3.0	-4.0	-5.0	-6.0
		练白 纬向	-2.0	-2.0	-2.0	-3.0
		印染 经向	-3.0	-4.0	-5.0	-6.0
		印染 纬向	-1.0	-2.0	-3.0	-3.0
染色牢度(级)	耐洗、耐水、耐汗浸	变色	3~4	3~4	2~3	2~3
		沾色	2~3	2~3	2	2
	耐干摩擦		2~3	2~3	2	2

3. **丝织物外观质量评定** 丝织物外观疵点分 8 类,如经向疵点;纬向疵点;色泽深浅;纬斜、幅不齐;边不良、松板印、撬小;印花疵;破损、渍。表 4 - 28 为丝织物外观质量评分标准。外观疵点评定根据外观疵点采用有限度的累计评分评定等级。每米以内评分累计后按表4 - 29确定等级,优等品不允许一个评分单位内有 12 分的疵点或一个评分单位内有 8 分的破损。

表 4-28 丝织物外观质量评分标准

序号	疵点类别	程度		评分	说明
1	经向疵点	普通	0.3~2cm	1	(1)缺经或组织错:地组织为缎斜纹按普通评分;地组织为平纹,按明显评分 (2)纬向宽度在0.3cm及以上按明显评分 (3)并列三根及以上的缺经、溃经按序号7评分 (4)"经柳"普通,限度二等;"经柳"明显,限度三等 (5)宽急经超过10cm,每10cm按标准评分
			2~10cm	2	
		明显	10cm及以下	4	
2	纬向疵点		0.3~2cm	1	(1)纬向档子以经向10cm及以下为一档 (2)比原丝线粗4倍的多少纬及拨出加倍评分 (3)半幅以上多少纬、吊襻皱每处按普通评分 (4)2梭及以下多少捻、宽急纬、停车档按程度减半评分
			2~10cm	2	
			10cm~半幅	4	
		半幅以上	普通	8	
			明显	12	
3	色泽深浅		(普通)100cm及以下	8	(1)达GB 250中4级为普通,4级以下为明显 (2)深浅边渗入边内1cm不计
			(明显)100cm及以下	12	
4	纬斜、幅不齐		(超过3%)100cm及以下	12	(1)纬斜、花斜以歪斜的最大距离与规格内幅之比计算 (2)幅不齐以同匹内幅最阔和最窄处之差与规格内幅之比计算 (3)脱拉的幅宽相差1.5cm以上,经向长度10cm及以下按序号2程度(4)普通评分
5	边不良、松板印、撬小		(明显)100cm及以下	4	(1)破边按序号7评分。针板眼进入内幅1.5cm及以下不计 (2)松板印完全成木纹形态为明显 (3)撬小绸面起水花,手感疲软为明显
6	印花疵		(普通)33cm及以下	8	(1)套歪 普通 包边花脱格达0.15cm 花茎脱格达0.2cm 朵花脱格达0.3cm 明显 包边花脱格达0.15cm以上 花茎脱格达0.2cm以上 朵花脱格达0.3cm以上 (2)除边1cm及以下的疵点不计
			(明显)33cm及以下	12	
7	破损、溃		0.5cm及以下	普通 2	
				明显 4	
			0.5~1cm	普通 4	
				明显 8	
			皂溃、洗溃、白雾5cm及以下	2	
8	整修不净		10cm及以下	4	

4. 定等方法　根据内在质量品等和外观疵点品等,按表4-29最后确定丝织物的等级。

表4-29　丝织物外观质量评等标准

项目	等级	优等品	一等品	二等品	三等品
外观疵点(分/m)	幅宽在114cm及以下	0.5	1	2	4
	幅宽在114cm以上	0.6	1.2	2.4	4.8

5. 织疵分析　丝织物织疵分经向织疵、纬向织疵和其他织疵,各种织疵的表现、产生原因和预防措施分别见表4-30~表4-32。

表4-30　经向织疵

织疵名称	织疵表现	产生原因分析	预防和解决办法
经柳	在绸面沿着经向出现有规律性直条	经丝因牌号、批号、纤维根数、物理性能、线密度、捻度、捻向等不同原料混入 筘号不匀，筘密松紧不一 经丝条干不一 个别经丝张力松紧不匀,整经扇面角度不正或搭头有稀密	经丝要严格挑选、检查,注意捻度、捻向和条干均匀度 检查筘号和筘密的均匀度,筘齿受损要调换和修理 整经、结头时手势要掌握好,防止张力不一
色柳	熟织物或生织产品经过炼染后,沿着绸面的经向,无规律的,色泽的深浅不同的直条或斑块,较经柳严重	色丝着色不匀或不同批号、缸号色丝混入使用 蚕丝的丝胶脱胶不匀,粘胶长丝的条干残存有余蜡,炼后颜色未褪尽	加强色丝入厂的检验,挑出色差大的原料,不同批号、缸号色丝整经时搭配使用 检查经丝的丝胶和硬块,粘胶长丝作经纱要摇袜试验,检查丝身上的化学物品
筘柳	绸面上沿着经向,经丝排列稀密不匀,但位置固定不变的直条	钢筘的筘片不均匀,有厚有薄 造时钢筘受损,筘齿变形,筘幅和织物幅宽差距过大	筘齿变形、筘片厚薄不匀要调换钢筘,受损的钢筘要修复,调整钢筘的筘幅
浆柳	粘胶长丝经织物在绸面上呈现无规律的长短、明暗、宽窄不一的直柳	浆丝机压浆辊筒包布不平,以致压力不均匀,部分丝条吸浆不均 分条整经搭头有阔狭间隙,使上浆时吸浆不均 在练染过程中退浆不净	调整压浆辊筒或调换包布 提高整经工的操作水平 退浆要净
夹起	绸面上出现没有规律,未能按组织交织的经浮点,像芝麻点似的闪亮	相邻的经丝在交织时相互带动,这使不应当提起的经丝提起,破坏了织物组织	检查纠正提花通丝或综丝的相互打结缠绕 检查纠正综丝和回综弹簧(下柱)是否有毛物带入 检查纠正相邻经丝张力过小

续表

织疵名称	织疵表现	产生原因分析	预防和解决办法
渍经	绸面沿着经向出现无规律的污渍	综眼内带入油污,综丝上摩擦物脱落带入 筘齿内不清洁,筘座内有丝胶等脏物 挡车工的手汗,接头时污渍染在经丝上	擦洗钢筘和综丝 挡车工保持手指清洁 清洁钢筘、剑带及导钩
宽头路	绸面出现数根或者单根经丝漂浮、松弛	断经处理,找丝过松 整经时张力器失效	过松的经丝要切断,接头更正张力
错头路	经丝没有按照顺序织入,形成类似少经或缺经的经向条子	经丝穿错,主要在穿筘时穿错序,也可能是断经处理时,挡车工穿错综	沿着织疵的经向,逐一地检查筘齿、综丝,纠正穿错的经丝
急头路	绸面出现数根或单根过紧经丝	个别经丝在后机身缠结 借头时跨度太远 结子过大,在钢筘处受阻	沿着病疵向后检查经面,纠正缠结经丝,纠正缠结借头的跨度,采用导丝借头
筘路	绸表面沿着钢筘筘齿有明显凹凸条子(熟织织物最忌)	钢筘的片过厚,穿入数过大,筘号过小	改变穿入数,重新计算、更换筘号
筘痕	绸面的地组织沿着经向出现有规律隐条	筘齿的穿入数和地组织之间没有配合好,筘片在织造打纬时影响地纹组织	更改筘齿的穿入数 移动地组织的起始点以适应筘穿入数
缺经	绸幅面出现少经、粗细不匀的缺经(头路)直条	经丝断头未停机 经丝断头时接头缠绕在邻近经丝上形成挂头 经丝条干不匀	检查修复失灵的经停片 检查纠正经丝条上的毛丝 避免结头过大,结尾过长 检查综丝、钢筘内是否受损,擦毛和擦断经丝

表4-31 纬向织疵

织疵名称	织疵表现	产生原因分析	预防和解决办法
粗细纬档	绸面的纬丝排列有时紧,有时松,质地有时厚,有时薄	纬丝条干不匀 不同规格纬丝的(条份)混用	抽样检查入厂的丝线质量 纬丝的规格不要搞错,不同批号的纬丝不要混入使用
毛纬档	绸面上出现横向毛绒,织物面光泽不一	纬丝染练过头,丝身发毛 纬丝在准备工艺中纤维受损 织造时导丝机构毛糙,损伤纬丝	染练工艺中染练的时间和温度要掌握好 检查纠正准备工艺中磨损纬丝的导丝器件 检查织机的导丝机构是否毛糙

续表

织疵名称	织疵表现	产生原因分析	预防和解决办法
断纬	绸面出现缺少一根或数根纬丝，呈现陷下去的横条	断纬停机的机构失灵 股线纬丝其中一股丝线脱落后织入 断纬后挡车工没有注意衔接	检查纠正失灵的断纬停机机构 加强纬丝质量的检查，防止脱股纬丝织入
叠纬	绸面出现并头，呈现凸起的横条	纬丝在准备工艺中有搭头卷入 挡车工在拆织物、开机前未除清梭口中的纬丝	加强准备工艺中成形工序的质量检查 严格挡车工操作规程，在拆织物后要清理梭口，对好织口再开机
糙纬	绸面上有结块和毛糙纬丝织入，破坏了组织和织物面的光洁	纬丝的质量不好，有毛糙块 纬丝打结过大，余丝过长 强捻丝，定形不好丝身扭绕	原料挑剔要仔细 准备过程纬丝打结要规范，羊角要短 强捻丝定形要稳定
松紧档	绸面上纬丝排列不匀，出现松紧横档。织物表面光泽不一，严重时织物表面高低不平	开机时送经和卷取未能同步调节 拆织物后，在开机之前梭口位置未能对准	检查送经和卷取机构的配合 开机前要校准梭口位置 停机时间过长时经丝要放平
急纬档	由于纬丝的张力过紧，织物表面横向出现光泽不一的横档	纬丝成形不良，形成织造时纬丝张力过大 纬丝条干不匀，形成类似密过大或过小的横档 纬丝回潮率不稳定，造成的急纬、横档 接纬剑有时不能按要求释放纬丝，导致紧纬	挑出成形不好的纬丝筒子 挑出条干不匀的纬丝，特别防止错条份混入 测定纬丝的回潮率，防止回潮率过大、不匀 调整接纬剑释放时间
纬色档	绸面上有色泽深浅的横档	纬丝的染色不匀或色花	原料进厂时要严格对照标准色卡挑选，剔除不正常的纬丝 为了防止纬色档出现，在纹织设计时同一纬色（特别织地组织的纬色）由两个混纬器交替织入
罗纹档	绸面呈现或宽或窄基本上有规律的间隙横纹档子	纬丝粗细或潮燥不匀或染色后深浅发花 络丝机车速快慢不定或绷架不稳，致使纬丝张力不均匀，或原料本身张力不均匀 在织造过程中纬丝张力波动较大 织机传动同步带松，造成转速快慢不一 织机梭口大小不一致，或综框过高或过低	原料检查要仔细 调整检查络丝机，使其符合要求 根据织机转速调整好储纬器卷绕纬丝速度和张力 检查织机同步皮带的松紧 调整两次综平和梭口大小一致

续表

织疵名称	织疵表现	产生原因分析	预防和解决办法
缩纬	在绸面上呈现纬丝卷缩现象,严重时犹如圈圈丝织入,手感粗糙	纬丝在梭口内张力过小,张力失控 纬丝在梭口内有回缩现象 强捻丝定形不稳,打扭织入 织物纬浮过长,交织过松	检查织机的纬丝张力控制情况,纠正克服 检查打纬和开口的配合,防止引纬过早,闭口过迟 强捻丝定形时间要符合要求 改变组织,克服纬浮过长和同梭口出现 检查接纬剑释放纬丝时间是否太早
跳梭	纬丝未能按组织交织或浮或沉,使织物表面上出现星星点点亮丝,类似经向的夹起	综丝之间杂物附着 综丝相互带起,经丝的条干不清洁,附着物将相邻经丝带起 结头过结时张力不匀,少数经丝张力过松沉落	清理综丝 清理经丝丝身的杂物 顺着病疵的经向,找出张力过松的经丝,并纠正
断花档	织物的花纹中间纹路断脱,不衔接	拆织物回花时,梭口纬丝未通 设计时地组织和花纹本身就未接好	拆织物开机前,梭口的纬丝要回通 设计人员在组织纹织设计完成后,要仔细检查接回头
拆毛档	绸面横向出现毛绒,光泽发暗	拆纬时损伤了经丝条干 拆纬后开机时,梭口的废絮未清除	拆纬时挡车工使用的拆签要顺着经向剔除纬丝,以免伤了经丝条干 拆纬时原梭口中杂物和纬丝须要清除掉

表4-32 其他织疵

织疵名称	织疵表现	产生原因分析	预防和解决办法
少起	按花数出现不规则地经丝沉落点 纬丝在绸面上未能交织	综框和综框连杆螺丝松落、断脱 花纹执行部分作用失灵	逐一检查综框和综丝是否断脱,螺丝是否松落 修理更换组件
织物面发绉	在平整绸面上起无规则绉纹或者在织物面上绉纹形成横挡 几种差异大的组织同时作为条子出现同一织物中,且变换交替频繁	纬二重织物的表组织和里组织交织状态太接近 抛纬织物的背切组织点影响正身 表纬、里纬在织造时张力不一 表纬和里纬的回潮率差别太大	纬二重织物在设计时表层的交织状态尽量紧于里层 抛纬织物的背切组织点尽量少,且要交织均匀 两组纬丝织造张力要趋于接近 两组纬丝的回潮率差别不宜过大

续表

织疵名称	织疵表现	产生原因分析	预防和解决办法
露底	绸背面的纬丝在底上明显地反映到正面 按背衬组织出现亮点	纬二重织物的背衬组织和地组织未配合好 抛纬织物的背切组织点和地组织之间相冲	在设计组织时,地组织的纬组织点和背衬组织的纬组织点,抛纬物的背切组织点要同在一根经丝上,尽量使背衬组织和背切组织的纬组织点淹没在地组织的纬组织点之下
宽急边	绸的边纹出现像木耳状的绉卷边和布身不齐	边组织过松,形成木耳状边纹 边组织过紧,形成边纹不平齐	织物边组织要更改,使其交织紧密度和布身组织一致
油污	没有规律的油污出现在绸面上	机械上的油污滴染在经丝上造成的 保养工在加机油时不小心将油渍染在织物上	检查设备漏油情况 保养工加油时要注意,油加足而不过量
糙块	经纬丝未能按组织交织,绸面上出现破洞似的糙块	经丝条干被废丝缠绕,或者一根断头在钢筘后缠绕别的经丝,影响经丝运动,从而使综丝相互缠绕,破坏组织交织,杂物织入	按病疵部位检查,清理经丝条干检查并确定综丝不被杂物缠绕挡车工经常检查,防止杂物织入

三、实验准备

1. 实验仪器　强力仪、烘箱、耐磨测试色牢度仪、织物密度计等。

2. 实验材料　丝织物、织疵试样。

四、实验内容

(1)测试织物内在质量,进行评定等级。

(2)找出丝织物上的织疵,并记录织疵名称。

思 考 题

1. 了解丝织物分等依据。例如一匹绸检验外观疵点评分降为二等,物理项目纬密不足降二等,两者总和最后定为三等品。

2. 分析织疵产生原因和预防解决方法。

第五章　综合性、设计性实验

> **本章知识点**
>
> 1. 基本的织物试样分析项目、分析顺序和分析方法。具备正确运用试样分析方法去分析典型机织物试样的经纬向、正反面、经纬纱线构成(纤维、纱线组合)、线密度、捻度和捻向、经纬纱线排列规律、织物组织结构及经纬纱密度等技术参数的技能。
> 2. 前织准备加工流程及其设备特点,整经计算及工艺设计,浆料选择、配方和浆液调制,上浆工艺设计。掌握实验用浆轴的准备工艺设计和准备加工方法。
> 3. 织样机的种类、使用特点和操作方法。掌握织样机织制织物小样的操作技能。

实验六十七　织物来样分析实验

一、实验目的

(1)掌握基本的织物试样分析方法。
(2)通过织物试样分析加深对织物组织与结构、经纬纱原料及组成的了解。

二、基本知识

通过对织物的来样分析达到能上机仿制的目的,是设计工作者的基本技能之一,也是初学设计工作者主要的实践性学习方法。织物来样分析的质量检验标准是仿制样与原样的织造规格基本相符或近似,结构组织合理,生产及工艺操作简便等。

织物来样分析对提高设计质量有十分重要的意义。主要体现在以下三个方面。

(1)巩固所学理论知识能提高设计水平。初学设计者,除了必要的理论学习外,还必须进行一系列的实践,逐渐认识和掌握织物的组成规律,领悟到丰富的设计技巧。

(2)能更好地继承和发扬我国的传统设计特色,保护民族文化,做到古为今用、推陈出新。

(3)能相互学习、取长补短,及时了解市场动态、掌握国内外流行动向,为设计提供可靠情报并指导设计。

织物来样分析一般分三个过程:对织物的全面剖析,对剖析结果的整理和织物规格的确定,复核及校正。

(一)对织物的全面剖析

织物的全面剖析就是把织物中能直接获得的各种参数及组织结构精确、如实地记录下来,供整理和仿造之用。剖析前应对实物的外貌特征、质地风格等有一个全面认识,然后按序分析,其顺序一般是:确定织物的正反面、确定织物的经纬向、确定织物的经纬纱线原料及组合、确定织物组织及纱线排列、确定织物经纬密度。

1. 确定织物正反面 对织物样品进行分析前,首先应鉴别织物的正反面。其鉴别方法如下。

(1)一般织物正面都较平整、光滑和细致,装饰织物正面富丽,能显示出花纹的特征。

(2)按织物组织特征决定正反面,如经面缎纹、经面斜纹等织物正面经浮长占优势;反之,若为纬面组织织物,则正面纬浮长占优势。

(3)重经、重纬织物及双层织物,若表里组织所用原料不同时,通常正面所用原料比反面好,若表里经(纬)排列比不同时,往往表组织密度大,而里组织密度小。

(4)有凹凸花纹的织物,显示凹凸花纹的一面为正面,反面则由浮长线衬托。

(5)具有条格外观和配色模纹外观的织物,其正面花纹显著、匀整、清晰。

(6)对于绒织物和纱罗织物而言,绒织物的正面有绒毛或毛团,纱罗织物的正面孔眼清晰、平整,其反面的外观较粗糙。

(7)观察织物的布边,布边光洁、整齐的一面为织物正面。

(8)毛巾织物以毛圈密度大的一面为正面。

2. 确定织物的经纬向 分析织物样品时,必须准确鉴别其经、纬方向,才能获得正确的分析结果,经纬方向的鉴别有以下几种方法。

(1)如果织物样品有布边,布边方向即为经向,与布边垂直的则是纬向。

(2)织物中,含有浆料的纱线为经纱,不含浆料的为纬纱。

(3)一般织物经密大于纬密;经纱采用品质较好的原料,纬纱则较差;一般经纱较细而纬纱较粗;若纱线中一组为股线,而另一组为单纱,则股线为经纱,单纱为纬纱。

(4)织物中成纱捻度不同时,捻度大的多数为经纱,捻度小的为纬纱;若单纱织物,成纱捻向不同时,一般 Z 捻纱为经纱,而 S 捻纱为纬纱。

(5)起绒织物一般以经起绒为多,故有绒毛的方向为经向,若为纬起绒,则有绒毛的方向为纬向;灯芯绒沿条子方向为经向;纱罗织物中,相互扭绞的纱线为经纱。

(6)用织物的织疵来鉴别经纬向,如有筘路、经柳等经向疵点的为经向。

(7)毛巾织物,起毛圈的纱线为经纱。

(8)条子织物的条子方向通常是经向。

(9)织物中,有一个系统的纱线具有多种不同的线密度时,则该系统的纱一般为经纱。

(10)不同原料的纱线交织:棉毛或棉麻交织时,一般棉为经纱;毛丝交织时,丝为经纱;毛丝棉交织时,则丝、棉为经纱;天然丝与绢丝交织时,天然丝为经纱;天然丝与粘胶长丝交织时,则天然丝为经纱。

3. 确定织物经纬纱的纤维原料及组合 确定织物经纬纱的组成应从鉴别组成经纬纱的

纤维种类和组合方式两个方面着手。目前构成经纬纱的纤维及其组合方式有复杂化的发展趋势,为此在分析时,应先分析清楚经纬纱各自的组合情况,再对每一种组合进行纤维类型的鉴别。

经纬纱纤维原料鉴别的方法有经验鉴别法、显微镜鉴别法、燃烧鉴别法和化学试剂鉴别法等。工厂常用的方法是经验鉴别法和燃烧鉴别法。

(1)经验鉴别法:根据对各种纤维的外观、色泽、结构、形态、软硬和一般性能的了解,通过手感、目测等较简便的方法来鉴别纤维的种类。如桑蚕丝多为白色或浅灰白,光泽柔和;有光粘胶长丝为白色,光亮刺目;无光粘胶长丝为瓷白色,光泽较差;锦纶、涤纶色洁白,还可根据干湿强力差异鉴别粘胶纤维等。

(2)燃烧法:各种纤维材料均具有不同的化学成分,故在燃烧时会产生一系列不同的现象,可以根据燃烧速度、气味、火焰大小、灰烬形态等特点来鉴别。如桑蚕丝、柞蚕丝、羊毛等动物纤维燃烧不快,燃烧时有焦羽毛味,燃烧端灰烬呈黑色易碎圆珠;棉、麻、粘胶纤维、铜氨纤维等燃烧快,能自动蔓延,燃烧时无特殊臭气,燃烧后留下少量灰白色灰烬易分散飞扬;醋酸纤维燃烧快,离火自灭,生成易脆化的深褐色有粘性的小球,有醋酸气味;一般合成纤维燃烧时有特殊恶臭等。

(3)显微镜鉴别法:借助于显微镜的放大作用,根据各种纤维所具有的结构特征来进行鉴别。如羊毛为近似圆形截面,表面有鳞片;蚕丝为近似三角形截面等。但织物在加工过程中,纤维会受到机械和化学的作用,可能在一定程度上引起纤维结构的变化,因此还需要通过显微镜化学鉴别法来鉴别,即借助显微镜来观察在各种化学药剂作用下纤维的颜色、溶解过程和形态上的变化,以此鉴别纤维。

(4)化学试剂鉴别法:根据各种纤维对不同化学药剂的特定反应来鉴别。

应该说明的是鉴别纤维种类的方法很多,各有优缺点,在实际工作中,常同时采用几种鉴别方法,以求得精确的结果。

4. 确定经、纬纱的线密度和捻度、捻向　在织物分析中,还需确定经、纬纱的线密度。线密度的确定一般有两种方法。

(1)比较测定法:此方法是将纱线放在放大镜下,仔细地与已知线密度的纱线进行比较,最后决定来样经、纬纱的线密度。此方法测定的精确程度与实验人员的经验有关。

(2)称重法:测定前必须先检查来样的经纱是否上浆,若经纱是上浆的,则应对来样进行退浆处理。测定时,从一定长度织物中取出若干经纱和纬纱,分别称其质量,测出织物的实际回潮率,在经、纬织缩率已知的条件下,通过计算可确定经、纬纱的线密度。一般来说,从织物中取出的经纬纱根数越多、纱线长度越长,称重法测定结果越精确。

经、纬纱捻度和捻向对产品的风格有很大的关系。纱线的捻度和捻向是通过捻度测试仪来确定。为保证测试数据的准确性,一般需要测试多次,如3~5次,求其平均值。如供分析的来样较小,则只能凭经验进行估计,所得数据供产品设计时参考。

5. 确定织物组织及纱线排列　确定织物组织及纱线排列是指找出经、纬纱的交织规律,同时记录各种纱线在织物中的排列规律。一般当织物密度较小、纱线较粗、组织较简单时,可用织物分析镜(俗称照布镜)直接观察绘出组织图；当织物密度较大、纱线较细、组织较复杂时，要用拨拆法来分析织物组织。

(1)直接观察法：有经验的设计人员可采用此法。依靠人眼观察或利用照布镜对织物进行直接观察，将观察的经纬纱交织规律逐次填入意匠纸的方格中。分析时可多填几根经纬纱交织状况，以便找出织物的组织循环。这种方法简单易行，用以分析单层、密度不大、纱线线密度较大的简单组织织物。

分析织物组织时，还应该记录各种纱线的排列规律(如果经纱或纬纱是由两种或两种以上种类的纱线或配色所构成)。许多织物的外观效果是由织物组织与纱线或色纱配合而得到的，因此要注意织物组织和纱线排列或色纱的配合关系。在分析这类织物时，必须综合组织循环和纱线或色纱排列循环两个因素，在组织图上要标注出纱线或色纱的循环规律。

(2)拔拆法：这种方法适合初学者使用。用于分析起绒织物、毛巾织物、纱罗织物、多层织物或纱线线密度低、密度大、组织复杂的织物。具体做法如下。

①确定拆纱的系统。在分析织物时，首先应确定拆纱的方向，目的是为了看清经纬纱交织状况。通常宜将密度较大的纱线系统拆开，利用密度小的纱线系统的间隙清楚地看出经纬纱的交织规律。

②确定织物的分析表面。一般以能看清织物的组织为原则。若是经面或纬面组织的织物，以分析织物的反面比较方便，若是表面刮绒或缩绒的织物，则分析时应先用剪刀或火焰除去织物表面的部分绒毛后，再进行组织分析。

③拆纱填绘组织图。轻轻拔拆纱线，观察经纬纱之间的交织情况，并在意匠纸上记下经纱与纬纱的交织规律。

对于某些小提花等组织，织物表面局部有花纹，地组织很简单，此时只需分别对花纹和地部的局部进行分析，然后根据花纹的经、纬纱根数和地部的组织循环数，就可求出一个花纹循环的经纬纱数，而无需画出每一个经、纬组织点，但分析时须注意地组织与花纹组织起始点的统一。

对于采用省综设计法构成的绉组织，也不需要分析整个循环的组织。如对于用6片综构成的绉组织，则需要完整分析的经纱只有6根，组织循环中其余经纱只需拔拆初始的几个交织点，如5~6个交织点即可，用这些交织规律即可与完整分析的经纱比较，用以确定经纱的穿综位置。如下页图所示的省综设计法构成的绉组织，在分析时只需完整分析第1、第2、第3、第4、第5、第7根经纱即可，其余经纱只需分析初始的6个交织点就可确定它们的穿综位置。

6.确定织物经纬密度 织物单位长度中所排列的经、纬纱根数分别称为织物经纱密度和纬纱密度。织物密度表示织物中纱线排列的稀密程度，密度越大，织物中纱线排列越紧密；密度越小，织物中纱线排列越稀疏。织物的密度常以10cm中的纱线根数(根/10cm)或1cm中的纱线根数(根/cm)为计算单位。

织物经纬密度一般采用移动式织物密度镜或织物分析镜来测定。

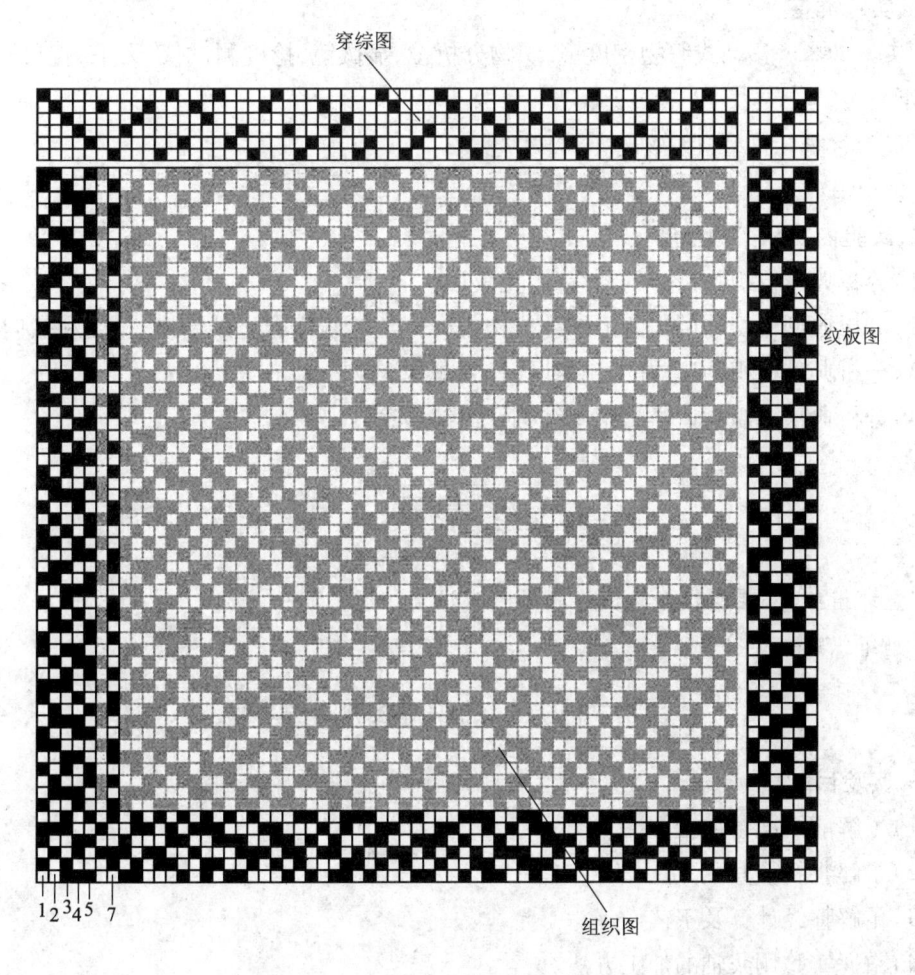

省综设计法构成的绉组织分析

织物的经密是确定织造工艺参数的重要依据。如提花装造形式的确定、纹针数的计算、意匠纸的计算、钢筘筘号和综框页数的确定等，故需尽可能地精确。

（二）对剖析结果的整理和织物规格的确定

完成上述分析后，还必须按织物上机规范要求，加上分析者的判断，按照织物的风格、用途及企业的生产设备条件，确定完整的织物上机规格。

首先按织物的用途和生产条件，设定织物的布边宽度（又称边幅）和地织物幅宽（又称内幅）、织物幅宽（又称外幅，为边幅与内幅之和）。其次根据经密、织物结构特点确定上机工艺，对提花织物则需选择装造形式，计算花幅和纹针数等。计算后完成织物织造规格表，再根据织物规格表确定准备工艺流程，同时按要求还需要确定印染后整理的主要工艺或要求。

（三）复核及校正

织物规格及织造规格中的各项内容都是相互联系和相互依存的，必须按照织物及织造要求逐项复核、验证，必要时进行校正或修正，以提高织物分析的正确性。

三、实验准备

1. 实验仪器　移动式织物密度镜,织物分析镜,显微镜,捻度测试仪,天平,直尺,方格纸(意匠纸)。
2. 实验材料　典型机织物若干。

四、实验内容和实验步骤

(1)分析典型机织物试样的经纬向、正反面。
(2)分析典型机织物试样的经纬纱线构成(纤维、纱线组合)、线密度、捻度和捻向。
(3)分析典型机织物试样的经纬纱线排列规律。
(4)分析典型机织物试样的组织结构及经纬纱密度。

思 考 题

1. 重纬组织、双层组织织物试样分析时应注意什么?
2. 绉组织应如何分析?

实验六十八　前织准备加工实验

一、实验目的

(1)了解前织准备加工方法。
(2)了解浆料及其配方、上浆工艺。
(3)了解整经计算及工艺设计。
(4)掌握实验用浆轴的加工方法。

二、基本知识

(一)前织准备加工方法

前织准备加工即织机经、纬纱的准备,它涉及机织准备工序。经纱准备包括络筒、并纱、捻纱、定形、整经、浆纱、穿结经;纬纱准备包括络筒、并纱、捻纱、卷纬、定形等。

1. 络筒、并纱、捻纱、卷纬、定形　机织用纱线原料主要以管装、筒装和绞装三种形式出现,络筒往往是前织准备加工中的第一道工序,它根据纱线原料的卷装形式选择相应的络筒设备,制成下一道工艺所需的筒子卷装。络筒的基本要求是纱线卷绕张力均匀、筒子成形良好、退解顺利。自动络筒机一般都具有电子清纱、电子定长、空气捻接或机械捻接功能,得到更为完美的纱线品质。

有的织物需要通过并纱来达到纱线的组合。并纱可以采取有捻并纱和无捻并纱,选择时应根据具体情况而确定。有捻并纱在并合纱线的同时,可对纱线加捻,并成的股线具有一定的捻度。无捻并纱仅将纱线并合,并合后的股线无捻度。对长丝并合加强捻时,先采用有捻并纱,由于在并捻机上加了低捻,因而在后续捻丝机上退绕时,股线的集束性好,可避免因单纱间的捻度不一而引起的各种病疵;加中、低捻时,则可直接采用并捻一次完成,省去捻丝工序,提高生产效率。

在多种纤维并合中,消除松紧(宽急)股的有效工艺手段是加强单根纤维之间的抱合力度。较为常用的除了并捻抱合工艺(即有捻并纱)以外,还可采用网络抱合(即网络并纱)工艺。

网络并纱是利用压缩空气高速喷射的湍流及旋流的冲撞作用,使各组分中的单丝(低细度)或纱中的单纤维松散、旋转,进而扭(抱)合成假捻点即网络点。网络点增强了并合纱的抱合力,目前化纤织造业中多种纤维的复合大多数采用网络工艺。但网络并纱对由高细度单丝构成的化纤丝难以实施,对复捻丝更为困难。网络点也有消失的可能,即在储运和后道工序退解中易逃失,降低抱合牢度。另外,网络并纱的网络度调节不能满足不同纤维或后道工序对抱合度的最佳选择要求。网络点还会影响到染色性能。

目前捻纱普遍采用倍捻机,但对不同种类的纱线,因纱线线密度、强度、弹性、耐磨性等性能的不同,需采用不同类型的倍捻机,如真丝倍捻机、化纤长丝倍捻机、短纤纱倍捻机或花式线倍捻机等。一般加捻后,尤其是加强捻的纱线,都应该进行定形,稳定捻度,以防加工过程中产生扭结或缠绕。

经纱和纬纱的准备加工都可能涉及络筒、并纱、捻纱等工序。当经、纬纱以股线形式用于织造时,管纱形式的经、纬纱都需经络筒、并纱、捻纱,形成股线筒子。经纱筒子供应后续的整经加工,纬纱筒子直接用于无梭织机供纬或通过卷纬工序加工成有梭织机的间接纬纱。经、纬纱以单纱形式用于织造时,则管纱形式的经纱需经络筒形成筒子,供应整经;管纱形式的纬纱通过络筒制成筒子用于无梭织机供纬,或以直接纬方式(卷绕在纡子上的纬纱)用于有梭织机供纬,也有筒子经卷纬工序加工成有梭织机的间接纬纱。间接纬纱和直接纬纱都需要经过定形方可使用。

2. 整经　整经是经纱准备的一个工序,它将一定数量的筒子纱线,按织物规格所要求的总经根数、幅宽及长度,以适当的张力平行地卷绕成整经轴或织轴,供浆纱或织造使用。

对于单纱整经,则需要确定或计算总经根数、整经宽度、整经长度和经纱排列循环等工艺参数。

3. 浆纱　浆纱上浆应确定相关的浆纱工艺参数,其中主要包括浆液温度及浓度、压浆辊压力、上浆速度与伸长率控制、烘房或烘筒温度及分布、浆轴卷绕张力等,以最终获得最佳的浆纱上浆率、回潮率和伸长率等质量控制指标。经纱通过上浆加工之后形成半成品浆轴。

用于试织或新产品开发的浆纱可在单纱浆纱机或小型分条整经—浆纱联合机上加工。前者更适合于少量加工,并且浆纱加工质量较好,因此是实验的首选设备;后者的生产效率较高。经单纱浆纱机加工的浆纱为筒子卷装,还需进一步由单纱整经机加工成织轴,由于浆纱之后又经受了单纱整经加工,导致对浆纱的损伤,所以对浆纱的质量要求更高。

4. 穿结经　浆轴和织轴需进一步经穿结经工序,根据织机及产品的情况可分别采用穿经或结经。如果织机上没有经纱或新织轴与织机上的原有织轴不同,则需进行穿经,穿经是把织轴上的经纱按照织物上机图的穿综顺序,依次穿入经停片、综丝和钢筘。如果新织轴与织机上的原有织轴在纱线类型、纱线细度、总经根数、经纱密度等方面完全相同,则可进行结经,结经是将了机织轴的纱尾与上机织轴的纱头在机后逐根对接起来,然后由了机纱引导,将上机织轴上的经纱依次拉过经停片、综丝和钢筘。穿经或结经结束后即可进行织物试织。

(二)浆料的种类与应用,浆液的配方与调制方法

参见《机织学》第一节"浆料"、第二节"浆液配方与调浆"。

(三)整经计算及工艺参数设计方法

参见《机织学》第四节"整经工艺与产量及质量控制"。

三、实验准备

1. 实验仪器　实验室调浆和煮浆设备,单纱浆纱机,单纱整经机。
2. 实验材料　浆料、不同品种纱线。

四、实验内容和实验步骤

(1)根据纱线类型确定浆料及其配方,进行调浆和煮浆。
(2)浆纱采用单纱浆纱机,确定上浆工艺参数并对纱线进行上浆。
(3)浆轴卷绕采用单纱整经机,按照织物规格确定整经工艺并绕制浆轴。

思 考 题

1. 浆纱的目的是什么?浆纱的质量控制指标有哪些?
2. 在单纱整经机上整经属于何种整经方式?

实验六十九　小样试织实验

一、实验目的

(1)了解织样机的种类及应用情况。
(2)掌握织样机织制织物小样的方法。

二、基本知识

经过前织准备各工序后,经纱和纬纱均已准备就绪,织物即可进行试织。根据实际情况,织物试织可以在大样机(无梭或有梭织机)上进行,也可以在小型织样机上进行。这里主要介绍小型织样机试织。

织样机有手动织样机和计算机控制织样机两类。手动织样机也有多种类型,主要有纯手动织样机和部分电动织样机,前者各个运动都需要手工完成,后者则有部分运动是由电动机传动的,如多臂开口运动等。手动织样机因价格低廉,故仍有应用,但由于纬密、打纬力等不易控制,影响织物的实际效果而逐渐被计算机控制织样机所取代。

计算机控制织样机具有全电子控制织机各运动的功能,随着国产化程度的提高,其应用

面已日显广泛,不仅在学校,而且在工厂也已取得了较好的实际使用效果。下表为典型的全自动剑杆织样机性能简介。

全自动剑杆织样机性能简介

引纬方式	气动控制单侧刚性剑杆引纬
织物幅宽	25~50 cm(10~20 英寸)
送 经	步进电动机,积极式电子送经(可选双经轴)
卷 取	步进电动机卷取,纬密范围 4~39 根/cm(10~300 根/英寸)
开 口	20 页电子气动控制开口装置(含2页绞综)
选 纬	6 色电子气动控制选纬(可选8色)
打 纬	可调式气动四连杆打纬
纱支范围	5~500tex
车 速	30~40r/min
配套气源	0.45~0.75MPa,0.25L/min 以上
外形尺寸	1100mm×600mm/900mm×1080mm
硬 件	P4 C2.4G 工控主机/256M DDR 内存/40G 硬盘/1.44 软驱/15 英寸液晶显示器
软 件	Windows 2000 操作系统,织物小样控制系统(含织物设计软件)

三、实验准备

1. 实验仪器　全自动剑杆织样机,未穿织轴,穿综架,穿综筘工具,织机调节工具。
2. 实验材料　纱线。

四、实验内容和实验步骤

1. 实验内容　织物小样试织。
2. 实验步骤

(1)打开总电源。

(2)运行织样机操作系统软件。

(3)进入设计系统,输入纹板图和选色图。

(4)经纱上机:织轴、钢筘安装,依照穿综规律进行穿综,根据经纱线密度及组织等因素确定钢筘穿入数并进行穿筘,经纱连接。

(5)在主界面上打开控制系统,在对话框中输入设计的纬密值后,按"进入控制系统"框或回车键,进入织样机的操作界面。

(6)运行空压机,打开织样机上的气压开关。

(7)调整上机工艺参数:包括经纱张力的调整、后梁高低位置的调整、中导杆(分绞棒)高低和前后位置的调整。

(8)在操作界面上打开已经设计好的纹板图,按操作面板上的启动按钮,再用鼠标单击上边的"开始运行"按钮,启动织样机。

（9）从慢车开始织造,等完全开清梭口后即可按中控台上的"连续运行"按钮使织样机连续运转。

思 考 题

1. 将试织的布样裁剪成标准尺寸并粘贴在实验报告上,标出布样的主要技术规格。
2. 通过上机试织,你认为影响试样外观效果和质量、织造速度的最重要因素是什么?

附录

表1　正态分布的双侧分位数 ($Z_{\frac{\alpha}{2}}$) 表

$$\alpha = 1 - \frac{1}{\sqrt{2\pi}} \int_{-Z_{\frac{\alpha}{2}}}^{Z_{\frac{\alpha}{2}}} e^{-u^2/2} \mathrm{d}u$$

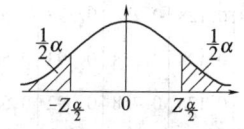

α	0.00	0.01	0.02	0.03	0.04	0.05	0.06	0.07	0.08	0.09	α
0.0	∞	2.575829	2.326348	2.170090	2.053749	1.959964	1.880794	1.811911	1.750636	1.695398	0.0
0.1	1.644854	1.598193	1.554774	1.514102	1.475791	1.439531	1.405072	1.372204	1.340755	1.310579	0.1
0.2	1.281552	1.253565	1.226528	1.200359	1.174987	1.150349	1.126391	1.103063	1.080319	1.058122	0.2
0.3	1.036433	1.015222	0.994458	0.974114	0.954165	0.934589	0.915365	0.896473	0.877896	0.859617	0.3
0.4	0.841621	0.823894	0.806421	0.789192	0.772193	0.755415	0.738847	0.722479	0.706303	0.690309	0.4
0.5	0.674490	0.658838	0.643345	0.628006	0.612813	0.597760	0.582841	0.568051	0.553385	0.538836	0.5
0.6	0.524401	0.510073	0.495850	0.481727	0.467699	0.453762	0.439913	0.426148	0.412463	0.393855	0.6
0.7	0.385320	0.371856	0.358459	0.345125	0.331853	0.318639	0.305481	0.292375	0.279319	0.266311	0.7
0.8	0.253347	0.240426	0.227545	0.214702	0.201893	0.189113	0.176374	0.163658	0.150969	0.138304	0.8
0.9	0.125661	0.113039	0.100434	0.087845	0.075270	0.062707	0.050154	0.037608	0.025069	0.012533	0.9

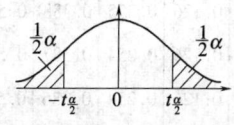

表2　t 分布的双侧分位数 ($t_{\frac{\alpha}{2}}$) 表

$$P(|t| > t_{\frac{\alpha}{2}}) = \alpha$$

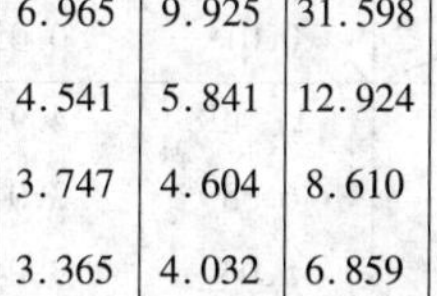

ν \ α	0.9	0.8	0.7	0.6	0.5	0.4	0.3	0.2	0.1	0.05	0.02	0.01	0.001	ν
1	0.158	0.325	0.510	0.727	1.000	1.376	1.963	3.078	6.314	12.706	31.821	63.657	636.619	1
2	0.142	0.289	0.445	0.617	0.816	1.061	1.386	1.886	2.920	4.303	6.965	9.925	31.598	2
3	0.137	0.277	0.424	0.584	0.765	0.978	1.250	1.638	2.353	3.182	4.541	5.841	12.924	3
4	0.134	0.271	0.414	0.569	0.741	0.941	1.190	1.533	2.132	2.776	3.747	4.604	8.610	4
5	0.132	0.267	0.408	0.559	0.727	0.920	1.156	1.476	2.015	2.571	3.365	4.032	6.859	5
6	0.131	0.265	0.404	0.553	0.718	0.906	1.134	1.440	1.943	2.447	3.143	3.707	5.959	6
7	0.130	0.263	0.402	0.549	0.711	0.896	1.119	1.415	1.895	2.365	2.998	3.499	5.405	7
8	0.130	0.262	0.399	0.546	0.706	0.889	1.108	1.397	1.860	2.306	2.896	3.355	5.041	8
9	0.129	0.261	0.398	0.543	0.703	0.883	1.100	1.383	1.833	2.262	2.821	3.250	4.781	9
10	0.129	0.260	0.397	0.542	0.700	0.879	1.093	1.372	1.812	2.228	2.764	3.169	4.587	10

续表

α \ ν	0.9	0.8	0.7	0.6	0.5	0.4	0.3	0.2	0.1	0.05	0.02	0.01	0.001	α \ ν
11	0.129	0.260	0.396	0.540	0.697	0.876	1.088	1.363	1.796	2.201	2.718	3.106	4.437	11
12	0.128	0.259	0.395	0.539	0.695	0.873	1.083	1.356	1.782	2.179	2.681	3.055	4.318	12
13	0.128	0.259	0.394	0.538	0.694	0.870	1.079	1.350	1.771	2.160	2.650	3.012	4.221	13
14	0.128	0.258	0.393	0.537	0.692	0.868	1.076	1.345	1.761	2.145	2.624	2.977	4.140	14
15	0.128	0.258	0.393	0.536	0.691	0.866	1.074	1.341	1.753	2.131	2.602	2.947	4.073	15
16	0.128	0.258	0.392	0.535	0.690	0.865	1.071	1.337	1.746	2.120	2.583	2.921	4.015	16
17	0.128	0.257	0.392	0.534	0.689	0.863	1.069	1.333	1.740	2.110	2.567	2.898	3.965	17
18	0.127	0.257	0.392	0.534	0.688	0.862	1.067	1.330	1.734	2.101	2.552	2.878	3.922	18
19	0.127	0.257	0.391	0.533	0.688	0.861	1.066	1.328	1.729	2.093	2.539	2.861	3.883	19
20	0.127	0.257	0.391	0.533	0.687	0.860	1.064	1.325	1.725	2.086	2.528	2.845	3.850	20
21	0.127	0.257	0.391	0.532	0.686	0.859	1.063	1.323	1.721	2.080	2.518	2.831	3.819	21
22	0.127	0.256	0.390	0.532	0.686	0.858	1.061	1.321	1.717	2.074	2.508	2.819	3.792	22
23	0.127	0.256	0.390	0.532	0.685	0.858	1.060	1.319	1.714	2.069	2.500	2.807	3.767	23
24	0.127	0.256	0.390	0.531	0.685	0.857	1.059	1.318	1.711	2.064	2.492	2.797	3.745	24
25	0.127	0.256	0.390	0.531	0.684	0.856	1.058	1.316	1.708	2.060	2.485	2.787	3.725	25
26	0.127	0.256	0.390	0.531	0.684	0.856	1.058	1.315	1.706	2.056	2.479	2.779	3.707	26
27	0.127	0.256	0.389	0.531	0.684	0.855	1.057	1.314	1.703	2.052	2.473	2.771	3.690	27
28	0.127	0.256	0.389	0.530	0.683	0.855	1.056	1.313	1.701	2.048	2.467	2.763	3.674	28
29	0.127	0.256	0.389	0.530	0.683	0.854	1.055	1.311	1.699	2.045	2.462	2.756	3.659	29
30	0.127	0.256	0.389	0.530	0.683	0.854	1.055	1.310	1.697	2.042	2.457	2.750	3.646	30
40	0.126	0.255	0.388	0.529	0.681	0.851	1.050	1.303	1.684	2.021	2.423	2.704	3.551	40
60	0.126	0.254	0.387	0.527	0.679	0.848	1.046	1.296	1.671	2.000	2.390	2.660	3.460	60
120	0.126	0.254	0.386	0.526	0.677	0.845	1.041	1.289	1.658	1.980	2.358	2.617	3.373	120
∞	0.126	0.253	0.385	0.524	0.674	0.842	1.036	1.282	1.645	1.960	2.326	2.576	3.291	∞

表3　t 检验 $k(n,\alpha)$ 数值表

n \ α	0.01	0.05	n \ α	0.01	0.05	n \ α	0.01	0.05
4	11.40	4.97	13	3.23	2.29	22	2.91	2.14
5	6.53	3.04	14	3.17	2.26	23	2.90	2.13
6	5.04	3.04	15	3.12	2.24	24	2.88	2.12
7	4.36	2.78	16	3.08	2.22	25	2.86	2.11
8	3.96	2.62	17	3.04	2.20	26	2.85	2.10
9	3.71	2.51	18	3.01	2.18	27	2.84	2.10
10	3.54	2.43	19	3.00	2.17	28	2.83	2.09
11	3.41	2.37	20	2.95	2.16	29	2.82	2.09
12	3.31	2.33	21	2.93	2.15	30	2.81	2.08

表4 秩和检验表

$$P(T_1 < T < T_2) = 1 - \alpha$$

n_1	n_2	$\alpha=0.025$ T_1	$\alpha=0.025$ T_2	$\alpha=0.05$ T_1	$\alpha=0.05$ T_2	n_1	n_2	$\alpha=0.025$ T_1	$\alpha=0.025$ T_2	$\alpha=0.05$ T_1	$\alpha=0.05$ T_2
2	4			3	11	5	5	18	37	19	36
	5			3	13		6	19	41	20	40
	6	3	15	4	14		7	20	45	22	43
	7	3	17	4	16		8	21	49	23	47
	8	3	19	4	18		9	22	53	25	50
	9	3	21	4	20		10	24	56	26	54
	10	4	22	5	21	6	6	26	52	28	50
3	3			6	15		7	28	56	30	54
	4	6	18	7	17		8	29	61	32	58
	5	6	21	7	20		9	31	65	33	63
	6	7	23	8	22		10	33	69	35	67
	7	8	25	9	24	7	7	37	68	39	66
	8	8	28	9	27		8	39	73	41	71
	9	9	30	10	29		9	41	78	43	76
	10	9	33	11	31		10	43	83	46	80
4	4	11	25	12	24	8	8	49	87	52	84
	5	12	28	13	27		9	51	93	54	90
	6	12	32	14	30		10	54	98	57	95
	7	13	35	15	33						
	8	14	38	16	36	9	9	63	108	66	105
							10	66	114	69	111
	9	15	41	17	39						
	10	16	44	18	42	10	10	79	131	83	127

表5 F检验的临界值表

$$P(F > F_\alpha) = \alpha$$

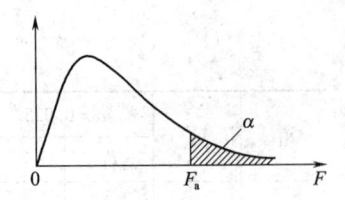

$\alpha = 0.10$

ν_1 \ ν_2	1	2	3	4	5	6	7	8	9	10	15	20	30	50	100	200	500	∞	ν_1 \ ν_2
1	39.9	49.5	53.6	55.8	57.2	58.2	58.9	59.4	59.9	60.2	61.2	61.7	62.3	62.7	63.0	63.2	63.3	63.3	1
2	8.53	9.00	9.16	9.24	9.29	9.33	9.35	9.37	9.38	9.39	9.42	9.44	9.46	9.47	9.48	9.49	9.49	9.49	2
3	5.54	5.46	5.39	5.34	5.31	5.28	5.27	5.25	5.24	5.23	5.20	5.18	5.17	5.15	5.14	5.14	5.14	5.13	3
4	4.54	4.32	4.19	4.11	4.05	4.01	3.93	3.95	3.94	3.92	3.87	3.84	3.82	3.80	3.78	3.77	3.76	3.76	4
5	4.06	3.78	3.62	3.52	3.45	3.40	3.37	3.34	3.32	3.30	3.24	3.21	3.17	3.15	3.13	3.12	3.11	3.10	5
6	3.78	3.46	3.29	3.18	3.11	3.05	3.01	2.93	2.96	2.94	2.87	2.84	2.80	2.77	2.75	2.73	2.73	2.72	6
7	3.59	3.26	3.07	2.96	2.88	2.83	2.78	2.75	2.72	2.70	2.63	2.59	2.56	2.52	2.50	2.48	2.48	2.47	7
8	3.46	3.11	2.92	2.81	2.73	2.67	2.62	2.59	2.56	2.54	2.46	2.42	2.38	2.35	2.32	2.31	2.30	2.29	8
9	3.36	3.01	2.81	2.69	2.61	2.55	2.51	2.47	2.44	2.42	2.34	2.30	2.25	2.22	2.19	2.17	2.17	2.16	9
10	3.28	2.92	2.73	2.61	2.52	2.46	2.41	2.38	2.35	2.32	2.24	2.20	2.16	2.12	2.09	2.07	2.06	2.06	10
11	3.23	2.86	2.66	2.54	2.45	2.39	2.34	2.30	2.27	2.25	2.17	2.12	2.03	2.04	2.00	1.99	1.98	1.97	11
12	3.18	2.81	2.61	2.48	2.39	2.33	2.28	2.24	2.21	2.19	2.10	2.06	2.01	1.97	1.94	1.92	1.91	1.90	12
13	3.14	2.76	2.56	2.43	2.35	2.28	2.23	2.20	2.16	2.14	2.05	2.01	1.96	1.92	1.88	1.86	1.85	1.85	13
14	3.10	2.73	2.52	2.39	2.31	2.24	2.19	2.15	2.12	2.10	2.01	1.96	1.91	1.87	1.83	1.82	1.80	1.80	14
15	3.07	2.70	2.49	2.36	2.27	2.21	2.16	2.12	2.09	2.06	1.97	1.92	1.87	1.83	1.79	1.77	1.76	1.76	15
16	3.05	2.67	2.46	2.33	2.24	2.18	2.13	2.09	2.06	2.03	1.94	1.89	1.84	1.79	1.76	1.74	1.73	1.72	16
17	3.03	2.64	2.44	2.31	2.22	2.15	2.10	2.06	2.03	2.00	1.91	1.86	1.81	1.76	1.73	1.71	1.69	1.69	17
18	3.01	2.62	2.42	2.29	2.20	2.13	2.08	2.04	2.00	1.98	1.89	1.84	1.78	1.74	1.70	1.68	1.67	1.66	18
19	2.99	2.61	2.40	2.27	2.18	2.11	2.06	2.02	1.98	1.96	1.86	1.81	1.76	1.71	1.67	1.65	1.64	1.63	19
20	2.97	2.59	2.38	2.25	2.16	2.09	2.04	2.00	1.96	1.94	1.84	1.79	1.74	1.69	1.65	1.63	1.62	1.61	20
22	2.95	2.56	2.35	2.22	2.13	2.06	2.01	1.97	1.93	1.90	1.81	1.76	1.70	1.65	1.61	1.59	1.58	1.57	22
24	2.93	2.54	2.33	2.19	2.10	2.04	1.98	1.94	1.91	1.88	1.78	1.73	1.67	1.62	1.58	1.56	1.54	1.53	24
26	2.91	2.52	2.31	2.17	2.08	2.01	1.96	1.92	1.88	1.86	1.76	1.71	1.65	1.59	1.55	1.53	1.51	1.50	26
28	2.89	2.50	2.29	2.16	2.06	2.00	1.94	1.90	1.87	1.84	1.74	1.69	1.63	1.57	1.53	1.50	1.49	1.48	28
30	2.88	2.49	2.28	2.14	2.05	1.98	1.93	1.88	1.85	1.82	1.72	1.67	1.61	1.55	1.51	1.48	1.47	1.46	30
40	2.84	2.44	2.23	2.09	2.00	1.93	1.87	1.83	1.79	1.76	1.66	1.61	1.54	1.48	1.43	1.41	1.39	1.38	40
50	2.81	2.41	2.20	2.06	1.97	1.90	1.84	1.80	1.76	1.73	1.63	1.57	1.50	1.44	1.39	1.36	1.34	1.33	50
60	2.79	2.39	2.18	2.04	1.95	1.87	1.82	1.77	1.74	1.71	1.60	1.54	1.48	1.41	1.36	1.33	1.31	1.29	60
80	2.77	2.37	2.15	2.02	1.92	1.85	1.79	1.75	1.71	1.68	1.57	1.51	1.44	1.38	1.32	1.28	1.26	1.24	80
100	2.76	2.36	2.14	2.00	1.91	1.83	1.78	1.73	1.70	1.66	1.56	1.49	1.42	1.35	1.29	1.26	1.23	1.21	100
200	2.73	2.33	2.11	1.97	1.88	1.80	1.75	1.70	1.66	1.63	1.52	1.46	1.38	1.31	1.24	1.20	1.17	1.14	200
500	2.72	2.31	2.10	1.96	1.86	1.79	1.73	1.68	1.64	1.61	1.50	1.44	1.36	1.28	1.21	1.16	1.12	1.09	500
∞	2.71	2.30	2.03	1.94	1.85	1.77	1.72	1.67	1.63	1.60	1.49	1.42	1.34	1.26	1.18	1.13	1.08	1.00	∞

续表

$\alpha = 0.05$

ν_1 \ ν_2	1	2	3	4	5	6	7	8	9	10	12	14	16	18	20	ν_1 \ ν_2
1	161	200	216	225	230	234	237	239	241	242	244	245	246	247	248	1
2	18.5	19.0	19.2	19.2	19.3	19.3	19.4	19.4	19.4	19.4	19.4	19.4	19.4	19.4	19.4	2
3	10.1	9.55	9.28	9.12	9.01	8.94	8.89	8.85	8.81	8.79	8.74	8.71	8.69	8.67	8.66	3
4	7.71	6.94	6.59	6.39	6.26	6.16	6.09	6.04	6.00	5.96	5.91	5.87	5.84	5.82	5.80	4
5	6.61	5.79	5.41	5.19	5.05	4.95	4.88	4.82	4.77	4.74	4.68	4.64	4.60	4.58	4.56	5
6	5.99	5.14	4.76	4.53	4.39	4.28	4.21	4.15	4.10	4.06	4.00	3.96	3.92	3.90	3.87	6
7	5.59	4.74	4.35	4.12	3.97	3.87	3.79	3.73	3.68	3.64	3.57	3.53	3.49	3.47	3.44	7
8	5.32	4.46	4.07	3.84	3.69	3.58	3.50	3.44	3.39	3.35	3.28	3.24	3.20	3.17	3.15	8
9	5.12	4.26	3.86	3.63	3.48	3.37	3.29	3.23	3.18	3.14	3.07	3.03	2.99	2.96	2.94	9
10	4.96	4.10	3.71	3.48	3.33	3.22	3.14	3.07	3.02	2.98	2.91	2.86	2.83	2.80	2.77	10
11	4.84	3.98	3.59	3.36	3.20	3.09	3.01	2.95	2.90	2.85	2.79	2.74	2.70	2.67	2.65	11
12	4.75	3.89	3.49	3.26	3.11	3.00	2.91	2.85	2.80	2.75	2.69	2.64	2.60	2.57	2.54	12
13	4.67	3.81	3.41	3.18	3.03	2.92	2.83	2.77	2.71	2.67	2.60	2.55	2.51	2.48	2.46	13
14	4.60	3.74	3.34	3.11	2.96	2.85	2.76	2.70	2.65	2.60	2.53	2.48	2.44	2.41	2.39	14
15	4.54	3.68	3.29	3.06	2.90	2.79	2.71	2.64	2.59	2.54	2.48	2.42	2.38	2.35	2.33	15
16	4.49	3.63	3.24	3.01	2.85	2.74	2.66	2.59	2.54	2.49	2.42	2.37	2.33	2.30	2.28	16
17	4.45	3.59	3.20	2.96	2.81	2.70	2.61	2.55	2.49	2.45	2.38	2.33	2.29	2.26	2.23	17
18	4.41	3.55	3.16	2.93	2.77	2.66	2.58	2.51	2.46	2.41	2.34	2.29	2.25	2.22	2.19	18
19	4.38	3.52	3.13	2.90	2.74	2.63	2.54	2.48	2.42	2.38	2.31	2.26	2.21	2.18	2.16	19
20	4.35	3.49	3.10	2.87	2.71	2.60	2.51	2.45	2.39	2.35	2.28	2.22	2.18	2.15	2.12	20
21	4.32	3.47	3.07	2.84	2.68	2.57	2.49	2.42	2.37	2.32	2.25	2.20	2.16	2.12	2.10	21
22	4.30	3.44	3.05	2.82	2.66	2.55	2.46	2.40	2.34	2.30	2.23	2.17	2.13	2.10	2.07	22
23	4.28	3.42	3.03	2.80	2.64	2.53	2.44	2.37	2.32	2.27	2.20	2.15	2.11	2.07	2.05	23
24	4.26	3.40	3.01	2.78	2.62	2.51	2.42	2.36	2.30	2.25	2.18	2.13	2.09	2.05	2.03	24
25	4.24	3.39	2.99	2.76	2.60	2.49	2.40	2.34	2.28	2.24	2.16	2.11	2.07	2.04	2.01	25
26	4.23	3.37	2.98	2.74	2.59	2.47	2.39	2.32	2.27	2.22	2.15	2.09	2.05	2.02	1.99	26
27	4.21	3.35	2.96	2.73	2.57	2.46	2.37	2.31	2.25	2.20	2.13	2.08	2.04	2.00	1.97	27
28	4.20	3.34	2.95	2.71	2.56	2.45	2.36	2.29	2.24	2.19	2.12	2.06	2.02	1.99	1.96	28
29	4.18	3.33	2.93	2.70	2.55	2.43	2.35	2.28	2.22	2.18	2.10	2.05	2.01	1.97	1.94	29
30	4.17	3.32	2.92	2.69	2.53	2.42	2.33	2.27	2.21	2.16	2.09	2.04	1.99	1.96	1.93	30
32	4.15	3.29	2.90	2.67	2.51	2.40	2.31	2.24	2.19	2.14	2.07	2.01	1.97	1.94	1.91	32
34	4.13	3.28	2.88	2.65	2.49	2.38	2.29	2.23	2.17	2.12	2.05	1.99	1.95	1.92	1.89	34
36	4.11	3.26	2.87	2.63	2.48	2.36	2.28	2.21	2.15	2.11	2.03	1.98	1.93	1.90	1.87	36
38	4.10	3.24	2.85	2.62	2.46	2.35	2.26	2.19	2.14	2.09	2.02	1.96	1.92	1.88	1.85	38
40	4.08	3.23	2.84	2.61	2.45	2.34	2.25	2.18	2.12	2.08	2.00	1.95	1.90	1.87	1.84	40
42	4.07	3.22	2.83	2.59	2.44	2.32	2.24	2.17	2.11	2.06	1.99	1.93	1.89	1.86	1.83	42
44	4.06	3.21	2.82	2.58	2.43	2.31	2.23	2.16	2.10	2.05	1.98	1.92	1.88	1.84	1.81	44
46	4.05	3.20	2.81	2.57	2.42	2.30	2.22	2.15	2.09	2.04	1.97	1.91	1.87	1.83	1.80	46
48	4.04	3.19	2.80	2.57	2.41	2.29	2.21	2.14	2.08	2.03	1.96	1.90	1.86	1.82	1.79	48
50	4.03	3.18	2.79	2.56	2.40	2.29	2.20	2.13	2.07	2.03	1.95	1.89	1.85	1.81	1.78	50
60	4.00	3.15	2.76	2.53	2.37	2.25	2.17	2.10	2.04	1.99	1.92	1.86	1.82	1.78	1.75	60
80	3.96	3.11	2.72	2.49	2.33	2.21	2.13	2.06	2.00	1.95	1.88	1.82	1.77	1.73	1.70	80
100	3.94	3.09	2.70	2.46	2.31	2.19	2.10	2.03	1.97	1.93	1.85	1.79	1.75	1.71	1.68	100
125	3.92	3.07	2.68	2.44	2.29	2.17	2.08	2.01	1.96	1.91	1.83	1.77	1.72	1.69	1.65	125
150	3.90	3.06	2.66	2.43	2.27	2.16	2.07	2.00	1.94	1.89	1.82	1.76	1.71	1.67	1.64	150
200	3.89	3.04	2.65	2.42	2.26	2.14	2.06	1.98	1.93	1.88	1.80	1.74	1.69	1.66	1.62	200
300	3.87	3.03	2.63	2.40	2.24	2.13	2.04	1.97	1.91	1.86	1.78	1.72	1.68	1.64	1.61	300
500	3.86	3.01	2.62	2.39	2.23	2.12	2.03	1.96	1.90	1.85	1.77	1.71	1.66	1.62	1.59	500
1000	3.85	3.00	2.61	2.38	2.22	2.11	2.02	1.95	1.89	1.84	1.76	1.70	1.65	1.61	1.58	1000
∞	3.84	3.00	2.60	2.37	2.21	2.10	2.01	1.94	1.88	1.83	1.75	1.69	1.64	1.60	1.57	∞

续表

$\alpha = 0.05$

ν_1 / ν_2	22	24	26	28	30	35	40	45	50	60	80	100	200	500	∞	ν_1 / ν_2
1	249	249	249	250	250	251	251	251	252	252	252	253	254	254	254	1
2	19.5	19.5	19.5	19.5	19.5	19.5	19.5	19.5	19.5	19.5	19.5	19.5	19.5	19.5	19.5	2
3	8.65	8.64	8.63	8.62	8.62	8.60	8.59	8.59	8.58	8.57	8.56	8.55	8.54	8.53	8.53	3
4	5.79	5.77	5.76	5.75	5.75	5.73	5.72	5.71	5.70	5.69	5.67	5.66	5.65	5.64	5.63	4
5	4.54	4.53	4.52	4.50	4.50	4.48	4.46	4.45	4.44	4.43	4.41	4.41	4.39	4.37	4.37	5
6	3.86	3.84	3.83	3.82	3.81	3.79	3.77	3.76	3.75	3.74	3.72	3.71	3.69	3.68	3.67	6
7	3.43	3.41	3.40	3.39	3.38	3.36	3.34	3.33	3.32	3.30	3.29	3.27	3.25	3.24	3.23	7
8	3.13	3.12	3.10	3.09	3.08	3.06	3.04	3.03	3.02	3.01	2.99	2.97	2.95	2.94	2.93	8
9	2.92	2.90	2.89	2.87	2.86	2.84	2.83	2.81	2.80	2.79	2.77	2.76	2.73	2.72	2.71	9
10	2.75	2.74	2.72	2.71	2.70	2.68	2.66	2.65	2.64	2.62	2.60	2.59	2.56	2.55	2.54	10
11	2.63	2.61	2.59	2.58	2.57	2.55	2.53	2.52	2.51	2.49	2.47	2.46	2.43	2.42	2.40	11
12	2.52	2.51	2.49	2.48	2.47	2.44	2.43	2.41	2.40	2.38	2.36	2.35	2.32	2.31	2.30	12
13	2.44	2.42	2.41	2.39	2.38	2.36	2.34	2.33	2.31	2.30	2.27	2.26	2.23	2.22	2.21	13
14	2.37	2.35	2.33	2.32	2.31	2.28	2.27	2.25	2.24	2.22	2.20	2.19	2.16	2.14	2.13	14
15	2.31	2.29	2.27	2.26	2.25	2.22	2.20	2.19	2.18	2.16	2.14	2.12	2.10	2.08	2.07	15
16	2.25	2.24	2.22	2.21	2.19	2.17	2.15	2.14	2.12	2.11	2.08	2.07	2.04	2.02	2.01	16
17	2.21	2.19	2.17	2.16	2.15	2.12	2.10	2.09	2.08	2.06	2.03	2.02	1.99	1.97	1.96	17
18	2.17	2.15	2.13	2.12	2.11	2.08	2.06	2.05	2.04	2.02	1.99	1.98	1.95	1.93	1.92	18
19	2.13	2.11	2.10	2.08	2.07	2.05	2.03	2.01	2.00	1.98	1.96	1.94	1.91	1.89	1.88	19
20	2.10	2.08	2.07	2.05	2.04	2.01	1.99	1.98	1.97	1.95	1.92	1.91	1.88	1.86	1.84	20
21	2.07	2.05	2.04	2.02	2.01	1.98	1.96	1.95	1.94	1.92	1.89	1.88	1.84	1.82	1.81	21
22	2.05	2.03	2.01	2.00	1.98	1.96	1.94	1.92	1.91	1.89	1.86	1.85	1.82	1.80	1.78	22
23	2.02	2.00	1.99	1.97	1.96	1.93	1.91	1.90	1.88	1.86	1.84	1.82	1.79	1.77	1.76	23
24	2.00	1.98	1.97	1.95	1.94	1.91	1.89	1.88	1.86	1.84	1.82	1.80	1.77	1.75	1.73	24
25	1.98	1.96	1.95	1.93	1.92	1.89	1.87	1.86	1.84	1.82	1.80	1.78	1.75	1.73	1.71	25
26	1.97	1.95	1.93	1.91	1.90	1.87	1.85	1.84	1.82	1.80	1.78	1.76	1.73	1.71	1.69	26
27	1.95	1.93	1.91	1.90	1.88	1.86	1.84	1.82	1.81	1.79	1.76	1.74	1.71	1.69	1.67	27
28	1.93	1.91	1.90	1.88	1.87	1.84	1.82	1.80	1.79	1.77	1.74	1.73	1.69	1.67	1.65	28
29	1.92	1.90	1.88	1.87	1.85	1.83	1.81	1.79	1.77	1.75	1.73	1.71	1.67	1.65	1.64	29
30	1.91	1.89	1.87	1.85	1.84	1.81	1.79	1.77	1.76	1.74	1.71	1.70	1.66	1.64	1.62	30
32	1.88	1.86	1.85	1.83	1.82	1.79	1.77	1.75	1.74	1.71	1.69	1.67	1.63	1.61	1.59	32
34	1.86	1.84	1.82	1.80	1.80	1.77	1.75	1.73	1.71	1.69	1.66	1.65	1.61	1.59	1.57	34
36	1.85	1.82	1.81	1.79	1.78	1.75	1.73	1.71	1.69	1.67	1.64	1.62	1.59	1.56	1.55	36
38	1.83	1.81	1.79	1.77	1.76	1.73	1.71	1.69	1.68	1.65	1.62	1.61	1.57	1.54	1.53	38
40	1.81	1.79	1.77	1.76	1.74	1.72	1.69	1.67	1.66	1.64	1.61	1.59	1.55	1.53	1.51	40
42	1.80	1.78	1.76	1.74	1.73	1.70	1.68	1.66	1.65	1.62	1.59	1.57	1.53	1.51	1.49	42
44	1.79	1.77	1.75	1.73	1.72	1.69	1.67	1.65	1.63	1.61	1.58	1.56	1.52	1.49	1.48	44
46	1.78	1.76	1.74	1.72	1.71	1.68	1.65	1.64	1.62	1.60	1.57	1.55	1.51	1.48	1.46	46
48	1.77	1.75	1.73	1.71	1.70	1.67	1.64	1.62	1.61	1.59	1.56	1.54	1.49	1.47	1.45	48
50	1.76	1.74	1.72	1.70	1.69	1.66	1.63	1.61	1.60	1.58	1.54	1.52	1.48	1.46	1.44	50
60	1.72	1.70	1.68	1.66	1.65	1.62	1.59	1.57	1.56	1.53	1.50	1.48	1.44	1.41	1.39	60
80	1.68	1.65	1.63	1.62	1.60	1.57	1.54	1.52	1.51	1.48	1.45	1.43	1.38	1.35	1.32	80
100	1.65	1.63	1.61	1.59	1.57	1.54	1.52	1.49	1.48	1.45	1.41	1.39	1.34	1.31	1.28	100
125	1.63	1.60	1.58	1.57	1.55	1.52	1.49	1.47	1.45	1.42	1.39	1.36	1.31	1.27	1.25	125
150	1.61	1.59	1.57	1.55	1.53	1.50	1.48	1.45	1.44	1.41	1.37	1.34	1.29	1.25	1.22	150
200	1.60	1.57	1.55	1.53	1.52	1.48	1.46	1.43	1.41	1.39	1.35	1.32	1.26	1.22	1.19	200
300	1.58	1.55	1.53	1.51	1.50	1.46	1.43	1.41	1.39	1.36	1.32	1.30	1.23	1.19	1.15	300
500	1.56	1.54	1.52	1.50	1.48	1.45	1.42	1.40	1.38	1.34	1.30	1.28	1.21	1.16	1.11	500
1000	1.55	1.53	1.51	1.49	1.47	1.44	1.41	1.38	1.36	1.33	1.29	1.26	1.19	1.13	1.08	1000
∞	1.54	1.52	1.50	1.48	1.46	1.42	1.39	1.37	1.35	1.32	1.27	1.24	1.17	1.11	1.00	∞

参考文献

[1] 朱苏康,高卫东.机织学[M].北京:中国纺织出版社,2004.
[2] 陈元甫.机织工艺与设备[M].北京:纺织工业出版社,1988.
[3] 兰锦华.毛织学(上、下)[M].北京:纺织工业出版社,1987.
[4] 祝成炎,张友梅.现代织造原理与应用[M].杭州:浙江科学技术出版社,2002.
[5] 蔡陛霞.织物结构与设计(第三版)[M].北京:中国纺织出版社,2004.
[6] 过念薪,张志林.织疵分析(第二版)[M].北京:中国纺织出版社,2004.
[7] 周永元.纺织浆料学[M].北京:中国纺织出版社,2004.
[8] 邵宽.纺织加工化学[M].北京:中国纺织出版社,1996.
[9] 上海市棉纺织工业公司《棉织手册》编写组.棉织手册(第二版)上下册[M].北京:纺织工业出版社,1989.
[10] 李福刚,岳佩麟.纺织检测技术及仪表[M].北京:中国纺织出版社,1992.
[11] 张振,过念薪.织物检验与整理[M].北京:中国纺织出版社,2002.
[12] 陈彤.色织物织造与整验[M].北京:纺织工业出版社,1987.
[13] 陈元甫,洪海沧.剑杆织机原理与使用(第二版)[M].北京:中国纺织出版社,2005.
[14] 裘愉发,吕波.喷水织造实用技术[M].北京:中国纺织出版社,2003.
[15] The Textile Institute Textile Terms and Definitions Committee. Textile Terms and Definitions. Manchester:The Textile Institute,2002.
[16] Qingguo Fan. Chemical Testing of Textiles. Cambridge,England:Woodhead Publishing,2005.
[17] Virginia Hencken Elsasser. Textiles:Concepts and Principles. New York:Fairchild Publications,2005.
[18] Lesley Cresswell. Understanding Industrial Practices in Textiles Technology. Cheltenham, UK: Nelson Thornes,2004.
[19] Mary Humphries. Fabric Reference. Upper Saddle River,N.J.:Pearson/Prentice Hall,2004.
[20] Kathryn L. Hatch. Textile Science. New York:West Publishing Company,1993.
[21] 张兆麟.纺织品质量管理手册[M].北京:中国纺织出版社,2005.
[22] 郭嫣,王绍斌.织造质量控制[M].北京:中国纺织出版社,2005.
[23] 严伟,李崇丽,吕明科.亚麻纺纱、织造与产品开发[M].北京:中国纺织出版社,2005.
[24] 刘达民,程岩,应用统计[M].北京:化学工业出版社,2004.
[25] 朱勇华,邰淑彩,孙韫玉.应用数理统计[M].武汉:武汉水利电力大学出版社,1999.
[26] 茆诗松,等.回归分析及其试验设计[M].上海:华东师范大学出版社,1981.
[27] 何平.数理统计与多元统计[M].成都:西南交通大学出版社,2004.
[28] 梁森,王侃夫,黄杭美.自动检测与转换技术(第二版)[M].北京:机械工业出版社,2004.
[29] 孙凉远.《纺织机械噪声测试规范》系列国家标准宣贯教材[M].北京:中国纺织出版社,2004.
[30] 范德炘,王金兰,乐一鸣.棉织试验[M].北京:纺织工业出版社,1990.